U0221726

浙江省哲社科规划一般课题：中国江南古典私家园林的经济解释（22KPDW01YB）

何以为园

中国江南古典私家园林的经济解释

安　旭　陶联侦　著

ZHEJIANG UNIVERSITY PRESS
浙江大学出版社
·杭州·

图书在版编目（CIP）数据

何以为园 ： 中国江南古典私家园林的经济解释 / 安旭，陶联侦著. -- 杭州 ： 浙江大学出版社，2024. 11.

ISBN 978-7-308-25564-6

Ⅰ. TU986.625

中国国家版本馆 CIP 数据核字第 202422LP05 号

何以为园：中国江南古典私家园林的经济解释

安　旭　陶联侦　著

策划编辑　余健波　张一弛
责任编辑　张一弛
责任校对　朱卓娜
封面设计　周　灵
出版发行　浙江大学出版社
（杭州市天目山路148号　邮政编码310007）
（网址：http://www.zjupress.com）
排　　版　杭州林智广告有限公司
印　　刷　杭州高腾印务有限公司
开　　本　710mm × 1000mm　1/16
印　　张　19
字　　数　270千
版 印 次　2024年11月第1版　2024年11月第1次印刷
书　　号　ISBN 978-7-308-25564-6
定　　价　68.00元

序

自2013年始，本人慢慢地撰写此书，那时我36岁，已经散漫地、集中地阅读了一些书籍，但仍旧非常幼稚。不知不觉间，这本书的写作持续到2022年，反复修改迟迟未能出版的原因，大概在于我自己也有了些许进步，对这本书也愈加苛刻。

在“认识自我”这件事上，本人自觉地通过阅读来审视自己。然而白云苍狗，时间匆匆而逝，我后悔之前种种延误和虚度光阴，犹如大梦初醒。人之一种悲哀，即知识和经验不能直接遗传，眼看年少的家人和小朋友们仍需从零开始，不知道又要荒废多少宝贵岁月，不免有些戚戚。比较是让人成熟的路径，大概是因为直接面见真理，但很多真理未必能够被人认定为真理，就个人而言可能还需要其他道理进行佐证；而且，本体意识到之前的理解不足，事实上也是一种逃脱浅薄的契机。既然无法通过第三方的语言（由质触发质）来获得由外及内的发醒，普通人唯有通过阅读，以量变触发质变来实现由内及外的发醒过程，这虽然低效，但切实可行。“书山有路勤为径”，既然并未含着金汤匙出生，又未攥着通灵宝玉面世，唯有秉怀谦卑之心“学海无涯苦作舟”了。

八年匆匆而过，在本书的写作基本完成之后再重新审视，我仍觉得太稚嫩。写作像酿酒，修改是养酒。这如同“女儿红”的养成过程——需要在陶罐中长时间沉睡，久到人们甚至将它遗忘，但不经意间它已然成熟。为了研究而广泛阅读，以至于很多时候就像做布朗运动，并没有方向和目的，一旦通晓了自己的无知和轻浮，书中的老师皆成为严师。有时我受到甲书的触动后，随即又受到乙书的感召，然后又受到丙书的鞭打。讲述这一点，我是想说，任何人都必然从肤浅到成熟，从无知到有知，只是，科学工作者恐怕仍旧要不断设立做学问的目标，不间断地完成一个又一个作品。

这个研究最初源于2005年7月，教研室派我带学生到苏州实习，当时我才刚从学校毕业，稚嫩且虚妄。学生及同事根据我毕业的专业，想当然地认为我必然了解苏州园林。这其实是一个误会，当时我还差得远呢。

苏州的江南私家园林本是园林学科的必修课，相关书籍已然汗牛充栋，但大多是讨论布局、建筑、园林要素、景观组成、植物等。这一类书我自己已经购置了很多。而当2005年我步入古典私园中时，仍恍然犹如刘姥姥进了大观园，好似久饿的人突然吃一顿自助大餐。之后的数年，我有机会再入私园，每次都有新的感受。

现存于世的江南古典私家园林，在新中国成立前后的一段时间大多已经荒废、被弃置或瓜分。我们现在所能看到的那些植物、建筑、水体、置石、山体，大多是根据旧有的图纸或母体资料翻修或重建的。甚至，截至20世纪80年代，这些园林内部建筑房屋中的家具陈设都已散布于他处，是改革开放社会财富逐渐集聚之后，人们才根据有关旧有陈设的各种描述，以仿造或重新购置的方式，将那些旧貌陈设重新布置于园林中。这种话说出来多少会让人有些沮丧，但却是事实。古代的园林作品如果养护、修葺及打理得不够，经过时间和自然力的洗礼，加之战乱和社会动荡时的人为损坏，其易坏的程度和速度往往超乎我们的想象。

借助高铁通勤，我距离苏州园林只有四个小时的车程。在旅游淡季，我常常会在周五下午坐车去苏州，来回车票和酒店预订在手机上轻松完成，这让我的研究更加便利了。一次我在苏州的一个园林中闲逛，突然在脑海中浮现出一些问题：它们为什么存乎于此？它们为什么集中在江南这个地方，曾经是些什么人拥有它们，又是什么原因使他们失去了它们？它们为什么会破败，甚至它们为何会有水体或者为何会呈现如此这般相对固化的平面图景？它们所处的是一个什么样的历史环境，它们的交易及往来是什么样的状况？园林的大小和园主资产的关系如何？有什么是本来存在的但因为并无资料记录而被遗忘？旧时代政治对园林有些怎样的影响？……无疑，江南古典私家园林是古人顶级至美的创作艺术品，如果没有园主、艺术家、造园师、文人以及财富的参与，它们便不可能存在。一旦开始思考这些问题，我便用了相当长的时间进行系统化的梳理。当然困难也客观存在，毕竟旧时代的财务记录不大能令人满意，详细地记录人们往来的收入与开支的资料确实不多——古代的文人似乎比较羞于谈钱。

大多数园林的第一代园主，其生前应该是有充足的资金来源的。我们先不深入探讨其来源的合法性或合理性，但资金毕竟流向了园林这种体量较大的“海绵”。建造和维护园林的资金陆续回流到社会中，只要在整个过程中不存在掠夺，则社会最终仍能获得其产生的效益，而私园后期在面临较大金额的维护费用的情况下，又如何发展呢？在资金来源被切断后，一定程度的觊觎和掠夺似乎成为必然，这如同让一个两岁小娃两手攥满百元大钞深夜独行。单独而不可（或不容易）局部剥离变现的巨大财富，一旦留给财商较弱的后代，其最终的结果必定令人遗憾。

以下，仅作为事件模拟，只是假设——如果将苏州的拙政园挂牌拍卖，也就是说政府从此不再“输血”资助，拍卖后的各种事务全靠业主自行经营和维护，初始售价或许比较低，但条件是整个园林各种事物务必保持原样，每月均由客观评估单位进行评价，且一定时期内不允许转售。首先的问题是，会有人购买吗？经济“觉悟”比较高的人，大概不会去买。这是因为维护一个园林，超出了普通的单个人的能力，或者单个普通家庭的能力。即使单纯的购买本身并无问题，但购买之后，对于未来逐时增加的维护费用，普通人恐怕难以承担。

上述案例和欧洲待售的老城堡相似，有些城堡据说挂牌出售的价格只有10欧元，在不允许拆除、不允许土地变更、务必保持原状等条件的限制下，其实问津者寥寥。新天鹅堡、萨尔茨堡这一类因为知名度较高，无论目前持有者是私人还是组织，一般都会收到来自基金会或者当地政府的大量补贴，除此之外还会获得欧盟的资金补助，或者有来自银行的低息贷款（基于历史遗存保护方面）；如果算入门票收入，只要不进行重大维修，目前尚可维持。要知道，大量的不知名城堡并不如这般幸运，作为用旧时代建筑材料修造的建筑物，城堡和古典私家园林均为维护费比较高的类型，很多业主其实不堪重负，所以经常会有低价出手的愿望。购买城堡，门槛并非一般人想象的那么高；但“养城堡”，却是一个大问题。21 世纪，欧洲高福利政策逐渐表现出疲态，很多这类资金的给付也出现了相应的问题。当然，如果别国买家经济情况充裕，购买和维护都不是问题。西方政府在城堡所在地区的文物保护法律框架下，将地上物和土地本身的产权分离，而购买人将其修缮到能够居住的程度，这种情况当地政府当然是乐见的。如果没有任何买家持续支出修缮费，他们也一样需要付出，既然有现成的“金主”，问题自然能得到更好的解决。欧洲人的“小算盘”，是城堡既已无法搬走或移动，谁拥有土地上的所有物倒不是问题，毕竟购买了城堡并非等于购买其下的土地，而土地才真正恒久。有人帮助当地政府养护城堡这种“吞金兽”自然是好事，而其产权总有一天还会重回祖国。

言多必失，本书难免有一些观点和读者相左。比如我认为旧时代私园的存在，因源在于①拥有财富或大量货币的旧时代文人士大夫并无其他的投资渠道——大量的钱未能形成有效的资本，未找到合适的安放路径，旧时代也无较为发达的商业环境；②中国素来无投资战争扩张以换取更多利益这一类投资意识与行为，即便在很多朝代已有资本主义萌芽或部分实质，但从未对外扩张；③小农意识；④大量的金钱如果不转化为实物则较容易耗散。以上种种导致大量货币被迫固化，巨量的私园建造费以零散的支付方式付出，重新回到市场之中，随即又被各种社会力量重新聚敛，一直处于较低水准的循环中，多数小民并未受益，对社会技术、科学、教育、产业也并无促进意义。

旧时代国人的思维模式几乎相似：买房置地，以期能够保值或对抗通胀，同时也满足于对下一辈置办资产的代际责任。此外，本书还剖析了旧时代私园为何多集中在城市，并分析了园主通常选择不回家乡置业的原因。对以上两个问题的解释，可能会有相当多的读者不认同，尤其是前者，可能会被反驳说，那些现存的私园之所以在城市中，是城镇化进程使然，是现代城市不断扩大将之包围的结果，之前它们本在郊野或边缘地带，因为那里的地价相对低廉。论据是计成在《园冶》中所说的“园地惟山林最盛”“凡结林园，无分村郭，地偏为胜”[1]。再有苏舜钦“予爱而徘徊，遂以钱四万”买下了这一“三向皆水，纵广五六十寻（约二十亩）的地块”[2]，这大约可以算作地价参考。本人的意见是依据“完全经济人”理论，站在旧时代富人的视角，他或许直觉即知何种地块的不动产价值溢价更高，而何种地块虽然便宜但不动产价值及增值率较低，否则无法解释目前现存的园林形状为何多变且不够规整。倘若读者进而提出，现存私园之所以并不规整，是因为数次经历存废，边缘容易被外人蚕食占据，再加上时间的侵蚀，产权线可能含糊不清，所以才会如此。我对此观点虽不置可否，但也认为正是因为所占地块的土地价值高，处于城市之中，同时增值率较大、增值机会较多，才会有外人不断蚕食侵入。私园的每一次复兴，都是对其不动产的再一次确权，如果在乡郊野外，土地溢价较小，私园再一次扩大亦是可能的事，而且会将原本不通直的外墙线条拉直，并不可能会任其扭结，所以可以确定其所处位置正是产权复杂的城市内部，一些居民可能执拗得无论出资方付多少钱都不同意妥协搬迁，或产权价格无法谈拢而导致交易告吹。

如果买卖纠葛上升为经济纠纷，多少是难缠的“家务事”样式的纷争，旧时代土地买卖双方大多只有在满足了双方“诉讼”价格的基础上，才会动用国家机器的力量。一般而言，诉讼是一种双方均“吃力不讨好”的事情，任何一方都会尽量避免，私家园主这样的旧时代富人更是清楚，所以并不会执着于争夺一尺一寸。再或者——如一般性观念——旧时代的权贵具有使用权力或遗存的权力的暴力性和与之带来的恐怖性，强取豪夺并不鲜见，但本人对此种意见略有保留，因为抢夺毕竟是不理性和不经济的方法，其所生发出来的仇恨，更容易累及其财产及财富安全。计成的判断，基于私园大多在城市中，所以他才能够在有比较的情况下，有“最盛”之说。再者，计成并没有站在经济学角度来考量，而只是从景观学方面来考虑。园林行业的人最容易出于某种善意“唯

[1] （明）计成．园冶[M]．倪泰一，译注．重庆：重庆出版社，2017.
[2] 汪菊渊．中国古代园林史（下卷）[M]．北京：中国建筑工业出版社，2006:793.

《园冶》是瞻”，放大其中的片段，不但“听风就是雨”，甚至添油加醋地帮其自圆其说。尤其是更不可拿现在的情况去揣度旧时代的形态，这并不是科学的态度，至少应该秉持“环境历史学”的态度，这是历史观的下限。

对于江南古典私家园林，从20世纪80年代开始在学术界的热度逐渐升温，2010年之后又逐渐减弱，现在虽然仍有不少文章面世，但多集中于各大院校的硕士论文；一些期刊或者缩小了传统园林相关的版面，或者减少发布相关的论文，而各种各样的研究，也多集中在园林形态、布局、植物配植、传统建筑、轴线设计、园林要素等研究，对于“从哪里来，向何处去”这样较深层次的问题关注并不多。有些言论说传统私园的服务对象原本就是腐朽的封建文人士大夫，这样的园林本身就应该被销毁，最好清除出历史主流，这种“喊打喊杀”的话语光是听来就让人感觉恐惧。再有一些说法是传统已经濒死，这样的话语则值得深入研究一番。

自改革开放之后，社会财富迅速积聚，有了较为坚实的经济基础作为保障，由传统淬炼出的“新中式”园林风格和建筑风格被广泛应用。新中式风格几乎相当于中国传统园林业的文化复兴，其诞生于中国经济复兴的新时期，和国力增强的社会背景无法分割，也随着民族意识逐渐复苏，人们开始从以往对简欧风格、地中海风格、东南亚风格等的粗线条“摹仿”和“拷贝”中整理出头绪，探寻中国设计界的本土意识并逐渐成熟。这是现代商业消费市场孕育的结果，是中国人对中国文化逐渐自信的具体表现。中式元素与现代材料结合的新中式，实际上是对文化传统的致敬，也是对传统园林的抚慰。

对于敝人来说，12年前就任“城市经济学”课程的主讲教师，由完成教学任务发展为职业爱好，除聆听很多大师讲授的经济类课程外，也广泛阅读了相关的书籍，虽然不能说贯通经济学这门学问，但也确实有了一些思考和心得，这也是做教师这一职业且长久居于校园里的绝妙之处。

江南古典私家园林的相关内容作为园林学科的基础知识，如同一个装满细碎宝贝的箱子，随时打开均可细细品味，它总会带来一些欣喜。2016年仲春的一天早晨，我在朋友的带领下“私人订制”了一个半小时的拙政园晨间游览，体味清晨园主在园林中伸懒腰的感觉，那种情愫让人感动得怆然涕下，其美景印刻于胸，久久不能忘怀。作为园林研究和设计的从业者，只有多去、多看、多体味、多触摸、多感触之后，才能判断对象是不是“已经濒死”，而不可信口开河加以妄论。江南古典私家园林在当今受国家财政保护，修葺不成问题，这是当年园主的旧梦。如果这些昔日的园林主人真的“灵魂不灭”，于今日的私园中徜徉，会作何感想呢？

然而在开篇，我们须知道，江南古典私家园林至少有以下五个经济约束，它们中一部分本是张五常先生的“发明”，被我引作私用，来描述古典园林的宿命亦可：①生命有限；②东西不够；③昔非今比；④超级玩具；⑤旧时代的私有虞而公常继。私园的种种际遇，巧合也好，时运也罢，大约也是为了应付这些约束而沉浮。

①生命有限。这一方面指园林本身，另一方面则指代园主作为人的生命有限。倘若人的寿命为100年，大概不过是其珍爱的任何一块园石石龄的十万分之一，我们作为人的生命不过是奇石的某个短梦而已。倘若说是人拥有了石，不如说是此石选择并且拥有了这个收藏家。如上，园林的主人只是“曾经”拥有过园林，他对它的控制如此短暂。当然园林也容易凋落，以至于大多数明代及明之前的园林，我们只能在古代笔记或文献上找寻它们的踪迹，它们到底是什么样的面貌，现代人的分析、解释均为猜测，并无实证，而这种后人的讲解，免不了有时会在逻辑方面不能自洽。人的生命无疑有限，所以私园的园主们实际上并不乐意延迟自己对园林的消费，资金的易逝和未来的不确定决定了他们的园林会主动奢侈化。这如同把今天的苹果推迟到明天再吃，就不仅仅是“早晚”的时间问题，而更多的是“有无”的问题。旧时代的明天会怎样没人能够预测，所以在其他情况未变化时，早一些消费总比晚一点好。

况且，因为旧时代权力阶层对私产的尊严较不重视[1]，所以旧时代的国人更倾向于及时行乐。我们已经知道大多数私家园林只能传袭两代便易主他人，尽管也有后代“不够中用”这个原因，但大部分原因在于第一代就消耗了太多的资金，之后不足为继。

②东西不够。稀缺的东西才有人珍爱，私园如果不具备稀缺性，则会失去吸引力，这是一个基本的经济学道理。物件的珍贵程度和其本身，或者说和其被一般民众的认识程度并无关系，而在于其在某时间段中的稀缺程度。物品的稀缺很容易为人所了解，但东西不够还意味着欲望无限。有野菜树皮粥的时候，人就希望有大米稀粥；有了稀粥又想有馒头；有了馒头会想有肉；有肉吃的时候就想有酒；酒肉都不缺了，就会想吃燕窝鱼翅。欲望一定程度上会推动社会经济不断向前。私园也是这样，宅院里的东西，那些我们现在唤作“园林要素”的物件，总归是多多益善。关于这一点，有些专家可能会不认同，认为园林要素之间的搭配、布置都有所讲究，园主们会使用各种艺术手法将其布置得恰到好处，如“增之一分则太长，减之一分则太短；着粉则太白，施朱则太赤……”，当把园林植物、置石、厅堂看作收藏品，把园林建造看成一个收藏过程，这种堆砌即不可避免，这是所有收藏者的通态。我们现在看到的园林，遭到流转、荒芜、被破坏、失窃、转让（局部或整体）等可谓多矣，然而其园主在世时园林的状态，从现有的资料上看，琳琅满目的堆砌并不少见。这种状态，顺便也说明了第三点。

③昔非今比。我们需要明确的是，现在人们所见的“江南古典私家园林公园”和昔日的江南古典私家园林不尽相同，当年他们使用的一些园林手法，如今我们或许已经不常用。好比唐代以宽肥为美，我们现在大致已经摒弃了这种审美主张。人间世事况且“三十年河东，三十年河

[1] 比如清钱泳在《履园丛话》中说：“尚书殁后，家产入官，无托足之地，一家眷属尽住圃中，可慨也已。”说的是毕秋帆尚书做陕西巡抚的时候，曾经买下宋朱伯的环秀山庄旧地，希望以后作为自己养老之所，后来其家产被抄没身死，家人无处安身。这是一个非常复杂的话题，我们大略讲述一下结论：“私人财产神圣不可侵犯”“契约神圣”等现代原则，一般人都认为正确，但其实它们非但不一定能够放之四海而皆准，而且本身也不一定正确。社会主义市场经济恰恰充分证明了一点，好的市场经济要建立在对私有制的合理限制上。私有制不受限制，“自己挣的钱，想怎么花就怎么花”，市场经济反而不保。限于本书篇幅，这里不再赘述。

西”，审美标准会伴随时代而变。再有，现在的社会、环境及经济状态和当年已有天壤之别。正因为缺衣少食，为了颜面，则特别有需要告诉别人“我”平时“其实吃得起肉”，油光满面和胖象征了物质不发达时期的富裕程度或社会地位；而良好饮食供给的结果自然是胖或脸色好，也必然成为当时大众审美的取向。如果说回到以胖为美的唐代，稍仔细考证就会得出其时社会经济和人民生活水平与如今相比仍普遍低下这一结论。当我们被电视剧迷惑，坐在明亮且水、电、气、暖一应俱全的现代居室内幻想江南古典私家园林园主的生活，我们并不真的能够“感同身受”。本人有一次到苏州的私园，当时正是“淫雨霏霏，连月不开”，在阴冷潮湿的回廊中，我感觉到前所未有的压抑，“三十六计，走为上策”即是当时的感受。

④超级玩具。在市场充分公正且自由的前提下，任何买卖都是对社会总体有利的，人的主观能动性常常会自然而然地迸发出来。旧时代的中国有很多次萌发了资本主义萌芽，有些甚至达到了一定的发达程度，然而大体上戛然而止。有时候可以归于时运不济，当然既有自身的原因，也有外来的原因。或许也并非不幸，这种萌芽一次又一次地形成、败坏，波形相似并循环重复。笔者提到江南私家园林是园主的超级玩具，目的是说明一个问题，那就是江南古典私家园林并未给当地的经济总量带来相应的提升，简单地说就是经济水平和效率较差，如我们现在常说的“富人看起来所起到的表率作用和其财富并不匹配”。古典私家园林在各个方面都表现出尚未推动社会进步的特征，特别是对比与明清两朝同期的西方，正逐步进入工业技术时代。旧时代中国私家园林并未促进植物技术、制图技术、测绘工艺、建筑构造技术等的进一步发展。在1949年之前的近六百年时间中，文人士大夫的园林，无外乎是他们巨型的超级玩具。虽然园林在财富方面起到了示范作用，但奢侈玩具不能促进工业化，也就未能促成生产力的转化。

任何合法合理、经得住时间检验的交易都对社会有促进作用，和其价格并无关联。当然，很多人天然地痛恨高价商品，认为价高即不合理。事实上商品的价格并不区分人的贫穷或富裕，而只是区分需求。有些人正是基于较高价格才会去选择相应商品，而另外一些人由于没有购买高价品的需求，而会自觉选择性价比较高的商品。社会呈现的大致的需求取向，可能会左右个体的购买选择；同时正是这种大致的需求取向，导致财富外露的人更容易获得其他人的尊重并获取一定的社会资源。现代的私家园林数量不多，其核心原因在于资本升值的渠道较多，作为升值水平较低的不动产类型，私家园林在投资市场上并没有较大竞争力。另外，也在于公共园林提供的公共消费服务已经足够发达（也是公共园林的营造真正促进了园林行业、林业技术、病虫害防治技术等的极大发展）；另外还有大众审美水平提升以及现代化住居习惯的形成等原因。

古代的权力阶层（同时也包括通过权力获得相应的经济地位的阶层或者商贾阶层）赋予园林要素各种文化气质、想象、定义，无外乎是为了增强其文化阶层的排他性，提高私园作为商品的价格，“价高者得”看似也伤害着这些特殊阶层的利益——需要花费更多的钱，从而获得使人仰慕的社会地位，进而占有更多的社会资源。私家园林是私有品而非公共品的性质决定了它们的历史命运。当自由竞争的商品经济时代来临，大潮退去，私园的社会属性也暴露无遗，公共园林在大众生活中“确权”，私家园林成为历史——演化为公共性质的公园（成为公用品）继续其生命的价值。

⑤旧时代其实也存在私有虞而公常继的现象。尊重私产的意识，是在工业革命之后才逐渐生成，这是因为资本主义的前期需要建立基于信用的市场，而在这之前，集权政治对私产的严重不尊重会直接影响到资本主义本身。西方的表面叙事，有“我的宅院，风可以进，雨可以进，国王不可以进”的说法，但问题是本段前述只是表面现象，事实上是他们其实对“你”和“我”分得格外清楚。对于自己的，他们保护；对于别人的，他们并不羞于掠夺。

人们经常习惯性地批评旧时代中国长期不重视科学技术，然而这大概是某种政治的幼稚病征。要知道在1850年之前，科学对技术并没有特别的指导意义，中国及全球的经济增长速度均慢，而在当时的生产力条件下，任何一个国家（帝国）的增量必然是其他国家或地区的损失。欧洲因为战争获得了全球资源的注入，又因为其全球殖民地的拓展，极大地提升了市场需求，归根结底是市场和需求的巨大化，才迫使生产者挖空心思提高生产效率，进而引发第一次工业革命。旧时中国不具有这种前提条件，而且也从未采用过掠夺性的策略，每一次人口过剩的危机都自行消化。因此，当下的我们不能因为近代的暂时落后而苛责古人不重视科学，尤其不能因为西方世界仍旧在很多领域特别是科学技术领域较为先进，就简单地横向关联，贸然断定他们的政治制度、经济手法、国际策略等先进且高人一等。所有当下的中国人，都应该警惕这种思潮。

我们总是能够领略到观念的力量，居于现代社会的我们，特别是我们的学子，随着阅历与思考的深入，应该逐渐地将"愿望"和"结果"分开衡量，古典私家园林的现状其实是近代的园林工作者期愿的状态，而笔者的研究是希望真实地展现其内部的经济原因，同时也希望读者通过这本书，不但看清江南私家园林的"构造"，还看到其"背部"，不但看到"别人看得见的东西"，也能看到"别人看不到的东西"。我希望至少我自己能够发现"事实是什么"，而并非"别人如何形容"。

用何种眼光看世界，就能看到何种样子的世界。本人写一本书，读者读一本书，就能够改变世界，那是小蛇吞大象的愿望。本人只是提供一种看古典私园的视角。

以此寄语读者。

二〇二二年一月三十日

于金华浙江师范大学　芙蓉峰

目录

绪论

千淘万漉虽辛苦，吹尽狂沙始到金

那些古典园林旧地，虽然我们可以徜徉其中，但大致无法感知昔日园主们的生活。现有的与古典私园相关的学术书籍几乎都着眼于分析私园图景的美观、布局的巧妙、艺术造诣如何等，经济学人却在园林中品读出别样的滋味。私家园林是权力与经济力积累和沉淀下来的固化物态，同时它又是巨量财富的再次释放，它将货币集聚又疏散，但其本身未能成为社会进步的一种动力，即没有将货币乘量化，然而也并未阻碍社会发展。不过是固化的资金量比较大，使它看起来似乎成为一种物质诅咒，即鲜有始创园主及其身后数代均享有这一巨大的物品。有诗云："陋室空堂，当年笏满床；衰草枯杨，曾为歌舞场……"[1]本书力图解答关于江南古典私家园林经济方面的具体问题，也尽可能地为诸位读者提供另一种审视江南古典私家园林的视角。

人们常说的江南园林，是指现代园林定义下的中国江南地区现存的古典私家园林，也叫江南古典私家园林。其滋生于中华民族文化的土壤之上，反映出旧时代文人士大夫的意识形态、生活需求、人生观、自然观、哲学信仰等，并深受传统绘画、诗词歌赋和文学艺术等的影响，使得置身其中的人能够领略园主的一片苦心或暗示，至低也能受到相应的教育或启示。江南古典园林的建造借助了同时代的文人和画家之力，他们将自己独特的理念融入园林的具体建造工作，于是古典园林从一开始便自然而然地带有诗情画意的图景和色彩。

"外师造化，中得心源"[2]的精神，被江南古典私园的造园者巧妙地运用到园林艺术中，常再加诸造园者自身感情，并受社会关系、层级和经济地位的影响，于图景方面表现出崇尚自然、追求虚静、逃避现实和向往原始自然状态的生活意愿[3]。同时，园林作品也努力营造一种"清净

[1] 曹雪芹《红楼梦》中的《好了歌注》。

[2] 唐代画家张璪所提出的艺术创作理论，是中国美学史上"师造化"理论的代表性言论。

[3] 许杰．浅谈中国传统文化对园林审美的影响［J］．城市道桥与防洪，2008(11):114-115.

无为”“息心去欲”[1]的境界。但社会及历史的残酷现实，分明又暴露出旧时代士大夫的分裂性格或称多重人格[2]。的确，正因为古典私家园林集汇了诸多非理性元素，方表现出恬静淡雅的趣味、浪漫飘逸的风度与质朴无华的气质和情趣。[3]在有限面积的地块中达到远离凡尘、摆脱世俗的况味，可以让园主在方寸之间遨游于名山大川，寄情于微山缩水，实现“以小见大”“以一勺而观世界”，本于自然且高于自然的理想境界。人得以富情于景、触景生情，园得以与人、情、景交融，这是极高的艺术境界。

中国并不缺乏真山真水的自然景观，可是园主们囚身于一园，旁观者可以认为，他们是以小见大，或曰“以一滴水而观世界”来说明这个问题，但大致也可通过历史考证辅以说明。古人一般不会旅游，这大概是因为当时的货币不便于携带。上至至高无上的皇帝，尚且不能任意出游，下至小民，则被宗族政治所捆挟。江南私园的园主在庭院之外，需要戴着面具讨生活，归遁到了自己的厅堂，即可以作为一壶天地的“君王”。这可以用“关门闭户壶天下，塞耳合眼游吾心”[4]来形容。另外关键的一环，是当时刻不放心宝座的君王看到臣子热心于方寸一园，其内心世界可能得到须臾平静——普天之下莫非王土——虽然天下到底有多大只在于语言描述，他真正不安的只在于他那一平方米不到的座位，是否被那些胃口变大而不再满足于一园的某“爱卿”所觊觎。旧时代君王事实上不过是制度，某个人能坐上高位并不在于其能力，是这个系统无时无刻不期望切掉全天下能力匹及者的屁股好让皇帝彻底心安。然而，毕竟天下诸事纷杂，绝非一人之力能够独揽，因此还不能尽弃臣下于不用。施以小利，甚至适度鼓励他们有限蠹蛀，只是希望他们好好经营他们自己的“方寸天下”。不过，既然能够给予，当然剥夺也并不困难，

[1] 春秋时期以老子为代表的道家的一种哲学思想和治术，提出天道自然无为，主张心灵虚寂、坚守清静、复返自然。

[2] 张继刚．西汉中坚社会势力略论[D]．天津：南开大学，2013.

[3] 王珏．从江南园林到现代景观——江南园林营建手法在现代城市景观设计中的运用[D]．无锡：江南大学，2008.

[4] 拙政园园林建筑门额对联。

他们不过是财富的暂时管理者而已。

旧时代的绝大部分国民身处长久且均质的穷困之中，甚至还包括官僚系统中的下层官员及入仕之前的知识分子。虽然国家辽阔，于他们而言却并非物博资丰。古代不但耕地相当瘠薄，而且各种灾害时发，天灾地害层出不穷。人口的流动多出于“移动则生”与“固守则死”之间的被迫选择，但农业业态的客观要求，又导致农民不能如游牧民族般逐草而居、地适而返，他们常常到了窘迫至极、非走不可的境地才会举家迁逃。各家宗谱中的第一代先祖被奉为家神在情理之中，因为天地之大反衬人的微渺，况且本有“父母在不远游”的祖训，可是固本保元的理想在极端时刻已然倾覆，只能将自己及家人投入茫茫未知之中，其惶恐、苦楚甚至悲伤任任何有知性的后代也不能全然感同身受。农民家庭秉承“耕读传家”，这个词勾画出农人躬腰苦耕及重视后代教育的标准形象，虽然它本身带有宗族的因子，但其本质表现为全然依靠双手创造一针一线及日常用度。华夏民族的伟大，在于原生文化中均是竭尽全力的勤劳苦干、自力更生、艰苦奋斗，丝毫不带有掠夺的本性，这也是中国没有出征抢掠和对外殖民的核心原因。即便是在如唐朝那般的高光时代，万国来朝，国人也未曾插手别国政治，干扰别国民生。

躬耕伴读，那更加是苦中之苦，往往需要数代人的辛勤积累，培养个把读书人需要举全族或全村之力。读书为统治者和国家系统提供了稳定江山的政治基础，但穷困之难却是事实。

旧时代的贫富差距导致的压力，或许是江南私园设置高耸围墙的理由。“朱门酒肉臭，路有冻死骨”[1]，国民收入差距巨大，反衬出权力阶级的奢靡，私园修造得豪奢，围墙也相应地牢固高大。中文里无论繁体“園”还是简体“园”，也无论是“囿”还是“圃”，都用象征围墙的大口包围，墙外风暴只要不至于撼动统治，园内大抵就会祥和一片。小天地中自藏有乾坤，春华秋实一片平和全然遮住了权贵的双眼，他们认为“其他人没有饭吃又如何呢，不是还有肉糜吗”[2]。举国上下不过官与民，

[1] 出自杜甫的《自京赴奉先县咏怀五百字》。
[2] 《晋书·惠帝纪》：及天下荒乱，百姓饿死，帝曰：“何不食肉糜？”

读书的目的在于入仕当官，否则退乡做民——这民并不是市民，而是农民，耕田是根本，儒家教育人民不要“舍本逐末”。

如同海纳百川，农人必须逐年上交一定的税，积欠总归可能成为越来越沉重的枷锁。收集的税款会一层层地向上传递，而旧时代统治系统也并非完全不回馈于民，只是表现为某种非货币的形式，毕竟国家稳定和安全其实也是一种补偿和分配。但从外表上看，很多人单纯地以为旧时代政府是“只进不出”的。农民除税之外每年也必须付出一部分劳役，实际上是小农业支撑起了整个权力系统。

古代农人是生活在真山真水之中的，他们并不需要私家园林的假山假水。江南的私家园林乃至中国的庭院园林，是中国古代经济生活无可奈何的奢侈消费品，尽管旧时代园主并不是有意不将善意付诸社会，但客观地说，其给旧时社会带来的正面促进作用也是很有限的。

尽管江南古典私园中的亭台楼阁、山水草木、花鸟鱼禽大同小异，游览者却有各自的身份、地位、处境和心情的差别，“会心”寄情的内容于是也产生了差异，不过万变不离其宗，仍是“会心处不必在远，翳然林水，便自有濠濮间想也”[1]。衣食无忧的那部分旧文人，其普遍表现出的细腻性格，总能从一亭一阁、一草一木、一鸟一鱼的自然景观中参悟出天人合一及观物达理的韵律，正是优美的私园工造风光和生动的自然景色使得他们的心灵得到了至少自己认同的最大程度的净化，而私园的文化符号意义映射出的构思和形象已远超出其物理上的狭窄范围，形成文人躲避尘世喧嚣、享受自身心灵一时平静的世界。“采菊东篱下”是入仕者的一种幻想，如同诸餐皆鱼肉后则希望清淡野菜，物质园林衍生出的归遁意义和影响十足深远。

江南古典私园追求得玄即真的境界，造园者借助景物来衬托人心的喜怒哀乐，旧时代园林的评价标准是能否达到中国诗词和绘画的境界，并追求其意境深远，因此江南私园与江南系传统水墨山水画、田园诗词歌赋相生相长，同步发展，重视精神和韵味，且讲究在造园中实现所谓

[1] 语出南朝宋刘义庆《世说新语·言语》。

江南文化的那种蕴含神往的玄幻，正如“榆柳荫后檐，桃李罗堂前。暧暧远人村，依依墟里烟”（《归园田居》陶渊明）或“绿遍山原白满川，子规声里雨如烟”（《乡村四月》翁卷）的物态呈现。江南私园在追求诗情画意的境界时，有意识地将中国画的写意手法融入造园中，并借助松[1]、柏、梅、竹……创造出“非人境界”（或者说是神仙之地）。人们在观赏江南古典私园时受到启发和联想，品味到“晚色将秋至，长风送月来”的诗意，或“与谁同坐？明月清风我”的深远意境。我们无法用经济定量来衡量，也不能用一时一刻的图景来概论。

---

[1] 中国古代造园使用的松的品种不似今日，主要配植黑松、油松等，其枝干易成虬龙嶙峋样式，亭亭如盖。

第一部分　说　理

第一章

孕大含深

审视江南古典私家园林这种比较复杂的事物，需要开阔的视野并从多个角度出发。

为什么江南古典私家园林表现为如此模样？是什么原因使得它们出现在江南地区的城市中而未被建造在别的地方？带着这些疑问梳理园林历史，似乎又会遇到信息破碎的困扰，没有人能够穿越回古代亲历，既然“一切历史都是当代史”（克罗齐语），那么我们也需借用历史来进行观察。

第一节　从历史视角审视江南古典私家园林

江南古典私园有生活功能，但它并非生活必需品，在今日看来依然如此。况且古典园林作为私有品出现，当初能够拥有的人非官即贵，这也使园林类型可粗略分为皇家园林和私家园林两大类。皇家园林旧时代未对大众开放，其本质上即为皇家私园。既然本书的目的是全面而系统地阐述对江南古典私家园林的经济认识，也就有必要深入了解那些私园的曾经拥有者，及其社会和历史环境与经济既往。

一、自然地理条件

自然地理决定论，是确认地理环境下的自然条件于人类文明社会发展具备决定性影响的一种思潮，以自然过程的作用来解释社会和经济发展的进程，从而归论于地理环境决定政治体制。该理论广泛流行于社会学、哲学、地理学、历史学的研究中。客观地阐明地理环境对人类社会发展的作用，有助于发展地理学理论研究和指导实践应用。毫无疑问，主宰人类社会历史演变的是符合其固有发展的内在规律，或者说是一系列经过自然筛选而出的偶然性推动了关键的必然性要素。地理环境是社会发展的客观物质条件，任何社会形态的进一步发展，或多或少地受到地理环境的影响。当人类社会活动与地理环境发生联系并能对其加以利用与改造时，地理环境的特性才能显示出来，并对社会发展产生加速或延缓的影响。国家历史越悠久，文化传承跨度越大，人类社会与地理环境的结合也就越紧密。即使在原始阶段，社会发展速度也并非与地理环境的优越程度成正比。地理环境与人类社会处于不断运动变化而又相互影响、相互制约之中。若走向另一极端，即主张无视地理环境和随心所欲地践踏地理环境的地理环境虚无主义，是与社会发展的客观规律相违背的。

人们对环境的依赖程度，由当时的生产力和经济能力所决定。生产力水平较高且经济能力较好时，人类可以在一定范围内背离环境条件。比如在沙漠中修建出拉斯维加斯这样的城市，在热带建造滑冰训练场。虽然这并非常态，但当生产力足够高之后，这种背离可能成为常态。比如电灯的普及，使得人类夜晚的生活形态完全背离了原本的自然安排。

中国古典私家园林严格地受到地理条件的影响与限制，其结果就是私家园林大量地出现在北京地区和江南的苏州、杭州、无锡等环太湖地区。本书之所以不讨论北京旧时代的私园，是因为其成因、园林形态保持、流转等较异于江南私家园林。客观地说，相对于江南地区来说，北京地区较为苦寒，较大体块的园林形态的保持，其难度大于秦岭—淮河以南的广大地区。这也是园林在江南地区广泛出现的基础性原因。

可以说，江南地区的富庶，人民的韧性，锱铢积累的理财习惯，促成了江南古典私家园林的长期存在。江南古典私家园林这种资金固化的方式得益于其地理条件，也极强地限制了其金融形态。从本质上说，江南古典私家园林可以理解为一种对政权“无害”的容纳资金的物质形式——皇权认为适度的放任未对政权产生过度的干扰，所以无需使用自上而下的行政手法来进行干预和制约。

江南地区的地理气候特别适合农业生产，素有“苏湖熟，天下足”的古谚。江南地区四季分明，水稻可以种植两季，蔬菜及其他经济作物也可大量种植。丘陵地带多林产，水网地带多渔产。更重要的是，连接海洋的内陆水网便于物流、信息流、人流的快速传递与转运，且运输量、安全性、速度等属性远远高于陆路运输。可以说，正是自然地理条件，成就了江南古典私家园林这一顶级的富集文化、建筑艺术及技术的物质形态。

二、广袤的土地与庞大的人口数量

若放大无数历史切面，中国的城市形态和集聚的居民数量均可为世界第一，这是奢侈品——江南古典私家园林形成的因素之一。明代中后期，仅苏州一地便分布着 300 余座私家园林，其时当地人口大致为 350 万～ 400 万。在古代，这实在是了不起的规模。

中华文明之所以延续至今、一脉相承，和“广袤土地与庞大人口”有着直接关系。正因为规模大、人口多，文明才能经受住一次次内部或外部的冲击，顽强地延续下来。正因为有广袤的土地和庞大的人口数量，旧时代中国才会形成中式居住建筑形态（如图 1-1-a 所示），即不需要设置高等级防卫需求的建筑样式或构筑物，而采用平铺的、不设防形式的平面形态。这种形式一度被西方人认为是低水准的，类似于他们的贫民窟样式。而防卫需求实际上是尺度问题，高等级防卫需求是大尺度的抗战级别的需求，这种类型的建筑或建筑群可能需要抵御外邦侵略，所以旧时代欧洲的富人或大家族需要建造纵向形式的城堡，以及时发现敌情，并采用居高临下的方法组织固守和反攻（如图 1-1-b 所示）。中国的平铺建筑模式，每个单元都分摊了来犯的冲击力，虽然也建造围墙、院墙，有一定的防卫需求，但其保护的是个体的私有财产，主要防范梁上君子，而偷盗的冲击力远远小于金戈铁马。这其实正基于“广袤土地和庞大人口”的传统。

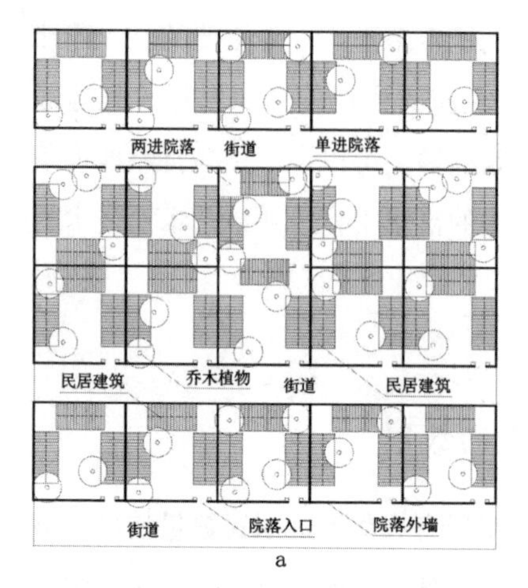

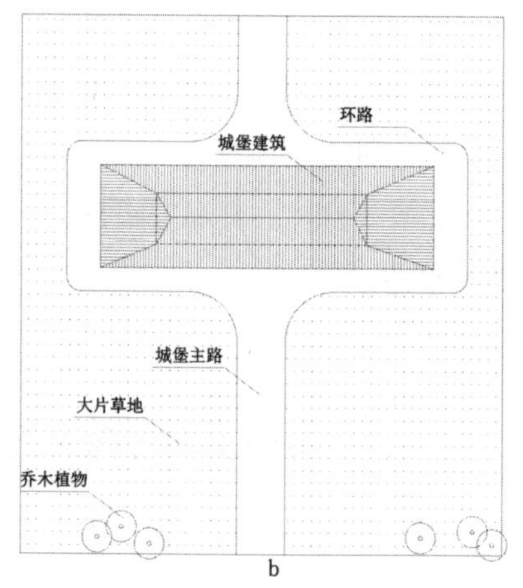

图 1-1　两种民居分布示意（a 为中国形态，b 为欧洲形态，两种样式截然不同。中式的庭院对防卫的需求很低，主要防备“人民内部矛盾”，土地利用率很高，而且各户有院落空间，舒适度较强，但间的数量被道路的宽度所限制。欧洲城堡建筑的防卫需求很高，主要防备来自外部的较强力量打击。它要求前后左右有比较开阔的空地，以便及时发现敌情。）

正因为有“广袤土地和庞大人口”，才会有稳定社会中的大私园，才会有明清时期雨后春笋般蓬勃发展的苏州私家园林，否则难免出现修建凡尔赛宫导致统治阶层一方通货膨胀和劳苦大众通货紧缩，直至产生激烈的暴力冲突的问题。

只要国家保持“广袤土地和庞大人口”的状态，其经济发展、科技进步等这一类方面的落后一定是暂时的，是“技”或“术”而已。而最重要的，是“道”一层的问题。“广袤土地和庞大人口”的首要成就表现，是拓展人与人之间的协作，把量的变化转变为质的变化，把越来越多的人整合起来，发挥越来越大的作用和力量。正是“广袤土地和庞大人口”的保持，支持了仅中国才有的城市物质形态，例如江南古典私家园林。

三、传统思想与农村组织

打造江南古典私家园林的资金得以汇集，倚仗于旧时代的宗法与农村组织。基层的财富如涓涓细流般通过两种形式被汇集到上层，一种形态是税、赋、捐，这些资金的汇集，支撑了各个时代帝国的公共性开支，当然也包括皇族及官吏系统的薪酬及一部分腐败，而这一形态在各个时期虽上下浮动，总体占比却并不大。占比较大的部分，其实是通过旧时代宗法和农村组织汇集而上的、带有金融性质的隐形资金流。这是社会机器系统性的资金汇集方式，这一部分资金是支持江南古典私家园林建造的主要部分。

在“固本培元”和不要“舍本逐末”的传统思想教化下，古代中国的社会结构模型也较为简单，皇帝—官僚集团—民众，民众终身为前两个阶层服务，而官僚集团为皇帝服务。上层社会随着时代的变迁而发生积极的变化，但因为较少对下层社会负责，所以古代中国事实上呈现如黄仁宇形容的“潜水艇夹肉面包”[1]结构。农村组织长期保持均一雷同的状态。如果整个帝国需要上下一起行动，尤其是调动下层的民众，仅靠中间层远远不够，必须在农民大众之中构成一支较为高效的基层力量——宗族政治。大多数旧时代中国人就个体而言几乎没有什么权利，其个人财产权历来受到宗族的控制和制约；中间层的财产权则容易被上层夺取，他们财富的危险程度和基层民众基本相同。

“普天之下，莫非王土，率土之滨，莫非王臣”[2]，“君要臣死，臣不死是为不忠；父令子亡，子不亡则为不孝”，底层民众的生命尚且轻贱，何况他的个人财产；况且小民的财产本身就微乎其微，整个国家都是皇帝的，这在逻辑上形成了闭环。这也可以很好地解释为何国人自古就缺乏财产上的安全感。[3]事实上整个君主时代中国始终维持着一个大体不变的权力体系，即按照家人亲疏之分责成各人安分守己，至于个人有何

---

[1] 出自黄仁宇《万历十五年》，形容一种扁平化的组织结构。它拥有自成一体的底层（农村）和紧密结合的上层（朝廷），但是中间的管理层却是松散的。中国古代的集权体制消灭了一切分享权力的贵族和领主，即抹除了这个自治的中间阶层，在中央机构与庶民之间形成了一道真空。为了填补这个权力真空，文官制度成为唯一的选择。然而行政技术和财政力量本身又不足以完成这样的任务，其结果是只能用低效的官僚系统接管中间层，以维系上下两大群体。于是就形成了这种三明治的结构，两片巨大且结实的面包夹着一坨松散的食材，即地方政府。中国古代所谓庞大的官僚机构与近代化的政府相比，其实是规模很小的。哪怕是清代，与同时代的欧洲相比较，也不过是个“小政府”而已。

[2] 引自《诗经·小雅·谷风之什·北山》。

[3] 这也是江南出现私家园林的重要原因。

种权利，只能视其在这个权力体系中的位置而定。

旧官僚系统虽然极力抑制商业，可是事实上城市中的绅商从未与官僚发生结果较为沉痛的冲突；相反，他们总是能够产生适度的关联和照应。朝代的更替让执商家族未能有效地传承，商业资本在个人手中受到比较多的限制，而发生兴亡变化，主流思潮也并不惠顾商业，这些原因使得商业持续欠发达，使中国古代商业未能真正担当起其应负的历史责任。

显而易见，大多数统治者们其实“内修道家，外用儒术”，确定了皇帝至高无上的地位，以及男人的地位高于女人、长者高于后辈、有学识地位的人高于无知的人等制度性安排。除了皇帝，每个人都要乖乖听话，甚至不可以在心里存疑。旧式的拥权者认为这些不但天经地义，而且与自然法则相吻合。在封闭性较强的极长时间中，这个系统产生的秩序及带来的稳定，确实保障了旧时代中国的发展。直到 19 世纪中叶，无耻的西方列强挟大炮洞开中国的大门，这一体制的弱点才逐渐暴露出来。

与世界上其他国家相比，中国厚重的宗族传统特征分外明显，甚至宗族在时间上早于封建。以祠堂、宗谱（家谱）、家规、族规、族田和族长族权为要素组成的系统性结构，实现了传统中国的乡村治理，即“乡绅自治”。可以说，旧时代儒家化外壳的宗族体系在乡村治理中的角色特征，呈现灵活微调并稳定少变的状态。虽然在不同的历史时期，宗族和国家的关系及宗族的治理方式常有不同——这不单单表现在治理尺度方面。春秋战国之前，表现为家国不分离；东汉至南北朝时期，中央王权进一步确权，表现为少数皇亲国戚、豪门望族、地主对社会的控制；而宋代之后，世家势力被削弱至无，则变化成了大众化的家族对社会的组织与管理；清代之后，乡村宗族的管理达到了极致，以至于到 20 世纪 30 年代中期，国民党伪政权或地方军阀伪政府需要执行社会性工作，依然需要依托各个村落的宗族来行使权力，以实现乡村基层社会的治理。

虽然村落宗族的权力层并非出于票选，但具体到宗族最高领袖人选的确定，其实也生成于某种程度的公议，且其“政治继承”也需经过类似于“长老会”的认可。官方一般不会干涉具体的乡村宗族话事人的产生过程，而新的宗族长者一旦产生，宗族资产权一般也就交由宗族长者说了算。宗族话事人和地方官府的关系，其实内含信息流、地方司法裁断、保障性资源配置、地方人才选拔等自上而下的利益输送，而与之匹配的，是地方公田收益、地方信仰收益、月度季度年度政治献金、农作物产出、人力劳动等自下而上的输送，这一部分其实颇为可观。同时，各种官员视察、(离)赴任、行游、特请(逢年过节请官员到乡村士绅家中做客或邀请其他官员作陪)，村落士绅都会负责招待工作，均会给予较大数量的资金支持，而地方宗族话事人的资金来源，当然是村中普通村民。也就是说，即便私家园林远在城市，但事实上其建造及维护的资金也是来自广大乡村。

在明清及其之前，尤其在长江以南广大地区，由于地形过于复杂，国家权力的触手事实上止于县，乡和村实行着较大程度的地方性自治，即由宗族中的村落精英治理。从明嘉靖开始到万历年间，模范村宗族甚至可以举行由政府象征性批准其族规家训的仪式活动，以确保其对宗族民众的控制权和教化权的落实。追求权力的原始人性动力，使得宗族司法权得到人为的强化，也促使族长绝对性权威的形成。在通勤较为困难的地区，村落宗族事实上成为较之官府更有权势和控制力的实权机构。清朝政府一度官方授予宗族权力精英治理地方社会的权力“委任状”，承认其对族人的惩罚权及财富控制权，于是族权得以迅速膨胀。这当然导致地区自治和地方官员治理的权力性冲突。乾隆二年(1737年)“免抵”旧例被删除，但事实上“山高皇帝远”，这并没有有效地抑制宗族势力。毕竟这事实上存在一种矛盾，既然县一级的治理难以下达到基层，权力自然无法形成真空，地方村众总需要有所行动。

中国古代传统农村的这种治理形态，反映出旧时代农业国家的生产力无法支持庞大的治理系统，政府必然让渡一定的权力空间，国家官僚体系与乡绅、宗族治理体系之间形成了一种互补和互通有无的关系。费孝通曾称之为“双轨政治”，一个是自上而下的官府—地方的政治轨道，在具体地方由“差人”“乡约”“里甲”转达；另一个是自下而上的治理轨道，即通过地方自治系统的“士绅”“乡贤”“村绅”，从其亲朋等血缘、亲情、友情、乡情等社会关系中把意志传递到上层，甚至一直可以上达至皇帝本人手中。

明代政府税收不能全额完成，“即使完纳税收 80% 也被认为是很大的成绩”[1]。旧时代的中央集权帝国统治已半将行政管制权混杂在道德或人道的范畴里，实际上是授予了地方宗族足够大的权力，使得地方其实由宗族进行管理。这就是说，农民或地主受了委屈，并不是向政府寻求解决问题的方法，所以也并无必要兴起诉讼，况且法律本身的象征意义较其实际意义更大，同时“当时并无这样的法制，足以支持这类的政策，也缺乏意识形态的主张”[2]。

中国旧时代的农村基层管理，就官方的愿望来看，当然希望其制度化、法律化。如果从官员配置来看，政府还是相当重视且细致的，比如精选德才兼备的官吏，严明其应担的职责，并且其作为也受到相应的监督；一些较为有力的法律也保证了基层行政管理工作的有效开展，或多或少地约束了基层官吏的行政行为，避免他们横行于乡里。某些基层官吏出于内心的责任感，也能够在一定程度上促进地方的发展和社会的稳定，虽然他也面临要和多个姓氏宗族处理微妙的关系。

由于旧时代中国乡村大多是同姓聚族而居，其宗子、族长或家长都天然地成为乡里的宗族头目，以封建宗族的家长身份建立政治位序。这些家长执掌宗族大权，处理各种生活事务且呈现一定的传承稳定性——“皆豪门多丁者为之”。旧时代乡村政权的头目也被看作村落精英，在经济上多较为富裕，在政治位序上属于宗法地主，同时肩负基层行政职能，乡村族权与代表国家意志力的政权合为一块。纵观“什伍连坐”制至保甲制，均可体现旧时代乡村行政管理的宗法性和宗族政治特征。帝国的皇帝天高地远，乡村有时只听说过收税赋的啬夫，而不知地方官员为何。或者可以说，其实人们只知道宗法，而不知道王法（国法）。国

[1] 黄仁宇．十六世纪明代中国之财政与税收［M］．北京：生活·读书·新知三联书店，2015.
[2] 黄仁宇．中国大历史［M］．北京：生活·读书·新知三联书店，2014.

家颁布的法律距离基层民众远，宗法统治因此才落于实处，当然，这在一定程度上对于减少恶性犯罪、发展有序生产、维护稳定社会也有一定的积极意义。

然而，宗族政治也导致乡民对乡村之外的国家大事并无渠道知晓，甚至漠不关心，且内部经济并无改革动力，这有时候会被村落精英利用，为其为所欲为、作威作福提供了条件。这种政治格局当然不利于社会的自由发展，但旧时代的各个时期正是依靠地主乡绅的宗族政治序列作为统治的基础，这种组织严密有序，经过时间的反复锤炼，具备天然的排斥力，丝毫不允许“加塞者”。这也是多数退休官员选择不回家乡的重要原因 。

我们在此探讨乡村宗族的以上种种，其实旨在说明帝国官员财富集聚的一种重要渠道。我们常说“一年清知府，十万雪花银”，其“雪花银”的来源，地方宗族是其中的重要一股。农民躬耕于田，“汗滴禾下土”，“民脂民膏”通过宗族治理，从千百个村落自下而上汇入地方官员的口袋，然后再形变成江南古典私家园林以及园主奢靡的生活。农民和园林，两者看似毫无关联，实则有着千丝万缕的联系。

四、霸主和官员

可以说，江南古典私家园林是一种最具政治可行性、最简单粗暴、容滞性较强、最容易形成路径依赖的物质形态。或者说，私园是旧时代官场必然出现的物质性结果。因此，我们有必要深入剖析旧时代中国的官僚体系。现代经济学实践表明社会经济失活有三种形态，一曰资本跨境出走，二曰资本空转，三曰资本沉淀容滞。社会资本的积累其实相当不容易，需要很多人付出代价。在旧时代，较少存在跨境出走的情况，空转也较为不易，因为各种社会产品的环节较少，生产联系也较少，而资本沉淀容滞的现象常见，如固化成为江南古典私家园林或大量被埋藏于地下。前者的破坏性略小于后者，因为建造的园林仍能够再次回到市场，而建造园林的根结，在于资金骤然大量地释放。

在旧时代的官僚权力体系中，皇权与官权是一对纠结的矛盾，这对矛盾从秦汉时期就已经存在，到明清发展到了极致；两者既对立又互相依赖。对大一统的旧帝国来说，最高地位的皇权是必不可少的，皇权是官权存在的基础；但由于国家的庞大，皇帝不可能直接行使皇权治理具体而烦琐的事务，必然实行“官员代理制”。这当然也不是说真正统治帝国的是官员，而非皇帝，古代中国的皇权无疑是至高无上不可挑战的，于是皇帝和官员的关系就显得特别微妙，值得玩味。

旧时代君王最害怕的并非官员贪腐，而在于官员们是否惦记自己屁股底下的王座，而昔时官僚集团的腐败实质上是忠诚贩售的变现。受限于旧时代的社会生产力和管理水平，相比于忠诚，清廉在一定程度上仅具有账面意义，更重要的是维持社会的稳定。中国古代的权力系统是“雪松金字塔形”的，问题在于入仕为官的文人无疑走上了一条悖论之路。一方面，要实现个人理想，无论这个理想是经济理想、宗族期望还是齐家治国的梦想。另一方面，假设不贪腐，恰好又干得好，可能会被皇帝猜忌，甚至带来性命之虞，或者因为不能扎入腐败的泥潭而遭到周边官员的排挤甚至陷害；可是如果真的贪腐，无疑又会被霸主记上“黑账”，等到了必要时刻，又会因此被肃整而性命不保。如此看来，帝制时代的官员不贪腐不行，贪腐又不行，两头堵死。为官之道几乎是走平衡木，能够保全性命的官员都是官场平衡木上的好手，基本行为准则是不需执着于对下负责，只要上头满意就行。古代中国朝代更替其实从整体上来看都较为相似，久而久之，官场对人才类型的选择如同一把大锁，只有某种类型的人才能够通过这种特殊形状的锁孔，其他类型都注定被拒之门外。

偌大的帝国，权集一人，国事仅由一个人处理自然是远远不够的，填补皇帝本人理政空缺的，必然是文官系统。官员之间形成共同利益网络，但这个权力金字塔同时又有个体相互提防的结构本质，纵向方面的压力为皇帝惧怕臣下图谋不轨，横向则是官员之间相互忌惮，一方面结党营私，另一方面又会相互陷害。为官的经济回报无疑是显著的，而知识分子作为社会的中流砥柱，其示范效应又不可低估。他们之间形成的权力链条，多数时候依靠较客观的经济定价。其中江南古典私家园林是较为两头讨好且“人畜无害”的物质补偿。皇帝本人对在职及非在职官员修造私家园林是不可能不了解的，如此巨量的经济沉淀他应该是明晰的。作为一种价外补偿，这是对其忠诚的某种物质奖励。

旧时代知识分子走的路，数千年来几乎是固定的。读书已经透支了家庭或族群的财力和寄托的希望，他们除了舞文弄墨，身无长物。不再适应务农，除了入仕即无他路可遁，甚至活下去都相当困难。人们受这种熏陶时间太长，顺其自然地产生了“贩与帝王家”“男人生当以做官为目的”的哲学。可是我们遍翻历史书籍，很难不陷入思维混乱的困境，我们看到的圣人，生前常潦倒可怜，看到的英雄，又几乎全是“叛逆”。

中国旧时代官场其实是一个熟人社会，众人的利益目标可能在总体上是相同的，很多事最终纠结在“人情”方面。熟人社会的核心是人与人之间形成一条私人利益的对接管道，并相互连接，最终构成一张无所不在的关系网络。旧时代中国有三种关系系统，一为官场人情系统，二为家庭宗族系统，三为中央集权系统，三大系统相互徼绕。收入和欲望有无关系尚无定论，并无证据证明高薪酬就会减少官员的贪腐。事实上，在多个朝代，官员的俸禄很低，要维系上述关系本身需要较强的经济统筹能力，如果官方不能给足必需的用度，想办法广开财路就成为必然。例如，薪酬较低的明代地方官员，其“开源”的主要形式是地方财政收入的细碎截留（火耗），而京城官员的这一部分则主要来自地方官的“馈赠”。清以明为鉴，试图整顿营苟风气而设置了许多相关规定，可是仍沿袭明朝的低薪制，京官尤低，因此外放或出差即成为其丰盈荷包的机会。地方官要升迁，“位置性官员”的“话语权”显得极其重要，故需常年“疏通”。如此，形成了皇权体制下无法动摇的利益链，有清代官员直言“应酬不可谓不厚矣！”[1]更有“凡有陋规之处，必多应酬。取之于民，用之于官，谚所谓‘以公济公，非实宦橐’也。历久相沿，已成常例”[2]。在无需对下负责只要上司满意的古代官僚系统里，汪辉祖

[1] 引自（清）张集馨《道咸宦海见闻录》。
[2] 引自（清）汪辉祖《学治续说》。

先生的“取之于民，用之于官”八个字揭示了真相。这些财富来源也是私家园林能够兴建的直接原因。另一方面，私家园林可算是极强的物质荣耀，相当于勋章，其示范作用无疑是相当显著的。

君王和臣下的关系是个死结，君王日夜提心吊胆，疑心臣僚会叛变，臣子则日夜提心吊胆，不断向君主表示忠心。君王的脖子上和臣僚的脖子上都架着钢刀，这个死结大概只有当事人身故才能解开。旧时代的贪腐是当时的政治制度所造成的，这才是无解的根结，如果将其全部归结为人的欲望，不但不足以服人，而且也不够全面。也就是说，江南古典私家园林的出现是制度使然，而非全部出于文人墨客的物质需求与审美需要。

五、私园的“私”与草坪的“公”

和现代园林相较，江南古典私家园林的所有园林构成元素中，独缺草坪这一元素，而表象背后有其深刻的原因。紧凑而呈平面发展的中国传统建筑样式天然地排斥草坪。再有，旧时代缺乏必要的护理工具，草体的长势难以控制。

在既往人类历史的很长时间中，并没有“草坪”这个词语，只有自然的“草原”“草地”。最初它们被用来发展农业或畜牧业，尤其在不适合种植农业作物的地区。至于草地的视觉效果，相对并不重要。

草坪于现代园林而言，其实是一种正式的园林样式，而并非以园林要素存在。它具备正式的定义，即“草坪是指由人工建植或人工养护管理，是用多年生矮小草本植株密植，并经修剪的人工草地，起绿化美化作用。它是一个国家、一个城市文明程度的标志之一。草坪是多用禾本科草及其他质地纤细的植物为覆盖，并以它们的根和匍匐茎充满土壤表层的地被”。草坪适用于美化环境、构建景观、净化空气、保持水土、提供户外活动和体育运动的场所。不过，有一处我不敢苟同，即论草坪是文明程度的标志。旧时代中国并无草坪，要依据上述定义，判断中国古代文明处于蛮荒或野蛮状态，不但不公允，而且可以说是严重的谬误。

中国在20世纪80年代之后，首先在较为重要的城市中营造草坪，这些城市是改革开放的前沿阵地。城市客观需要较大体块且形式优美的公共空间。近二三十年来，尤其在城市中，农业用地不再需要和城市绿化用地“争抢”，城市中的空地、间隙地、灰空间、公共用地等，都逐渐被园林绿化所取代，也因此在一些人眼里，草坪不再是稀缺之物。草坪的核心在于草坪上的禾本科草体植物相当单一，没有其他草类，单此一点，很多所谓的“草坪”即较难达标。江南古典私家园林中没有草坪，并不是说私园中并无公共空间的需求，但如果仔细对休闲所需要的空间进行配对与区分，不难发现，古典私园各种空间中发生的行为和现代城市园林草坪上发生的行为是存在区别的两类。前者将可能发生的各种具体的休闲行为场所化或者固定化了，而后者却具有无穷尽的接纳性和开放性。

要建成整齐、漂亮、均匀的草坪，除了要有相应的土地，亦要付出较高的维护成本，另外还需要配备各种喷灌、给肥设备。而且，草坪除了供人们观赏，事实上并不产生任何经济价值。除了使用割草机进行修剪，草坪不允许牲畜啃食、踩踏或排泄。即便在欧洲，普通的民众亦负担不了，在生产力不够发达的时代，土地的地力绝不能如此浪费。而对于欧洲贵族来说，在城堡入口造一片草体植物种单一、绿油油的草坪，就是无法造假的身份地位象征，这无异于向外高调宣布“本户土地丰沛、人丁兴盛、财源广进、雇工成群，有地偏让它长草，没钱赚也不在话下”。其草坪面积越大，修整得越完美，代表其经济实力越强。如果某段时间草坪没有工人打点，日渐荒僻，则表明其经济财政陷入危机之中。

为了节省维护成本，早期的草坪一般禁止人们踩踏。好比古代权臣获得穿着鞋上殿面君的奖励，欧洲的人臣如果工作出色，可被领主准许踩踏草坪抄近道。旧时代欧洲的王公贵族让草坪变成了一种权力的象征，直到现在，仍保留了这一传统，各种暗示权力的建筑前仍旧铺设大片平整的草坪，来宣告其权力的严肃性。这很好地解释了为何“美国梦”中的中产阶级仍旧对草坪情有独钟，割草机、洒水机这些现代工具又极大地提高了园艺操作的便捷性，他们会在周末，推着发出轰鸣声的割草机在房屋前的草坪上割草。

中国人拥有草坪不过百年时间（伴随列强开辟租界而来），但全民使用时间其实还更短，大约不到三十年（20世纪90年代“大草坪热”，使绿篱隔离逐渐开放）。在草坪被大量使用之后，其本身具备的政治权力、社会地位和经济实力等的象征意义被逐渐弱化了。中国园林的草坪行业其实是一个较为独立的分支，且需求量很大。尽管现在通过现代化育种技术，已经有了比较耐踩踏的草坪草种，但草坪总归是高经济及资源消耗的园林样式。

刘敦桢先生在南京瞻园东部尝试使用了开阔草坪，江南古典私家园林原本并无这个要素，本书也不便给出价值评价。提及这件事，仅在于提出为何江南私园需要不断维护这一观点。因为在缺乏机械割草技术的时代，人们很难对开放的土质空地进行整体控制，无疑会导致杂草丛生的状态。这其实也是私家园林尽可能多地采用硬质铺装、较少土地暴露的原因。

草坪兴起于欧洲，为何旧时代的中国没有呢？工业革命之前，欧洲的政治决策主要出自城堡而非城市。城市的主要功能是商业和宗教信仰，而商业更重视土地的实效性而非政治性或仪式性。同时欧洲建筑使用的材料主要是石材，如此，他们的建筑就更倾向于竖向发展。从采光、空气流动性、清洁度、防御性等功能而言，较高的建筑更有优势。高耸的建筑可以提供更远的视野，在安全防卫方面，客观上也就需要其周围留有开阔且空旷的土地。历史上可能突然出现了一个契机：某一位城堡主人突发奇想，觉得大片土地有必要整齐划一，于是就发明了草坪[1]。草坪将城堡前的土地有机地进行了分割，将道路明确地划分出来，有利于形成强烈的单点透视效果，便于约束行为，同时也有利于引导宾客的视线，使得城堡在来访者的视觉中更显集中，并且

[1] 香波堡的草坪，位于卢瓦尔河河谷，由法国国王弗朗索瓦一世于16世纪兴建，这里被考证为人类历史上的第一块草坪。

在由远及近的行走过程中逐渐显得神圣、高大、威严、庄重。可以说，竖向构图的城堡成就了草坪的出现，草坪进而成就了城堡的政治象征性地位。欧洲拥有草坪出现的上述物质条件和地貌特征，而这是旧时代中国所缺乏的。

旧时代中国的金字塔权力体系威严庄重，这毋庸置疑。在建筑方面，我们和欧洲并未形成相同的形制。中国的传统建筑在平面上展开，采用横向结构，主要由木质材料建构其主体结构。木材的缺点是较难竖向发展，堆叠至一定高度后，其材料的物理性质会到达极限，塔叠一方面无法保证建筑整体的安全性，另一方面也比较不经济，这些特性也经过了时间的检验。有读者可能会反驳举例山西应县佛塔（唐代木塔），它不但是木结构建筑，而且有相当的高度，年代也足够久远。以上三点的确都是事实，但木结构建筑一旦克服重力竖向发展，楼层越高，势必要牺牲更多的使用面积。单纯的“高”并没有问题，但其建造成本远远超过了社会平均值，建造这一建筑就可能得不偿失。欧洲用石材建造，其消耗的经济值小于使用木材建造到相同高度需要消耗的经济值。

同时，横向“摊大饼式”的建筑模式更容易突出经济实力，也较容易安排权力层级。中国建筑当然也会在建筑高度上下足功夫，但建筑材料的物理限制客观存在。在平原地区，就皇家而言，一种方法是堆土（石）建台，在台上建造建筑。一层台倘若不够，可以建造三层，三层不够则建五层。传说先秦及更早时代的一些皇宫建造于九层垒土（台）之上，必然在结构方面也要下不小的功夫，不但需要克服土层堆垒过高土台会因自重而垮塌的问题，也需克服类似造塔的问题——面积随楼高减小，在气势上又得不偿失。经过长时间的磨合，最终紫禁城的权力中枢——三大殿，也不过是建造在三层台上而已。皇权的另外一个限制别人如法炮制的办法是设定僭越罚则。他人不但不能造台，甚至其居住建筑的高度也不能超过一定的限度。当然，最能够限制民众的是经济能力。即便有人比较特殊，也不过是尽可能地在门头、影壁等地方稍稍提升高度，在建筑物数量和占地面积方面稍做突破。江南私家园林的入口部分，就足以验证这种压人的气势——当然和欧洲的城堡相比，它毕竟事实上低矮得多——为了让它显得更高大一些，就需要尽可能地拉近和访客的距离。策略是在狭窄的巷子里建造高大的门头或围墙，使人们不得已必须仰头瞻览。这种建筑形态，更不容易出现草坪这类事物。在横向木结构这一建筑体系下，天然地并不具备生长出草坪的土壤。

在自耕农业的结构下，人们普遍具备珍惜土地这一特质。经营私家园林的社会精英并不会某一天突发奇想，在自家园林里设一块草坪——踩出一块草地是有可能的，开出一块地种植庄稼作物也是有可能的，但是从美的需求出发设计一片草坪则无可能。中国原生适合用于草坪的草种其实不多，如狗牙根、结缕草等，要将它们单一化种植用于观赏，这对古人来说实在勉为其难了。

有学者说中国早在周代就已经有了草坪（草地），并以史料“文王之囿方七十里，刍荛者往焉，雉兔者往焉，与民同之。民以为小，不亦宜乎？臣始至于境，问国之大禁，然后敢入。臣闻郊关之内有囿方四十里，杀其麋鹿者如杀人之罪，则是方四十里为阱于国中。民以为大，不亦宜乎？”为证。然而，这段话其实不可作为中国在三千年前就已经有草坪的佐证，如果截取原文只到“与民同之”，确实可能断定周文王建造了一块大小约 35 平方千米的草坪。但问题在于，这段话出自《孟子·梁惠王下》，是齐宣王和孟子的对话，孟子旨在说明：与老百姓一块儿用园囿，无论多大的园子，老百姓都会说园小；反之，如果这个园子禁止老百姓使用，如果他们杀了园囿里的麋鹿，官员对他们按杀人罪论处，则这样的园子无论多小都是大。从原文来看，孟子实际上是将之前朝代的事情进行描述和判断，是否真的有园囿并无确切的根据，只是借机阐述治国的理念。而将其直接定义为草坪或草地，恐怕是有问题的。这里的园囿更应该理解为牧场，而非供娱乐用的草坪或草地。

如果考察草坪“触发机制”中的自然条件，以此说明我们不足以自发形成草坪这一园林类型，则首先在于气候。中国大多地域四季分明，冷暖反差较大，草体的枯荣交替十分明显。私家园林的园主通常不愿主动营造出“荒草萋萋”的景观图景，通常只要见到野草，即会及时清除。其次是文化背景，古典私家园林是园主展示自己的志趣或者说雅趣的物化所在，其功用不是追求单纯的舒适或供自己寄托情感。况且古典私家园林发展到明清，理水叠石、一亭一廊都有规范的程式化布置，目的就是细致入微地建造一个可以于其中穿行的诗意画境。同时，中国园林文化发展到明清，已经被束缚在一种高度发育的精致玩具壳当中，和孔子赞誉的“浴乎沂，风乎舞雩，咏而归”的质朴精神相去甚远。

欧洲出现草坪，是因为欧洲的年平均气温较低，禾本科植物结实的总热容量不足，大面积的土地未能种植出粮食作物，于是主要发展畜牧业，而中国的大部分土地用来种植粮食作物恐怕还嫌不够充足，自然无法“浪费”用来种草。而且即便是农业区，江南的很多地区也是“七山两水一分田”，更加不可能浪费。可见我们并不具备这种先决条件。

在中国私家园林中，园林本身按“摊大饼”的平面形态展开，也是熟人社会的范式，是一种“何必见戴”[1]的洒脱形式，乘兴而来，尽兴而归；是和两位友人相约其中，寄情于园中山水，就算是修禊聚会，推杯换盏，也是做曲水流觞这样的雅事。这大概是中国文人追求的一种心境。日本园林也很好地吸收了这一点，他们的园子更狭小，甚至不用挪步，直接坐于房中观赏大开间、无阻隔的“身边风色”，从身游变为心游。亚洲的园林都是人与园子玩，而西方的园林则有开敞的空间，草坪适合开展烧烤、派对和野炊等，是人与人的交互。

旧式的王权早已被雨打风吹去，中国的私园依然是那般模样，它的形制和它讲述的语言依旧不是公共园林性质的语言，它仍旧在讲着“私房话”。城堡前的草坪则不是这样，它的形制天然地和公共性更契合，能够适应开放。当然，这并不是说西方园林本来就具备公共性质，它此前也受到了严格的保护，限制外来者，只是一旦开放也就顺应了所谓的开放，性质也随之发生了变化。这大概是一种机缘巧合，而非哪种形式更为先进。

---

[1] 出自《世说新语》。故事讲述了王子猷雪夜访戴安道，未至而返，显示出他作为名士的潇洒自适、性情豪放。

第二节　江南古典私家园林历史简论

江南私家园林在江南这片土地上生发，是一连串偶然产生的必然结果。

一、江南何处？

直到目前，就江南的地域范围仍未有定论，学界各派各有高论。江南的范围不在本书讨论范围内，因为涉及园林研究，我们一厢情愿地将范围缩小至苏州、扬州、杭州等拥有私家园林作品的典型城市。

通常认为，古代“吴”所涉及的范围，即为人们所说的“江南”地区。“吴在周末为江南小国，秦属会稽郡，及汉中世，人物财赋为东南最盛，历唐越宋，以至于今，遂称天下大郡。”[1] 从勾吴到明代，江南地区的范围不断变化，有些城市名字也不断变更。姬泰主动让出王位，向东进发到达吴地，为了避免遭受原住民的攻击而自觉“蛮”化，断发文身。姬发伐纣成功之后正式建立西周，当初由姬泰始的吴国已经是第五世王，姬旦封其王周章，改建都勾吴，于是吴国正式成为诸侯国。春秋时，吴王阖闾和夫差先后征讨相邻邦国楚国和越国，正式入中原逐鹿，后来被越倾灭。楚接着又并越，昔日的邦府勾吴成为楚国春申君黄歇的封邑。秦国统一后设立郡县，当年的吴国辖区被归入会稽郡，苏州成为郡首府。刘邦在西汉初时“削藩”废楚王韩信，但考虑到政策不能过于激进，于是又分出楚地淮东五十三城为荆国，封刘贾为荆王。但天下自成统一态势，七国之乱发生，平叛之后，吴地被划入扬州。东汉永建四年（129 年），会稽郡吴地被划归至山阴，也就是今天的绍兴。至隋朝初年的这四百多年里，吴郡其实一直都以苏州为治理中枢。隋开皇十年（590 年），州府迁移到石湖横山脚下，唐初又迁回旧处设苏州都督。唐大历十三年（778 年），设观察处置使治苏州，自此，苏州再次成为二

[1]　引自（明）宋濂《姑苏志序》。

级地方政权机构所在。

江南，在人文地理概念中特指长江以南。“江南”的文学意象有一个从无到有的过程，而且在不同的历史时期是不相同的。隋唐以来，江南常与山明水秀、物产丰富、文教发达、吴侬软语、美丽富庶等词汇联系在一起。广义的江南包括大部分长江中下游以南地区，南岭、武夷山脉以北地区，即湘、赣、浙、沪全境与鄂、皖、苏的长江以南广大地区，相当于唐代江南道（除去后来分出的黔中道）的范围。狭义的江南与宋代江南东路及两浙路所辖范围略同，即浙北地区、沪全境、苏皖长江以南部分、赣北濒临长江与鄱阳湖的地区及赣东北。纵观整个历史，狭义江南的代表城市有绍兴、南京、苏州、杭州。早在先秦时，已有“江南”的称谓。早期出现的江南指的是现今湖南和湖北南部、江西部分地区。王莽执政时期改夷道县为江南县，相当于今日湖北的宜都地区。《后汉书·刘表传》载：“江南宗贼大盛……唯江夏贼张虎、陈坐拥兵据襄阳城。表使越与庞季往譬之，乃降。江南悉平。”一直到隋朝，那个时期的江南指代的是湖南、湖北一带。比如杜甫《江南逢李龟年》诗，描写的地点是长沙。事实上继宋元之后，从文化认知方面，江南地区逐渐将上述两个地区排除在外了。

中国的母亲河长江曾经被古人称为天堑，此江的南边与北边，自然而然地被唤作“江南”与“江北”，这个口语词汇中的“江南”，其内涵与外延逐渐丰富，又经过历史积累、文化锤炼、地域识别等约定俗成并顺理成章之后，正式“登堂入室”。《史记·五帝本纪》说：“（舜）年六十一代尧践帝位。践帝位三十九年，南巡狩，崩于苍梧之野。葬于江南九嶷，是为零陵。”这里所言的“江南”，意义较为浮泛。到秦汉时期，“江南”的含义略显明确，主要指的是现在的长江中下游以南地区，即今湖南、江西、安徽、江苏等地。《史记·秦本纪》中载：“秦昭襄王三十年，蜀守若伐楚，取巫郡及江南为黔中郡。”黔中郡在今天的湖南西部。由此可见，当时的“江南”范围其实比今天大得多。根据《史记·五帝本纪》可知，其南界可达南岭一线。江南在汉代时亦十分宽广，包括豫章郡、丹阳郡及会稽郡北部，等同于现在的江西、安徽及江苏南部等地区。这就是后来人们以会稽郡北部为“江南”的概念之由来。至隋代，“江南”即《禹贡》中的“扬州”，但实际上，“江南”应特指江汉以南、江淮以北。秦淮河畔这种与现代意义较为相同的江南概念，大概是从唐代开始的。贞观元年（627年），唐代政府将天下分为十“道”，江南道完全处于长江以南，范围大致从湖南西部以东直至东部海岸。开元二十一年（733年），唐代政府将江南道进一步细分为江南东、西两道和黔中道。唐代文人对“江南”一词的使用，常超出现在“江南”一词的范围。

江南东道和江南西道的设立，为今天“江南”的地理概念奠定了基础，其后宋代政府也沿用唐代江南东路、两浙路、江南西路等称谓。江南西道是今天江西省名称的来源。清代的“江南”主要指今天长江下游的江苏、安徽等地区。因为经济汇聚，“江南”越来越明确地指代浙西、徽州、浙江中北部地区。明代时政府较明确地将苏、松、常、嘉、湖五府定义为“江南”地区。这些地区的经济在全国范围内已成主角，在税收方面备受国家重视。当然明清人受限于地理认知，对“江南”一词的运用仍比较随意。但正因为如此，所有好的事物，都可以是“江南”的，这也就一次又一次地夯实了这个具备景观意象的地理词语。

塑造文化均质性的因素大抵是上述的地理条件、区位条件、气候条件、经济条件、历史命运、通行语言等。其中气候的相似性决定了江南地区人们的日常行为和习惯的相似性。江南处于亚热带向暖温带过渡的地区，气候温暖湿润，四季分明，适合各种作物生长和人类生存。直至今日，江南的气候条件仍具有以下几个特点：一是气温高，日平均温度大于0℃的农耕期有340天/年、大于5℃的生长期有320天/年、大于10℃的植物活跃生长期有300天/年、大于15℃的喜温作物水稻的适宜生长期有200天/年；二是降水丰富，长江至钱塘江以北地区的年降水量为800～1600毫米，丘陵地区大于1600毫米，为各种作物提供了丰富的水源，且雨热同季。秦汉之后的江南地区，虽然在具体的气候指数上有所变化，但总体上气候温和、雨量充足的特点变化并不大。相比北方地区的干冷、岭南地区的湿热，在江南地区这样的气候条件下，一年中人感觉舒适的天数比较多。

相对于北方，江南地区的地形地貌较明显的特征是多平原和多水网。由于地处长江中下游平原，地形上呈南高北低之势，其北部地势平坦，以平原为主，南部则分布一些山地丘陵；另外，除了降水丰富，江南地区还拥有长江和钱塘江两大水系，两者通过运河相互连通。江南地区河道棋布、湖泊众多，在长期的开发过程中，历代人自觉地兴修了大量的水利工程使之相互连接，如泰伯开伯渎、伍子胥开胥溪、夫差开凿邗沟与江南运河等，以至于该地区历来享有"水乡泽国"的美誉。在如此气候和地形地貌下形成的江南自然地理有着和北方的显著不同。"风烟俱净，天山共色，从流飘荡，任意东西。自富阳至桐庐，一百许里，奇山异水，天下独绝。水皆缥碧，千丈见底。游鱼细石，直视无碍。急湍甚箭，猛浪若奔。夹岸高山，皆生寒树。负势竞上，互相轩邈，争高直指，千百成峰。泉水激石，泠泠作响……"[1]这是古代文人对自然风光的描摹，无疑写出了江南自然风光秀美的精神。又有陶弘景《答谢中书书》，他把江南盛赞为"欲界之仙都"，说"山川之美，古来共谈。高峰入云，清流见底。两岸石壁，五色交辉。青林翠竹，四时俱备。晓雾将歇，猿鸟乱鸣；夕日欲颓，沉鳞竞跃。实是欲界之仙都。自康乐以来，未复有能与其奇者"。另有"王子敬云：'从山阴道上行，山川自相映发，使人应接不暇。若秋冬之际，尤难为怀'"，"顾长康从会稽还，人问山川之美，顾云：'千岩竞秀，万壑争流'"。[2]唐代的江南概念虽然不同于现在，但其诗歌中对江南山水风物的描写实为充分，有"江南好，风景旧曾谙。日出江花红胜火，春来江水绿如蓝。能不忆江南？"（白居易《忆江南》）；有"杨柳阊门路，悠悠水岸斜。乘舟向山寺，着屐到渔家。夜月红柑树，秋风白藕花。江天诗景好，回日莫令赊"（张籍《送从弟戴玄往苏州》）；再有"顾渚山边郡，溪将罨画通。远看城郭里，全在水云中"（郑谷《寄献湖州从叔员外》）；还有"向吴亭东千里秋，放歌曾作昔年游。青苔寺里无马迹，绿水桥边多酒楼"（杜牧《润州二首》

[1] 引自（南朝梁）吴均《与朱元思书》。
[2] 引自（南朝宋）刘义庆《世说新语》。

之一）；等等。这些脍炙人口的诗文，充分歌咏了江南山水清旷灵秀的图卷。

江南地区由于范围较大，各处在文化方面也有区别。如今学界指代的人文江南，大致是现在苏南地区的苏州、无锡、常州、南京、镇江，皖南地区的芜湖、黄山、宣城、池州、马鞍山，浙北地区的杭州、嘉兴、湖州、绍兴、金华和宁波，以及直辖市上海一带。实际上地处长江以北的安徽安庆、江苏扬州也常常被纳入江南文化圈的范畴。从唐宋时期开始因经济向心力而逐渐赋值、堆高、积累的江南文化，让江南从一个单纯的地理名词，变成了意蕴着秀美、娟丽、文气与富庶，被历代国人向往、憧憬和挚爱的地域泛指。自唐代以后，国家经济重心不断南移，就全国的经济版图而言，江南地区事实上逐渐取代了中原地区。至北宋中期之后，地理条件使得江南成为全国经济核心区，后来更成为经济最发达地区之一。

江南重文兴教的民风，成就了江南地区的文脉和民众的文化性格，使得江南文化成为一种文化风气的代表；那些被世代流传并不断演绎的才子佳人、传说故事，则是对江南文化的另一种认同。粉墙黛瓦、小桥流水、回廊飞檐等江南建筑风格也体现出一派深沉内敛、轻盈秀美的图景特征。白居易的《忆江南》描写了苏杭美景，谢朓的《入朝曲》"江南佳丽地，金陵帝王州"描绘了南京景胜，有"上有天堂，下有苏杭""堆金积玉地，温柔富贵乡"美名的苏州、杭州成为江南城市的杰出代表。有诗云"一回憔悴望江南，不记兰亭三月三。花自无言春自老，却教归燕与呢喃"（汤显祖《上巳燕至》）。清代钱谦益为袁伯应《南征吟》所作小引中说"至其榷关南国，登车奉使，江南佳丽之地，风声文物，与其才情互相映带"。在江南地理条件、人文风气和经济条件等综合作用下，独特的江南文化圈由此产生。

研究者都清楚"江南"的含义在古代文献中不但多样，而且常有变动，常常作为一个与"中原""北方""边疆""天府""闽南"等区域概念相并立的地域名词，虽然范围含糊，但每被提及，不可避免地带有倾慕、自豪、赞美等感情色彩。从研究的角度来说，江南既是一个自然地理区域范围，也是一个经济、社会、政治和人文的区域范围。

江南世代传承具有浓烈吴文化特征的士族文化，然而由于近代的流民现象，一些今天的非江南地区也流布着江南习俗，同时江南地区也具备了很多非江淮文化特色。于语言方面，苏州地区方言除了保留了一些旧时代吴方言词汇外，语音基本与苏北、皖北地区的方言（江淮官话）相同。吴文化流布的范围还突破至安徽南部的徽州及黄山地区，与苏南、浙北接壤，习俗较为相近。旧时期江南地区水网密布，人们出行只得乘舟经由水路，民居也多沿水而筑，建成小型入户码头，于是产生了很多关于水的民间文化和风俗。明朝以后，统治者为了方便管理和统御，省域不再按照文化圈划分，这导致后来苏浙两地吴文化圈的人们对于吴地的认同态度生发差异。当下人们如果说到吴地，一般认为指代苏南，苏州地区被视为东吴，常州地区被视为中吴，而属于吴文化圈的浙江，则被误认为“越”。当然，事实上古吴和古越的习俗文化已经荡然无存，江南文化圈的主流文化主要始于永嘉南渡，浙江无疑也在其内。

本书讲述的江南地区，主要是吴文化圈[1]，其地域特色比较鲜明，是中华文明体系中文化圆融且可自足发展的子系统。吴文化圈中具有典型代表性的文化艺术物化形式——江南古典私家园林艺术的生发、发展和成熟，与其所在区域的经济积累、生产水平、建筑艺术、文脉文化、主流哲学、社会风气、审美意趣、民俗风尚、思想观念有着深刻的联系。

上古时期，气候要比现在湿热得多，黄土地区也曾经森林密布，物产丰富。当时的江南地区，如同司马迁笔下《史记·货殖列传》所述：“楚越之地，地广人稀，饭稻羹鱼……是故江淮以南，无冻饿之人，亦无千金之家。”也就是说，不需要围湖造田，人们打打渔，随意种植稻

[1] 吴文化圈的概念首先源于春秋后期的吴国，当时吴国的疆域大致在今天的苏南太湖流域、浙北地区和皖南地区。浙北的嘉兴西南部以及会稽山阴（绍兴）则是吴越之争的主战场。其概念的另外一个源头为汉代的“三吴”，三吴即吴郡（今江苏苏州）、吴兴（今浙江湖州）、吴会（今浙江绍兴）。明确吴的范围需要区分两个有关“吴”的概念，一为“吴语区”或“吴方言区”，二为“吴文化区”。当今的吴文化区即吴语文化区，分布在苏南（不包括南京、镇江的市区）、浙江、上海、皖南局部、赣东北。旧时的吴文化区包括南京、镇江以及皖南甚至江北的一些地区。

米，即可生存得很不错。江南一带水网和山脉纵横，在被农业改造之前，有很多土著，其中有相当多的氏族甚至能够和周朝姬氏王族军队抗衡，事实上他们在商朝的时候长时间牵绊住了商纣王的主力大军。到了秦汉时期，由于中原国家政治制度的不断完善，那些生活舒适而政治形态较为落后的氏族部落就不是对手了。江南地区水网密布，将土地分割成鳞片状，河谷与小型冲积平原则形成了比较适合农业耕种的良田。较高政治水平的中原国家借助驻兵屯田制度，掌握了这些水网，就形成华夏文明对江南及南方山地的分割态势，于是那些土著就陷入了生产能力不足，无法在经济上自给自足的困境；而且他们一旦被分割，又无法相互呼应。受生活所迫，他们必然需要从外界获得比较多的生活资料，然而只要他们出山，就立刻会被阻击甚至歼灭。秦汉借助统一的国家体系，通过水系组成的种植网络，稳扎稳打，用时间换空间，在遇到山地土著冲击时，可以迅速调集兵力、粮食等资源，予以打击并消灭。

如果交战双方都没有形成国家形态，只是部落和部落的冲突，山地部落或许更占优势，可是如果对手是国家，那部落武装无论是从装备、供应、援助等方面就均败下阵来了。古代的江南和南方地区被设立郡县，编户齐民就成了简单的时间问题。秦汉帝国四百余年，将统治扩展到江南地区的进程基本完成。三国魏晋时期则基本完成了南方地区的扩展工作，先后几次“衣冠南渡”，同时又进行了深度的开发，原来的中原文明进一步把文明的重心转移到了江南一带和广大的南方地区，中国基本上进入到全面的农业时代，南北方也就牢牢地被整合成了一个国家。

总会有些人最终未被驯服，但这样的人其实不多，比如逃亡到大山深处摆脱了权力的控制，继续过着狩猎采集的生活。这样的生活被诗意化了，文学中的渔歌木樵，其实就是普通民众心目中的“桃花源”，是潜意识里对自由自在的心理向往。

中国文明传承千年而今仍继，和农业成为国家的基础无法分割，而且农业也毫无疑问地塑造了国家的基本形态和国民气质。这并非人类本性的自然演进，而是数千年来塑造而成。正是因为这种国民性，我们在改革开放之后不过四十余年，就几乎走完了西方数百年的道路。

正因为江南地区进入中原文明的版图，才有了农业剩余，进而有了规模性社会分工，有了江南文化，有了商业，有了技术，有了闲暇与享乐，有了江南古典私家园林。

二、随儒尚道

发祥于渭水的姬周文明，曾经拥有当时最先进的太阳历法。武王姬发成功亡商后，对始于周原的农耕文明进行了全面性推广，同时对昔日的旧的文化观念进行了全面性的“周公制礼”改造。借助中心王权，把礼制向周边各诸侯推行。此即为后世儒家哲学体系的基础。然而对于远离中原的江南地区，直到宋元，其间约两千年时间中，比较发达的经济状况和较为活跃的意识形态与中规中矩的儒家观念有所偏离，也就是所谓“既能规守‘本分’，又能较为灵活”的状态。

从生产方式上看，吴地与中原地区的农耕差别，事实上长期持续地存在，不但在于农业作物品种方面，也在于农作程序和方法上。“江南之俗，火耕水耨，食鱼与稻，以渔猎为业”[1]，足见江南地区与中原地区的农耕类型并不相同。因为传统阻力较大，周原农耕文化未撼动江南传统，直至春秋后期，儒家哲学亦未在江南吴地形成气候，始生于中原的儒家思想，在早期的吴越水乡并无生根勃发的土壤。

“儒家思安，道论思变”，相对于儒家礼制的稳定、保守、和顺，道家哲学灵动、积极求变、排斥礼教、张扬自我。知识界倘若离儒尚道，作为稳定态的非稳定因素，无疑是一种挑战，但我们却并没有在历史中看到由此而触发的动荡，这可能得益于江南地区灵山秀水和渔猎水耨的经济容量。尽管中原地区完成天下一统，逐渐罢黜百家，独尊儒术，但江南大地的文化哲学并未放弃比较自在的原生文化而完全跟从儒家，而是发现较为轻松自在且实用的道家比较理想，拐弯尊道崇佛了，这种

[1] 引自（唐）魏徵《隋书》志第二十六地理下。

当然被儒家学者看作“非主流”，于是认为吴越之地“其俗信鬼神、好淫祀”，“故风俗澄清，而道教隆洽，亦其风气所尚也”[1]。直到明代中叶，江南人民依然“好谈神仙之术”，“善著书，然喜裒集文章杂事，无明莹笃实而通经者”[2]。江南地区民风自然、率真，但也好斗。“自梁鸿由扶风，东方朔由厌次，梅福由寿春，戴逵由剡适吴，国人主之，爱礼包容，至今四方之人，多流寓于此。虽编籍为诸生，亦无攻发之者，亦多亡命逃法之奸，托之医卜群术，以求容焉。自梁武帝好佛，大兴塔寺，竺道生虎丘聚石为徒，讲《涅槃经》，石皆首肯；支遁入道支硎山；海上浮二石像于开元寺，至今虎丘、开元每有方僧习禅设会讲，二三月，郡中十女浑聚至支硎观音殿，供香不绝。”[3]说江南民风好斗，并未带有贬损的意思，比如众人皆知的“戚家军”，大多兵勇均从江南地区招募。和传统儒统地区不同，江南地区对劳作活动较为重视，特别是对能工良匠给予尊重。儒家有意将士、农、工、商阶层清晰化，“劳心”为君子所为，耕织、渔猎、园圃、手艺等是“劳力”者的事。然而在江南文化传统中，知识分子固然因其稀缺性而受到普遍尊重，但农、工、商并不可鄙，它们之间的界限也无明确泾渭，甚至许多士人对于园、圃等小“道”倾注大量才情。范蠡、陆龟蒙、黄省曾[4]等人几乎都把这些技术上升为神道（正统艺术）的境界。张岱说：“陆子冈之治玉，鲍天成之治犀，周柱之治嵌镶，赵良璧之治梳，朱碧山之治金银，马勋、荷叶李之治扇，张寄修之治琴，范昆白之治三弦子，俱可上下百年保无敌手。但其良工苦心，亦技艺之能事。至其厚薄深浅，浓淡疏密，适与后世赏鉴家之心力、目力针芥相对，是岂工匠之所能办乎？盖技也而进乎道矣。”[5]

“由今观之，吴下号为繁盛，四郊无旷土，其俗多奢少俭，有海陆之饶，商贾并辏。精饮馔，鲜衣服，丽栋宇。婚丧嫁娶，下至燕集，务

---

[1] 引自（唐）魏徵《隋书》志第二十六地理下。
[2] 引自（明）黄省曾《吴风录》。
[3] 引自（明）黄省曾《吴风录》。
[4] 明代中叶江南人，字勉之，号五岳山人，著有《蚕经》《芋经》《稻品》《兽经》等。
[5] 引自（明）张岱《陶庵梦忆》。

以华缛相高。女工织作，雕镂涂漆，必殚精巧。”[1] 江南地区重商也可以被看作是造物尚巧、重视手工业风气的延伸。以现代经济地理学的眼光来看，江南地区离儒尚道兴商有多种原因，比如地形多变，耕地不够方正且多狭小，土层并不深厚，自然灾害和地质灾害极多，赋税捐沉重。人口和农作土地的矛盾促使民众“穷则思变”，则必须辅以占比较高的工商业态；而且，地处长江冲积平原与太湖之间的广大地域是水网密布的地区，便于舟船通勤转运，运输成本较低而载重量较大。自然条件限制和地理条件便利应该是两个比较重要的原因，从南宋时即广为流传的“苏湖熟，天下足”民谚即可证明。但历代全国性政权“东南财赋，西北甲兵”的赋税政策，对江南一带一直呈现比较严厉的态势，地区红利给江南民众带来的更多是相对沉重的田赋和物税，因此并没有为地方财富的积累创造更多实利。江南一带的商业活动，早期有范蠡转货物通有无以逐利，宋元时期海洋贸易兴盛，明代中期吴越地区手工业者凭借口传心授的技艺闯荡南北各地，明清时期更涌现出“外儒内道”的婺商、徽商、杭商、扬商、常商，他们此起彼伏，聚集在此。元代及明中期以后，江南文化艺术产业空前兴盛，最终成为“最是红尘中一二等富贵风流之地”，探寻其中原因，是江南地区工商业发达。

经济较为发达的江南地区因为财富余力而获得了相对自由的发展。在元代，江南地区甚至经历了历史上鲜见的大好时期。虽然维持时间较短，但财富集聚直接为其在明清的兴盛奠定了坚实的基础。

元朝忽必烈统一全国后，由于版图空前辽阔，农业基础雄厚，百业繁杂，南北省际物资、信息交流畅通，文化相对落后的蒙古统治者对文化、商业、手工业相对发达的江南地区感到无从下手，同时也忌惮严格统治会导致民变翻覆，而采用一种相对放任的政策，加上元朝政府看重且实行重商业的政策，经济原本业已较为发达的江南地区，由于不再有“学而优则仕”的向上途径，于是颇有脑力而不得已从商的人数迅速增扩，“舍本农，趋商贾”的风气盛行。同时，元朝初期，皇帝比较重视

[1] 引自（明）王鏊等《姑苏志》。

知识分子，采用“本地人统治本地人”的策略，重用江南地区的知识分子治理自己的地区，这相当于“国中自治”，致使江南地区获得了空前轻松的政治氛围。当然为了填补权力层级的空隙，江南地区的宗族也得以迅速地发展了自己的势力。

商业发展促使江南地区迅速富足，招致北方士人阶层的不满，元代官员王结说“游心经济区，奇货真可居”，他不能理解让他醉心的江南地区的伦理秩序怎么会在“一夜之间”沦落到“举世治筐箧”的程度，他认为这是比较不好的倾向（“此风定谁驱？”）。尽管类似这样的声音层出不穷，但元朝政府始终没有真正地控制江南地区却是事实。这种宽松的风气，在元末才出现较大波折，但也并非来自元朝政府，而是因为江南地区的富庶士绅直接支持了张士诚以对抗朱元璋，而后者正因为受到了来自江南地区比较多的阻力，不但对江南地区大开杀戒乃至屠城，而且在明代建立之后在该地区收缴比较重的赋税，这才使得江南地区的宽松氛围逐渐消逝。

但也正是明代之后较为紧张的政治空气，使得一部分文人士大夫“尊道”的心理背离，儒成为保护他们已身的外衣，而其内心追求自由，甚至缅怀昔日的自在。儒家思想可能是导致中国文人“精神分裂”的一种原因，使得他们既有忠于君主和儒家秩序的道德痛苦，同时也追求自我精神放逐的快意。因此，他们对古典私家园林有着心理层面的需求。

明代中后期，江南地区社会财富集聚，苏州因此能够以古典私家园林名冠天下，但明王朝的较多政策其实原本并不利于江南地区经济的兴盛，朱氏皇族对吴越士民还有报复性惩罚心态，在政策上大力以农耕思想与政策经国，并对江南地区长期课以重税。江南地区较大体量的财富拥有者，事实上也流露出了对当下富贵的不确定性的焦虑，于是自然而然地选择建造私家园林这种经济耗散的方式，而非发展出可以长期且持续盈利的稳健的投资模式。当然，江南地区在经济生产、手工业技术、农业技术、文化艺术、哲学思想、社会思潮、士风民俗等方面的一系列区域性特色，使明代江南私家园林不仅达到艺术高点并走向成熟，而且其技艺操作水平也远远超越前朝及其他国内各地。

但是，我们仍然要知道，尽管宋元江南呈现总体上的宽松和自由，但贫富分化程度仍然较为严重，百姓生活仍然清苦，只不过和北方民众相比显得略为宽裕而已。

三、江南私园的往昔

时光荏苒，富贵无常，物质不能长存，加之城市土地稀缺，导致明清之前的大部分园林未能保持至现在。

木材是中国传统建筑的主要用材，一旦建筑或构筑物得以建成，那么其各种木构件的破损及腐化便成为必然。说建筑如人一样终有一死，亦不为过。尽管旧时代已有较好的油漆技术和防腐技术，可以有效延长建筑整体的寿命，但亦终有极致。江南古典私家园林中多景观性建筑，其耐久性低于居住性建筑或宗法仪式性建筑。从现代经验上来看，全木结构的园林建筑自建造完毕之后，每 5 年便需要大规模清理或检查，每 20 年需要局部替换构件，每 30 年需要进行较大规模的维修。从维修到大修，从大修到重建，虽然仍旧保持同一个景观风貌，但需要的资金却呈直线上升之势，而各种不可抗拒的原因，最终导致建筑不足为续，湮没于历史长河之中。

现代建筑业普遍将房屋建筑的折旧率定为每年 1%。将现代建筑折旧的数据测度方法运用到江南古典私家园林上，可大致计算出其景观建筑的折旧率每年为 2.2% ～ 3.3%，主体居住建筑或宗法性建筑每年为 1.5% ～ 1.8%，在特别潮湿的地区，折旧率会更高。也就是说，如果私园建成之后只是使用而不维护，则会在 30 ～ 50 年内坍塌报废。

体量较大的传统建筑，其大木造中的柱和梁常用整根大木材，要求木材粗大、通直且坚实。如果需对它们进行雕刻加工，则要求材料体形更大。在对现存的明清建筑进行较大范围的考察后得到了较为直观的数据，由于旧时代中国的建筑基本按照“模数”来进行施工建造，屋身越大，则要求木构件越大。柱直径为 45 ～ 50 厘米的旧时代建筑，使用的木种多为柏、樟等。柏的生长又慢于后者，且多存于城市而非乡村。从生长周期来看，柏木成材多为 150 ～ 220 年，而樟木成材多为 90 ～ 130 年，一些乡村建筑中的“冬瓜梁”的木材生长时间更长，约为 120 ～ 150 年。也就是说，这些建筑材料本身已经经历了相当长的岁月，更不用说很多现存的江南古典私家园林中使用了生长极其缓慢的红木类木材，如胡雪岩故居中的金丝楠木等。

旧时代中国建筑的用材，早期必然是就地取材，但伴随着社会总财富的逐渐累进，对大木的需求总是呈持续增加的态势，无法“就地”满足，于是建筑工艺和建筑材料的选择就不得不采用其他方式。旧时代很多建筑的柱和梁也会使用石材，用石柱替换木柱。但不得不说，根据我们的多地考察发现，中国人对于石材在建筑内部的使用有着相当固化的观念。比如古人一般不会在“活着的人”居住的建筑中使用石柱。江南古典私家园林中的景观建筑如亭、牌坊或舫，其柱完全暴露在室外，因此容易朽坏，虽然有些也用石柱，但这些建筑的顶部大部分结构仍使用木材，因此也易朽，而且往往不容易被使用者察觉。

总体而言，江南地区原生的建筑大木材料的自给呈现不断下降的趋势。这大概是因为就地取材使得这一地区的大木资源已经接近枯竭。幼树不堪其用，于是建造大型建筑所需的木料只能从市场上购买。从古至今，中国国内的大木贩运从未停止，借助水路运输，苏州、扬州、杭州等城市较早便有来自湖南、江西、贵州等地的商品大木，甚至“远道而来”的大木还会在这些城市通过京杭大运河被送至遥远的北方。水运的时间虽长，运力却远大于陆运，只是内河航道受到水流丰枯的限制，且不时有水盗袭扰。和淡水航运相比，海洋航运有时可能价格更低。自唐代之后，江南地区建筑材料市场上的大木材料已经有不少是从外国而来，供木的地区为现在的朝鲜、日本和东南亚地区。

大木的国际贸易在旧时代的文人笔记中有零星的介绍。宋代时，与日本的商贸活动较为频繁，开展交易的场所主要集中在江南和福建地区。用现代词汇“国贸交易港”定义当时的明州（浙江宁波）毫不夸张。我国输出给日本的货物主要是粮食、干果、布匹、工业品和手工业品，而日本则送来木材、珍珠、水银、水晶等半成品。相对于日本运输而来的各种木材，如罗木、桧木等松柏类植物，来自东南亚地区的大木，如楠、菠萝格、檀等木质更坚硬。前者较轻而后者较重，前者密度小而后者密度大。这也就意味着，来自温带的舶来之木事实上作为建筑用大木更为合适，而东南亚地区的木材更适宜做家具或小木作。也正因为有了较多来自热带地区的坚硬、密度较大且分量十足的硬木（现在我们将它们统称为红木），宋代的家具才能发展出“宋式”样式。

尽管从内陆运来的大木价格有时会较为昂贵，但从事建筑行业的人都知道，建造行为也常会有和农业相似的“不违农时”的要求。为了和“吉时”相配合，有时候私家园林主人或建造房屋的主建方也不得不接受较贵的价格。因为确系有利可图，于是这种贩运从未停止，甚至大木被看作一种“奇货”。就品类而言，自南宋之后，来自内陆地区的大宗建材主要是竹木，除了不能做成大小木作之外，竹木广泛地参与房屋的整个建造过程。竹是重要的脚手架材料，且可被反复使用，同时竹也可被打碎作为泥坯砖的重要骨料。竹植物本身的“不良”性质——在旧时代的江南地区被比较严格地限制种植，导致了长途贩运这一不得已的商业形态。

上述内容旨在说明两个浅显的道理：①以木结构为主的建筑保质期并不长久；②江南古典私家园林建造的耗材来之不易。以上也是明清两代之前的园林作品多物态不存的根本性原因。接下来略论江南古典私家园林的历史评述，鉴于周维权先生及各园林大家已经多有论述，本书则不再赘述具体园林作品的名称。

几乎所有专家均认同中国园林的雏形出现于商代，当然我们也能够从《周易》中得知园林可能推及更久远的时代，但因为缺少书证，此处还是以学者的著作为准。江南地区的园林出现于春秋时期，阖闾命伍子胥建造阖闾城池，自此吴地修造了数量较多的苑囿别馆，至夫差时奢靡风气更甚。但我们需要知道，既然伍子胥时便多有王侯将相的园林，那么这些私家园林的范式亦应早已有之。通过“阖闾出入游卧，秋冬治于城中，春夏治于城外，治姑苏之台……昼游苏台，射于鸥陂，驰于游台，兴乐石城，走犬长洲”[1]大概能够猜测，这些皇族的私家园林，体量较大且数量较多。

春秋战国之后，秦朝推行郡县制，打破了封建分封制度，这就意味着之前奴隶制下所能够建造的体量动辄方圆百里的苑囿不再适合新的政治制度，而且先前的皇家苑囿被辟为官方园林或被商贾大户买断。此时这些园林可谓后来的江南古典私家园林的雏形。有的学者认为这个时期的园林不能称为“私家园林”，其理由是这些园林不为普通百姓所有，而实际上，江南古典私家园林在任何时代，均不为躬耕农夫、普通商人、手工业者这一类基层民众所有。私家园林从来都是广大人民群众所不能拥有的奢侈品。不过这一时期，古典私家园林的雏形已经具备，只是体量更大，而精致程度、整体性、艺术格调、系统性等远不及后世。

魏晋时期的“全国大乱斗”，使得之前的社会关系被彻底拆分梳理，土地债权遗存问题也被彻底归零。借助昔日的世家大族、豪门巨贾，也得益于较理想的地理环境与气候条件，江南地区得到了大发展的契机，私家园林的建造得以实现。以一园林而得以缩天微地，或者开门见山迎天地之阔，当时的士大夫在所谓隐逸之风下，将园林第一次定义为“鸣志之物”。基于亲近自然、寄情山水以反抗现实社会的一时心理慰藉，这些士大夫虽然没有建造出如后世那般真正的私家园林，却为后来出现的私家园林做好了图景模板和心理寄托的理论准备。

其先行者是辟疆园。从资料上可知，其园主顾氏虽为吴中大族，但限于资金和当时的社会思潮，其建造的私家园林不类秦汉之前的巨大体量，所造建筑也非粗大豪放，反而趋于精致巧雅。这种转变一方面是因为园林从早先的帝王苑囿转变为地方对中央的“分权”，另一方面是因为社会政治体制发生了根本性转变。私家园林的勃兴体现出皇权对应的权力收缩，这和文人追求风雅、地区民众性格转变、世俗宗教影响等并无直接关系。而且官宦商贾的私家园林的体量也随之收缩，这和世家、藩镇的社会总财富占比不断缩小密切相关。

[1] 引自（东汉）赵晔《吴越春秋》。

江南古典私家园林自宋之后体量进一步缩小，这是因为前代的世家、藩镇为中央政府所忌讳。而且这种收缩进一步发生在之后的明清两代。魏晋南北朝时期，江南地区出现了数量较多的寺观园林，寺观园林事实上是寺观住持的私园。但寺庙的资金来源并不稳定，香火鼎盛、祈愿者众且来往络绎的寺庙，或许穷极宏伟壮丽，可是大多数寺庙逃不掉兴一时而衰的命运。寺观园林的重要历史功能，在于可以作为一种对普通民众开放的园林空间，而这加速了私家园林的世俗化。当广大人民开始认识到私家园林为何物，那么其品牌价值、文化价值、艺术价值等社会性和补偿性的价值溢出效果就很明显了。可以说，寺观园林推动了江南古典私家园林的成熟和繁荣。

寺观园林的出现促生了更加世俗化的古典私家园林形态，如青楼园林和酒肆园林。它们事实上都是青楼或酒肆主人的私家园林，但无疑具有一定的公共性。有消费力的普通人可以在其间领略并享受园林的景观性服务。

永嘉南渡为整个江南地区输送了大量的社会资产、丰富的文化和成熟的工匠。早期依仗关陇集团的隋唐两代，迅速积累了数量可观的社会财富，江南地区则借助得天独厚的地理条件，经济得到了空前的发展，首次成为全国经济中心。这一时期，江南古典私家园林亦得到发展，已经现出系统化和整体化的态势。其体量虽然进一步缩小，但是园林建筑及构筑物、水体、地形、植物、动物等各个要素已经不再“分而置之”，开始讲究配合造景，发展出了各种有机搭配，不再是“拼盘样式”，而成为讲究“起、承、转、合”景观节奏的整体性作品。

唐代士大夫对私园极强的消费需求，带动了造园的大量实践，同时社会文化的进一步世俗化，也有效促成了“诗书画”进入私家园林。这在客观上促进了园林作品得到知名文人的加持。很多私家园林虽然早已坍塌湮灭，但仍旧留下了盛名。这个时期，各个园林要素的艺术深耕也随之开始，人造地形、园林置石、花木栽植等造园要素的水平和工艺均获得了较大的提升。

元时江南地区的知识阶层陡然失去了为官的途径，科举考试时断时续，受此影响，元代江南造园活动急剧减少。然而，江南地区的经济并非陷于停滞，而是显著提振和勃兴，以至于对明清两代的私家园林建设起到了一定的积淀作用。元朝对江南地区普遍采用怀柔政策，江南经济并未遭到战争的破坏，科举的一度停滞在客观上解放了知识分子和生产力，江南地区的商业获得了极大的发展，大量的资金有各式各样的出路。也因此，大量的资金就不会滞着于低利润甚至无利润的造园活动。私家园林尽管的确是富人所需，但也并非生活之必需。富裕的商贾有很多改善生活的方式，滞纳大量资金换得奢侈品是明显不划算的行为，在这一前提下，私园甚至失去存在的价值也就不足为奇了。

元代的江南古典私家园林有一个很有趣的特征——乡村中的私家园林涌现出来，如昆山玉山草堂、同里万玉清秋轩和常熟梧桐园等。这当然是商贾衣锦还乡的一种“炫富”做法，但仍对应了前一段的分析。资金在城市中有更多流转的机会，而在乡村则容易失活沉淀。虽说元代后期张士诚也在苏州大兴园林，但这其实是一种奢靡放纵的消费方式，迅速发迹又完全不思生利，是一种末世景象，其造园行为不能与园林艺术的提振相提并论。

明清之后，江南古典私家园林进入繁盛期，无论是在数量方面，还是造园的艺术性方面。本书即主要论述这两个时期的园林，在此便不赘述具体的园林作品。这两个时期的皇族、官宦及商贾在资金的消耗方面又走上了熟悉的路径，换言之，这是在既定社会制度下的存量经济耗散的“舒适”方式，权贵当然不会有意见留在认知舒适区，而普罗大众也无暇、无渠道或无胆量有意见。况且，明清时期，中国的对外贸易长期保持世界第一，资金大量进入中国，社会财富总量日渐丰盈，甚至惠及（或殃及）普通民众。当遥远的欧洲大陆开始缓慢地进行资本积累，通过武装暴力开疆拓土，忙着摘取人类工业科技之树上的果实之时，这边的园主仍在私家园林中摇着团扇，叹颂清风明月，一派岁月静好。对于这些园主而言，需要操心的不外乎下一代仕途无或有、升与降等问题。与此同时，外国来客极尽办法进入中国内陆，他们本着敬仰中国文化的心态将中国园林带到了欧洲，掀起了“中国风”的摩登建造风潮。可问题在于，热衷于“中国风”或者有财力支持这种雅癖的人，主要是业已没落或正在没落的欧洲封建贵族，而非那些新兴的资产阶层。那些持有大量资本的资产阶层，在之后扛着洋枪大炮和中国清政府的正规军较量之后，恍然大悟于天朝帝国的弱不禁风，进而在文化方面，则务必不能将之尊为上佳，而必须系统地、逐步地、彻底地进行贬损与黑化。

我们在后文中会再次提及，江南古典私家园林其实阻碍了社会生产力的发展，尽管这种阻碍是基于某种群体无意识。即便江南地区出现了资本主义萌芽，可是帝国的工业产品没有积极地向海外寻求更加广阔的市场，中华民族又天然地不具备扩张意识，尽管权力阶层已经知晓欧洲的巨变，也了解西方发明出了惊人的火器和精妙的器械，可是他们没有发起自上而下的生产力推动，也深刻地害怕发生自下而上的资产阶级革命。江南古典私家园林这种“超级大玩具”，于是成为带有鼓励性质的、自上而下推而广之的重要工具——有意识地消灭社会较大体量资产的某种政治器物。

四、私园的归属与开放

江南古典私家园林的本质是私人财富，故并不欢迎非允许进入者进入。私园园主如果邀请亲朋到家里做客，有时也会请他们深入自己的庭院内宅，但这种情况并非普遍现象。清朝末年至辛亥革命之后的一段时间，一部分江南古典私家园林迫于修葺的经济压力，或者有额外的交往需要，有限地进行开放。而形成经济压力的总体原因，在于清末的几十年中，社会资产大量散出国门，包括但不限于不平等条约的天价赔款、鸦片输入、战争消耗、洋货挤兑等等，当时中国白银的价格普遍上涨，社会性财富普遍下降，导致拥有私园的园主对园林的维持逐渐吃力。于是他们选择有限面向大众开放，比如设定开放时间，或者选择开放区域，而开放方式也符合现代商业经营模式，多为“游园”“茶园”“戏园”“餐饮园”或“客栈园林”，采用单一模式或综合模式。起先也可能是园主自娱自乐，后来逐渐发展为以经营为主、与大众共娱为辅的开放形式。

从园林所处地域来看，这种开放更多发生在经济较为发达的地区，如扬州、苏州和上海等城市——消费人群相对足量。比如上海的徐鸿逵园，其主办面向公众的有偿游园及赏花活动，甚至多次登报扩大其知名度；它也承办宴会外租业务。此外，园主还借助私园做书画中介（经纪人），徐鸿逵常常在私园召开书画雅集、展览和销售活动，邀请因太平天国战事而迁入上海的知名画家入园现场绘画或寄售作品，一方面满足了这些画家想在上海积累名气和提升身价的需求，另一方面他构筑的这个交易平台也获得了较高的收益。徐鸿逵更开辟了徐园的其他创收渠道，比如设立悦来容园景照相馆，并且在《申报》上做广告，同时还在徐园景观建筑中增设“西洋景”。可以说，这是集私家园林、饭店茶肆、宴会场所、画廊、照相馆、西洋娱乐、会馆多种功能于一体的现代性公园，已经具备了相当程度的现代意义。与徐园类似者，还有荣德生梅园、杨翰西横云山庄等。

自19世纪80年代到20世纪10年代，这些江南古典私家园林的“开放”陆续宣告结束。这30年间，开放经历初期的不断尝试和之后的繁盛，至1915年，全部彻底不再开放。其背后的主要原因有：①清灭亡后昔日官宦的收入和地位急剧下降，私园无以为继；②阶层变化导致社会财富分配发生剧变，私园的修缮缺少必要的资金；③国家陷入动荡，私家园林的维护亦陷入僵局；④局势混乱，园林可能遭遇抢夺，所有权发生变更；⑤社会动荡导致游客减少，开放的盈利难以覆盖私园的各种开支；⑥动荡和工业化导致人口向城市集中，城市土地越发稀缺，一些园林被改作居住之用；⑦殖民者的有意破坏；⑧城市中新建了西式园林，挤占了传统园林的盈利空间。

近代时大量的农民破产，其中一些人为了生存进入城市，成为初期的产业工人。他们对于公共空间客观上存在需求，这种需求类似于我们现在对园林空间的游憩需求。但传统私园空间或者不适合工业时代的现代性需求，或者在数量方面不能充分满足。在这种情况下，国人也建造了一些类似于西方的现代园林作品，这些公共空间具有管理有序、开敞空旷、干净美观等特征，在园林要素组织和配合、景观节点的节奏和设置等方面与传统的私园有着本质上的不同。而对于西式的公共空间，国人接受很快，并试图对中式江南古典私家园林进行相应的改造。

从形式上看，西方园林的很多特征，是以草坪作为景观基础的“开放”样式，天然地具备空旷清爽、构图鲜明、要素明确、讲究节奏等特征，而这种特征比较适合工业时代的产业工人。这种园林景观样式加上现代化的管理手段，保证了其景观空间的卫生秩序、人流秩序、使用时序等，这才使得人们觉得西方园林较为舒适。

但这并不意味着西方园林的景观语言较中国传统的更为高级，而只是园林样式的不同。江南古典私家园林中有比较多视线屏蔽的空间，移步换景、曲径通幽、千回万转、以小见大，简单地说就是在有限的园林空间中安排尽可能多的园林要素，营造更多的私密或半私密空间。当然，这也给园林管理增加了很多不便。在准备和条件尚不充分之时，开放显然不是一件易事。

自 20 世纪 50 年代，江南古典私家园林开始了社会主义改造，只用了 5 ～ 10 年的时间，就在全国范围内完成了私家园林的公有化，将一部分江南古典私家园林转变成了全民所有化的园林作品，可称江南古典样式公有化园林，另一部分则依照当时的制度或法律挪作他用。需要特别强调的是，保护江南古典私家园林，其核心是保护这种物质存在，使其为人民大众服务，而不是保护旧有的物权关系。

古典私家园林作为历史上权贵阶层的奢侈玩物，公有化是历史的必然。通行的做法，是将私园园宅的部分有偿回收，由当地房屋管理部门分配给无房居住的城市建设者，将私园园林的部分进行工程性改造，重新建造房屋以供人们居住。当然，并非所有的私园都进行了上述改造，一些特别具有园林标本意义的私园被开辟成为公园，加以开放利用；另一些私园在 20 世纪 80 年代又被陆续还给了原主。

将一些特别有保留意义的标本性的私家园林向公众开放，重点是在全民卫生习惯培养和全民文化扫盲的基础上，建立了完整的园林管理规则和系统，而且，全民所有制保障了古典私园的修缮维护资金。可以说，对江南古典私家园林的社会主义改造极大地促进了城市经济的恢复、人民生活水平的提高，为民族复兴做出了时代性的贡献。

第二章 积微成著

第一节　由面

纵观历史，元代几乎可以说是江南古典私家园林在历史上少有的低谷期。以苏州为例，由于元代苏州城内相关记载或许存在缺失，笔者仅查找到8处古典私家园林（见表2-1[1]），除此之外仅有2处可以算作私园——大云庵、狮子林，是具有私园性质的佛家静修之所。表中的叶园、程园、俞园古时业已消失，仅从资料中推测它们位于苏州古城区内，且具体位置已不查。

表 2-1　元代苏州古城内私家园林一览

园名	园主	园址	备注
大云庵		今沧浪亭	延续至明，沈周《草庵纪游诗引》有记
狮子林	天如禅师	城东北潘儒巷	
乐圃林馆	张适	今环秀山庄	元末姚广孝《题张山人适乐圃林馆》有记
绿水园	陈惟寅	孙老桥东南	元至正年间陈惟寅兄弟购得同乐园旧园并改名
松石轩	朱廷珍	苏州古城正中	
束季博园池	束季博	文庙前	
程园	不详	城内不详	
叶园	不详	城内不详	
俞园	不详	城内不详	
东庄	吴孟融	葑门内	元末明初吴孟融建，李东阳《东庄记》有记

仅仅给出元代的苏州私家园林数目，并不能说明这个时代园林的任何问题，所以作为比较，笔者也给出其他时代为学者普遍肯定的园林作品的数量，见表2-2。

[1]　王劲．苏州古典园林理水与古城水系［D］．南京：东南大学，2007.

表 2-2　历代明确考证出的园林作品数量

时代	唐代	宋代	元代	明代	清代
园林作品数量	15	21	8	44	81
其他资料疑似	32	46	3	103	237

明清以前的园林作品大多已经无存，甚至可以考证的园林遗存也有消失在历史长河之中的现象，学者们能够了解的这些园林，仅存于各种文献史料。以往的园林数量是否大大超过这个数量也未为可知，但是可以肯定的是，元代的私家园林数量确实少于其他各个时代，比唐代和宋代还少，明清两代则呈现迅速上升的态势。元代的江南地区，政治空气、社会风气、学术氛围和民生意识等无一不显示出空前的轻松状态，社会资金流的主要方向是不断的循环投资，商业空前发达的结果是资本完全没有必要流向较为低效率和低产出的古代房地产业。在那个时代，私家园林无疑是社会潮流的某种阻碍。从某种程度上来说，私家园林的存在并非社会之福，大量资金无处可去，以园林的形式固着，可能是一种无可奈何的选择，它也在一定程度上阻碍了社会发展和技术进步。

可以说，江南古典私家园林于明清盛大的经济基础是在元代建构的，这一百年不但给以后积累了财富和技术，同时为江南地区私家园林的基本形制和面貌奠定了基础。

一、奢靡与封闭

当商品经济迅速发展起来，物质财富的逐渐丰富为人们追求豪奢生活提供了条件。由于明朝有意限制江南文人的科举名额、实行文化压抑，数量繁多的未能步入仕途的江南文人更愿意回归到市民生活中，以追求现实生活中的真实精神生活来满足并填补文化追求上的缺位，自此，对豪奢生活的享受就成为上至文人士大夫下至平民的一种共求。

正德、嘉靖之后，随着明朝皇帝对政治呈现出放松的态势（皇权的稳定和仪式象征性增强）以及文官集团的不断壮大，官僚和商人日益胶结，商业向权力寻租，而权力成为商业的保障。这样，商品经济的自由性被一定程度地约束，在此情况下官僚资本表现出较好的适应性和竞争力，非对称性竞争导致市场宽度变窄，而资金大量集聚在少部分人手中，进而又使得江南地区的奢靡之风随之而盛，具体表现为：①资产固化；②纵欲；③僭越；④风化开放。资产固化表现为买房置地兴造园林，垄断破坏了高效率自调节的商品经济流动性，同时是资本积累过剩而无处可去的结果；纵欲是对传统儒风禁欲主义的一种底层民风的反叛；僭越说明传统的等级约束失去了往日的价值，金钱发挥了充分的润滑作用，宗族的内部力量在局部地区超越了官府的外部力量；风化开放表明妇女的社会日常活动极大增多，同时也说明了女性力量的崛起。上述诸条一定程度上反映出传统礼法受到了破坏，正如张瀚在《松窗梦语》中说“至今游惰之人，乐为优俳。二三十年间，富贵家出金帛，制服饰器具，列笙歌鼓吹，招至十余人为队，搬演传奇；好事者竞为淫丽之词，转相唱和；一郡城之内，衣食于此者，不知几千人矣。人情以放荡为快，世风以侈靡相高，虽逾制犯禁，不知忌也。[1]”

物质丰富，生活环境变化，人们的消费观、审美观自然也跟着变化。财富过度集中和贫富差距过大，使得巨量财富流向房舍园亭等住居消费。明初虽然规定庶民厅房严禁超过三间，从屋（辅房）虽然可以有十至二十所，但也不许超过三间五架的限制，而且房屋不得用斗拱和彩色装饰，屋内家具也不得用红色和金色装饰。明朝中期之后，江南的明人居所无论是建筑规格、式样还是装饰都根据自己的需求，建造屋宅或三五间，或五六间，更有九十间，不一而足。房屋的装饰讲究多样，书画、挂屏、文玩、器皿、盆景都成为小康之家必备之物。如“正德以前，房屋矮小，厅堂多在后面，或有好事者，画以罗木，皆朴素浑坚不淫。嘉靖末年，士大夫家不必言，至于百姓有三间客厅费千金者，金碧辉煌，高耸过倍，往往重檐兽脊如官衙，然园圃僭拟公侯。下至勾栏之

[1] （明）张瀚．松窗梦语［M］．北京：中华书局，1997:139.

中，亦多画屋矣”。[1]

文震亨撰写的《长物志》是一部介绍休闲之物的作品。“长物”一词出自《晋书·王恭传》“吾平生无长物”，是剩余之物的意思。因为不是生活必需品，长物也被形容成闲适游戏之物。之所以撰写此书，于沈春泽为其撰写的序中可得答案：“夫标榜林壑，品题酒茗、收藏、位置、图史、杯铛之属，于世为闲事，于身为长物，而品人者于此观韵焉，才与情焉，何也？挹古今清华美妙之气于耳目之前，供我呼吸，罗天地琐杂碎细之物于几席之上，听我指挥……近来富贵家儿……每经赏鉴，出口便俗，入手便粗，纵极其摩挲扶持之情状，其污辱弥甚，遂使真韵、真才、真情之士相戒不谈风雅，嘻！亦过矣。”这些闲适之物已不只是非生活必需的物品，而且还被赋予了相应的人文精神，其中也包括对社会身份的认可和对某团体性的精英文化的认同或趋同。上层精英分子们从日常把玩的奢侈品中找到了自以为是的价值标准，并以此巩固自己的社会地位，借以区分彼我族类，文人撰书无非着重申明其注入的价值，也即试图不断地通过修正审美规则和增加繁缛细节来维护他们自身的特权地位和优越感。这如同熟稔古玩鉴定知识，向世人展示其丰富的种类，重申其区别于庸俗和“超文化”的重要性。因为这些看似“无用”之物，需有某种特殊实力去体会和领悟其中深意，对这些物件的选购、摆放位置、搭配、护养，保存等相关知识的了解，并非依赖金钱和模仿所能办到，重要的是在其中投入时间、精力及文化修为。

成化、弘治之后，明代承平日久，奢侈之风渐延。至嘉靖、隆庆、万历时期则“浮华渐盛，竞相夸诩”。违禁逾制和奢靡腐化在江南地区已成普遍。上至皇帝贵族，下至一般小民，“争为奢侈，众庶仿效，沿袭成风，服食器用，逾僭凌逼”。

除开奢侈之风，封闭性也导致私园的大量产生。

明清两朝的封闭保守，主要体现在官方层面。从政治上说，明清两

---

[1] （明）顾起元．客座赘语［M］．北京：中华书局，1997：169.

朝确实在政策上相当保守且封闭，不但一而再、再而三地发布禁海令，且运用国家机器对其行严酷打击，同时也未对民间的海外经营予以支持，对国内的商业环境也不给予“产业升级”。虽然民间已经自发地形成了一些相对先进的商业范式，比如银行——钱庄，公证——保人、保险，商法——行规，财会制度，投资市场，等等，但这些形式仍旧依赖人的公正性，比如人的德行、人的利他性和无私，而非条文法律和制度保障。

明清两朝一直处于常态化的财政紧张状态。财政一直处于勉强够花的水平，但明清六百年间，人口较之前的时代增长了三倍，而政府官员的数量基本没变。皇帝的财富其实被限制得比较严格，对官员权力的限制使得他们也只是在园林、家具、服饰、饮食、排场等方面寻求突破，无力发动更大规模的“异动”。财政状况如此，国家能力当然也被严格限制，外务表现就是封闭保守——能少干就别多干，最好什么都不干。内在其实也表现出保守——能不为就不为，无须促进生产力发展，也没必要进行科学技术突破，保持现状和维持稳定比较重要。

欧洲国家同时期的那种“积极对外求取”的国家政策，无论出于何种动力和目的，都推动了国家能力的快速提升，而对于明清两朝，这在制度上就无法实现。如果从官方层面上支持海外移民对外扩张，兴兵讨伐海上来犯的洋人和海盗，就需要消耗国家财政。在国内打造规范的市场交易环境也需要消耗国家财政。建立更新的制度环境当然需要花钱，同时需要雇用更多的官吏参与管理。财税没有划拨到这些方面，这些事情自然也办不成。一切均按“老规矩”办，能凑合尽量凑合，陷入系统性的封闭保守，最终全面性地压制了国家能力的提升。

而在闭关自守的情况下，一旦打开贪腐之门，那么超额获利积累自然也就流向了开支庞大且奢侈的古典私家园林。

二、低效财政与资产流向

自唐代以后，地区经济发展差异已经显现，这种差异在宋代以后开始增强。事实上，历代朝廷都对这种经济现象保持警惕，只是限于管理水平，一方面调整手法可能会较为粗线条，另一方面也确实缺乏行之有效的手段。其经济结构表现为可供腾挪的业态较少，即便有也仅在少数几个地区形成了影响。有时统治者担心发展这些先进的经济部门会加剧经济发展的不平衡，“不患寡而患不均，不患贫而患不安”，反过来可能会威胁到政治稳定。因此统治者们更乐见各地保持均一的发展水平，至于是否落后并不重要。为了超稳定的政治目标而牺牲长期的生产力发展与经济发展，或者对经济发展不做长期计划且不会安排必要性的考核，在旧时代并不鲜见。统治者其实并没有较深厚的经济认识，当然也未能预见商业和工业对于国家发展的重要作用。

明代帝国的财政由检察官审核，设立了六部，政府甚至一度发行纸币。由于帝国皇权对铸币税过于儿戏，中心化纸币发行随意且缺乏必要的银行运作系统，纸换物（铸币税）的诱惑使得超发如同脱缰野马，让这些纸币最终沦为废纸。明代政府利用大运河作为南北交流的主干线，与游牧民族进行茶马贸易，实行中盐法充裕边防，虽然具备相当的先进性，但由于自然条件和较为粗糙的过程，效率比较低。国家收入很大程度上持续地且不得不依靠土地。国际贸易方面，前期可能因为受到造船技术限制，交易不得不通过陆路运输，路途远、时间长，消耗大、携货少；到明代，造船技术已经足够发达，但九下西洋的非典型国际贸易的收入无法覆盖途耗的成本，官方不得不重新采用一刀切的政策，重申明代开国皇帝明确的“片板不得下海”的规定。清代虽然并不实行严格的海禁政策，但官方也未融入工业和科学时代的洪流，此时距离 1840 年西方大炮叩门已近在咫尺，而在清朝的统治者们看来，还完全没有必要调整并修改政策。

这对于中央高度集权的超级大国可能是一种无奈。管理的困难，使得权力必然集中，行政命令和决策尽量简明划一且线条粗犷是国家稳定管理的副产品。古代中国的这种政治形态是以国家经济活动保持较低水平为基础的。国内各地极其丰富的多样性使得任何来自中央的单一控制事实上都被改造后再予以施行和落地。当然，现实的困难也在于，统一的政策很难考虑到所有具体地方的差异性因素。况且在向下执行时，地方如何与高层衔接，衔接水平如何，这些问题放在今天亦是较有难度的课题，在财政管理方面尤为如此。这样看来，在旧时代制定经济政令是一回事，而如何将其贯彻到偌大帝国的每个角落则是另外一回事了。

为了弥合和消化来自上方的政令，旧时代地方政府或许会在一定程度上变通执行，这并不一定是地方官员不够诚实，事实上中央集权的愿望有时会超出当时的地方政府实现这种愿望的技术手段。确实，在每个朝代的末期，这种规定与实际的相互背离成为较为普遍的现象。财政机构和政令缺乏执行的严格性，导致的明显结果是财政上的混淆不清。

古代中国长时间居于世界 GDP 顶端，可是这并不能说明财政高效。中国各个时代人口长居世界之冠，但直到清代末期，中国仍然是农业社会。财政低效使得资产几乎没有创新力，既然不能增利，那么便最好用在个人消费上，这便是私园勃发的核心原因。

旧时代皇权有时会将民间的各种事业当作某种程度上可以复利的私利进行钳制，甚至进行勒索，这无疑侵害并干扰了经济与社会运行的正常法则。即便在 19 世纪中叶和外国人的正常交易过程中，公利仍常纠缠私利，成了商业、实业的拖累。希求清政府官方承认并尊重私产和私利的话语时常被平均化、大同的呐喊声淹没。旧时代皇权对私产的态度，是强权动辄找到理由就可以对其进行抄没，这也客观地促成积累大量财富者转移其财富或及时行乐，而私家园林无疑是一个较好的出口。查勘历史资料中的一些崇私理论，会发现这些理论不但针对了儒家对无经济来源的仁义礼信的空泛说教，也无疑揭示了皇权及官僚统治集团对民众的软硬兼取。“毋与民争利”的理想道德规范并未真正成为务必遵守的戒律，虽然它当然蕴含着社会生活质朴的经济要求。依照儒家的讲法，故意为之或下意识为之，将脏水都自觉或非自觉地导向了商业及商人，而有意或无意地掩盖了来自统治集团的暗色。于是，商业资产（资本）在市场流通领域即带有“与民夺利”的原罪，民众作为买方，是被商业戕伐的受害者。汉武帝即位之初即有“网疏而民富，役财骄溢，或至兼并豪党之徒，以武断于乡曲”[1]，于是世上便出现了剥夺商贾权益的政策。诸如此类的制度，较为严重地危害了国体的经济水平，当然也对既有的经济规律进行了破坏，扰乱了市场机制，反而让商业行为中的那些短期的、鼠目寸光的、巧取豪夺的不当行为大行其道。对商人角色的扭曲，使其直接或间接受到的损害不仅仅局限于工商行业。

在小农经济的围墙中，又受到权力政策的限定，商业、手工业者自身也被迫呈现出两极分化的态势。少数人受到官僚的佐袒和扶植，商人资本与官僚资本胶结，形成新的资本态——官商，借助资产笼络权力，借助权力再获取更大利润。而大多数资产集聚较弱的中小商业、手工业者只能落到被渔猎的地步，而且在商业竞争中，他们无疑成了不对等竞争的被盘剥者，同时广大普通农民等下层群体的境遇会更为恶劣。官商资本把控了利润最为丰厚的产业业态、生产环节和生产资源，于是大多数中小工商业从业者只能从事贴近小农经济水平线或以下的简单商品生产及“以物易物”的低水平交换，在朝代变化的韵律中和集权统治时张时弛的夹缝中谋生，扩大交易增量实为困难，任何一次利益让渡或损失即可能导致失业。而且国家制度体系方面也缺乏保障小商人所需的自由发展形式和可依的法律权责与行政系统。在这种环境里，良好的社会风气和习惯比较难以养成，反倒容易形成贱买贵卖等典型的短期行为或短视行为，统治集团进而利用既有的坏记录对商业进行污名化打击，古来“无商不奸”“为富不仁”的民谚也以此为凭。旧时代的这种体制确实损害了商品经济的正常发展，也影响了商业结构的柔韧性。但为了偌大的帝国的和谐稳定，事实上整体社会的这种情势也有其自身的合理性。要知道，即便是良性的社会机制的形成与保持，也并不是只有善意才可以促成，或许其中也包含某些故意为之的恶意。

重农抑商是旧时代一种被普遍认定的“正确”，但尽管持有这样的

---

[1] 出自（西汉）司马迁《史记》卷三十《平准书》。

观念，人们在行动上却较为宽松。虽然对商人给予了比较严格的限制，可是限制的效果其实乏善可陈。这是因为中国很早就有发达的商业。春秋战国时期，中国就有遍布全国的贸易网，有富甲天下的商人。正是因为对商业有足够的观察和认识，战国时期即出现了“奖耕战”“抑商贾”的政策，到秦汉正式发展为“重农抑商”，此后各个王朝都将其作为国策延续下来。“重农抑商”是指统治者强调以农为本，工商业为末业；推崇自然经济条件下的小农经济，国家的财政也以小农经济为基础。从定义上来反观这个名词，看上去是愚昧落后、抱残守缺，但这里将给出另一个观察视角，让我们重新认识重农抑商的历史积极的一面。

农业一般是基础种植、养殖等业态的总称，即农民在土地上投入劳动和相关的生产资料，收获其自身所需及用来交换其他物品的食品产品。这个过程是一个从无到有的生产过程，其生产活动的特点在于核心的过程发生在人和土地之间，而商业的核心过程发生在人与人之间，虽然他们之间也有协作且都需要面对产品。农业中的人与人的关系在生产活动中是次要的，并不占据主要地位。农业的劳动者主要面对的是“物”，如土地和自然，所以这种工作无法弄虚作假、摆阵设局，最佳的策略是勤恳地劳作。所谓“人误地一时，地误人一年”。在农业生产中，农民的优秀品质并非聪明灵活，而是任劳任怨。长期的这种生产特点和面孔塑造，造就出中国农民的基本气质，即敏于行而讷于言，勤劳质朴，崇尚实干。

商业交换的确能创造出财富，但我们必须意识到，商业交换的“创造财富”和农民从土地上种出粮食的创造财富并不相同。商业的本质在于资源的分配，并非“从无到有”地创造出财富；同时商业也借助人们的需求和欲望达成一种“放大器”的效果，通过交换行为，把财富“从小变大”“从少变多”。其前提在于一定得有人先创造出基础财富，然后整个商业游戏才能顺利运作。

我们承认买卖双方都满意的交易的确会促进社会的发展。和农业生产主要发生在人和物之间不同，商业活动因为多发生在人和人之间，整个交易过程事实上是双方的博弈过程。人有主观意志，同时可以随机应变，人和人之间的关系比人和物之间的关系要复杂许多倍。复杂的境遇和环境，造就了商人的气质——头脑灵活、能言善辩。

前述农民与商人的气质区别，看起来是文化问题，其实并非如此，于国家秩序而言，会形成深刻的影响。如果国家中的民众大多数直接从事农业生产，生活水平自然可能不高，在外力影响较少的情况下，国家结构会相对简单，社会秩序相对稳定。古人在春秋战国时就洞察到这一规律。单个势力要想生存壮大，必须扶植有利于社会秩序的力量，那就是农业，同时必须压制肆意生长的商业这个可能扰乱社会秩序的力量，于是就有了“重农抑商”的思路。

当然，市场本身有自我矫正的功能。交易而非掠夺，是市场经济的核心，但商业必须建立在一定的社会制度基础之上，即制度先行。当利益追求缺乏制度保护，商人面对的总是形形色色、各种形态的已有财富，他们必然会“野蛮生长”，即把这些已有的财富划为己有，为使财富增值保值，甚至不惜损伤他人。从根本上来说，农业需要的是人们对大自然的劳动愿望，商业需要的是人们互相之间的争夺欲望。

在“重农抑商”的前提下，历史上商人集聚了很大财富的时间是比较少的，相反，是文官集团聚集了较大数额的社会财富。自下而上汇集的大量的金钱，一方面是供给国防军事、公益公共开支、官员运作体系等，另一方面是满足官僚特权阶层的奢侈消费需求。以古典私家园林为例，其作为集聚大量资金的产品，却无任何社会利润，无法实现社会自我循环或部分自我循环，反而成为私园园主的资本负担，进而造成社会公共财富的浪费，甚至成为广大民众及政府的负担。

在王朝统治力量减弱的末期，商业资产对权力的渴求、蛀蚀，加之官僚资本的加入，加剧了吏治的腐败，也加剧了权力追逐与争斗，卖官鬻爵、行贿受贿、强买强卖、假公济私、欺行霸市等现象败坏了社会风气；同时，工商利润和权力场的财富又流向土地（园林、建筑）和文玩等非生活必需品。这样一来，商业关系、土地兼并、吏治腐败等社会矛盾相互交织，逐渐演化成蚕食大一统帝国堤坝的洪水猛兽。

大量资金与科学技术无缘，转而消耗在非惠民生产方面的私家园林建造上。虽然这也是体量较大的社会固定资产，却并没有给民众增加多少福泽，说到底，这其实是官僚资本的内卷化。防止内卷的唯一办法，只能是不断打开新的增量空间，提高生产力和科学技术能力，但这客观上需要大量的有知识的国民。虽然科举制度使得社会基层民众可以向上流动，可是考试本身也严重内卷，塑造出的人除了进入到官员阶层，对生产力并没有实际作用。明清两代，西方国家已经逐渐进入到工业时代，中国的大量民众仍旧处于对科学技术、知识技能的蒙昧状态，固守小农经济，而富裕家庭则忙着建造各种奢侈的私家园林。

旧时代的财富，总是像大树内部的水分输送自下而上；建造的那些园林，是大量资金从上向下的重要出路。当商业并不发达，投资既没有前途也没有保障，私人财富也较无有效保证时，资产流向豪奢且固定的私家园林是社会必然。这些美丽的“人间佳物”，是当时庞大财富的一个主要出口。作为一种财富固着物，私园确实有较长的生命周期，譬如一些存留至今的明清园林。当人们观赏它们的美貌时，也能体会到资产流向在社会经济中的无奈。

三、固化的阶层

促使私家园林大批量出现还有一个重要原因，那就是阶层的固化。

阶层固化分为单代阶层固化和多代阶层固化两种表现形式，其主要特征如下：①旧时中国多表现为前者，西方则多表现为后者；②任何阶层固化对社会发展都无好处；③单代阶层固化的情况优于多代阶层固化，多代阶层固化是单代阶层固化的“熵”；④单代阶层固化有向多代阶层固化变化的天然内驱力；⑤在时序上，先出现多代阶层固化，后来才出现单代阶层固化，单代阶层固化是阶层固化的高级形式；⑥我国在历史上通过艰苦卓绝的斗争才逐渐形成制度性约束下的单代阶层固化样式；⑦生产力的进步会增强由单代阶层固化向多代阶层固化变化的内驱力，此为“熵增”；⑧单代阶层固化造成的社会不良后果有限且可控；⑨单代阶层固化和多代阶层固化在消费方面都表现为非理性奢侈品消费，前者在挥霍财富方面的非理性欲望更强。

多代阶层固化表现为门阀世家，他们甚至可能掌握与国家政权相似的结构体系，不只在财富方面富可敌国，在政治方面也会有所欲求，于中央而言是极其危险的政治存在。单代阶层固化是旧时代势必形成的某种经济形态。他们靠近资源、取得资源的单代性特权或形成了某种暂时性的资源壁垒，对统治秩序的短期危害虽然不大，却容易形成科技倦怠、核心增量不振的长期性危害。不过，阶层固化是人类社会总体的“熵”，只要有经济活动，社会和政权就需要和这种“熵增”做长期的、不间断的斗争。

江南古典私家园林的建设内驱力，在于旧时代可能出现的单世代的阶层固化。阶层固化导致了对各种复杂投资及资产的不动产化心态，包括“不得已而为之”的及时行乐心态，也包括购置相对保值的地产资本以让下一代“以物为继”的心态。阶层固化是双刃剑，在高位的人乐在其中，但另一方面也阻碍了下一代的向上通道。

阶层固化是人类自私性所展现的一种具体顽疾，但即便是旧时代的国家统治机器，亦自觉地尽量避免阶层固化。实际上，这是一种文明自觉。具体来说，就是个体意愿趋向于固化，可是文明前提下的群体其实不自觉地不断选择打破这种固化。具体的行动，比较剧烈的大概是朝代的新旧交替。

旧时代的科举制度是极为严格的社会晋级制度，它确实遴选出杰出的精英进入到中间阶层，但是口子开得极小，同时通过多级别的考试扩大其广域性分布的体态特征。对比世界上的其他国家，即便是这种针眼大小的向上机会，也确实对社会的流动性有着比较大的贡献。社会分层宛如金字塔，塔尖是少数统治者，塔基是广大普通劳动者，中层是联系上与下的管理者。但其实这种金字塔会随着时间的推移发生形状方面的变化，比如会发展出庞大的金字塔上层，原因是特权阶层的人员过量。

旧时代阶层流动仅限于普通民众和精英阶层，再往统治阶层走，必然碰触到难以逾越的“天花板”，这是金字塔结构限定了的游戏规则。历史上的每一次朝代更替，无非都是一些精英寻求财富和权力的再分配，即打破统治阶层预设的“天花板”，经历过血与火之后，会随即形成新的“天花板”。改朝换代之后的初期，社会趋于稳定，社会阶层迅速分化，贵贱分离，社会身份地位逐渐稳固，这种金字塔形的构建产生了一种稳定态。

在任何一个时代，阶层一旦固化，上层的阶层，也即主要的既得利益者，并不会投入生产力的创造，其表现特征是明显的，即购地置产。中国人向来就有浓厚的土地情结，加之不能保证后代仍旧可以走上入仕的道路，自然必须选择较为稳妥的资产处理方式。从各种投资渠道来看，唯有私园地产这一固化方式稳妥可靠。他们一方面满足自身的奢侈需要，另外一方面也自以为物产是能够保值并且传家的资产，于是热衷于建造哪怕是超出了自身需求的私家园林建筑。

《国家为什么会失败》（*Why Nations Fail: The Origins of Power, Prosperity, and Poverty*，德隆·阿西莫格鲁和詹姆斯·A. 罗宾逊著）中论述了威尼斯的兴衰过程，全书的结论是“一个国家的兴盛或者衰亡，关键看这个国家的金字塔上层阶层是包容性的还是榨取性的”。生产力低下的时代，不但中国表现出资产固化的倾向，古埃及、古希腊和古罗马也表现出了这种倾向。阶层的固化、社会流动性的丧失，不仅关系到社会个体发展的“道义”“公正”这些问题，而且会对国家、社会产生消极的、负面的影响，造成严重的贫富分化，随即整个社会的活力丧失，难以前进。

第二节　及点

一、私园的成本

私园的成本，应包括购地的成本、建造的成本和未来修葺养护的成本三大部分。一所维持 100 年的私家园林，购地的成本占比约 0 ～ 3%，建造的成本占比约 50% ～ 60%，剩下的是旷日持久的修葺和养护的成本。购地成本常常不高，但伴随时间的演进，修葺养护成本会越来越高，甚至高过建造成本。旧时代私园常常流转，所以所谓占比其实难以确定，因为每一次“易主”都伴随着大规模修建或几乎“重造”，则每一次的购买相当于购地成本，大规模重建相当于建造成本了。

也有极少的情况，即有些私园的修葺工作保持得比较好或时间点凑巧，再次出售时价格依旧较为“坚挺”，比如民国时期的网师园。1911年冯氏获得此园，在之前不久的1907年（光绪三十三年），该园的园主吉林将军达桂刚进行了大修。清灭之后，他无力持有，才将网师园转让给冯氏，冯氏在1915年以30万两银（相当于现在的6700万～9000万元）的价格让渡给张作霖。张作霖于1917年将其赠送给湖北将军张锡銮。

建造成本表现出短期内的大量付出。比如退思园的建造费用为10万两银（相当于现在的2250万～3000万元），胡雪岩故居耗资300万两银（相当于现在的6.75亿～9亿元），再如陆友仁《吴中旧事》说史正志于淳熙初年（1174年）花了“一百五十万缗”（相当于现在的3.5亿～4.5亿元）建造“渔隐”（网师园）。

旧时代私家园林的修葺维护成本极其高昂，实例很多，只是明确记录金额的少见。清咸丰六年（1856年），郭嵩焘《郭嵩焘日记》中记录狮子林“两山皆完善，今水林倾塌过半矣……”，这一记录描述了修缮仅九年之后，园林的水假山已坍塌过半，再至光绪中叶，园主黄氏家道衰败，叠石亭台坍塌，园已倾覆。[1] 再有，潘允端[2]为豫园园主时，耗时十八年建造私园，还可买昆曲小厮，但后来不断修葺，则“第经营数稔，家业为虚”。潘允端在世时，已靠卖田地、古董维持。到明万历二十九年（1601年），潘允端去世，家产大半变卖。私园除需要雇用专业的养护人员，自然还要消耗大量材料，这些都需大量资金。

---

[1] 曹林娣．园庭信步——中国古典园林文化解读 [M]．北京：中国建筑工业出版社，2011:56.

[2] 潘允端造园的资金并不是他自己挣得的，而是其父潘恩年迈告老还乡前为官积攒的。潘允端以举人身份考试落第，名义上是为了父亲安享晚年而造豫园，虽然没有金额记录，可是他颇有“崽卖爷田不心疼”的架势。

从史料上来看，各位初始园主的资金来源大多并不光彩。比如广东的“可园”，园主张敬修名义上自己拿出钱来招兵募勇，添器备械，得到“毁家纾难”的美称。其实，他在镇压各地起义中搜刮了不少民财，为后来营造可园积累了钱财。[1]

江南古典私家园林的成本及其详细账目，在各种文献中均记录较少，可供查阅的相关资料也大多模糊不清。若我们考证旧时代私园的营造者或拥有者，会发现他们具有较为明显的群像特征：①皇亲国戚；②官员或退休官员；③富贾；④垄断某种或多种资源；⑤拥有特殊话语权；⑥身居要职或位高权重……以上大略能够部分地昭示营造私园并不便宜，至于究竟需要多少金额，一方面记录不详，另外也确实需要考虑当时物价的大致情况。

“冀与寿对街为宅，殚极土木，互相夸竞，金玉珍怪，充积藏室；又广开园圃，采土筑山，十里九阪，深林绝涧，有若自然，奇禽驯兽飞走其间。冀、寿共乘辇车，游观第内。”[2] 本段描写的是汉代皇亲的私家园林，和后代明清私家园林相比显得粗犷了很多，在分类上应属自然风景园，体量比较大。当然《资治通鉴》并没有写明建造这个园林需要多少资金，但随后它继续写到一个事实，可以让后人从侧面推测园林的修造开支。“客到门不得通，皆请谢门者，门者累千金。”园林大到一定程度，围墙修造的速度尚不及扩充土地的节奏，难以想象园主的权势大到何种程度。“又多拓林苑，周遍近县，起兔苑于河南城西，经亘数十里，移檄所在，调发生兔，刻其毛以为识，人有犯者，罪至刑死。尝有西域贾胡，不知禁忌，误杀一兔，转相告言，坐死者十余人。”由此看来，十来个人的命尚不及一只园中的兔。更难以想象的是，如此大的私园免不了需要人来服务，这些人当然不会依“招聘广告”而来，而是“取良民悉为奴婢，至数千口，名曰自卖人”。明明是抢夺来的黎民，居然还要他们自称“自卖人”，霸道到了何种地步。诸如此类，大致也说明了园林昂贵的事实。

---

[1] 汪菊渊. 中国古代园林史（下卷）[M]. 北京：中国建筑工业出版社，2006:934.

[2] 引自（北宋）司马光《资治通鉴》卷五十三汉纪四十五。

单个园林的造价难估，但园林里某种要素的价格却有较多记载可供评估。中唐以后，尚花之风久盛不衰，“京城贵游尚牡丹三十余年矣。每春暮，车马若狂，以不耽玩为耻。执金吾铺官围外寺观种以求利，一本有直数万者”[1]。一株时人认为好的牡丹可以卖到上万，无怪刘禹锡写道“庭前芍药妖无格，池上芙蕖净少情。唯有牡丹真国色，花开时节动京城”。刘禹锡的好友白居易虽然也写了很多咏花木之作，但也写过“一丛深色花，十户中人赋”这样的警世之句。

此外，园林用的观赏石价格亦不菲。“徽宗颇垂意花石，京讽勔语其父，密取浙中珍异以进……至政和中始极盛，舳舻相衔于淮、汴，号‘花石纲’。”[2] 园林用的景观石在现在尚且需要用大型起重器械运输与施工，在旧时，其困难程度和消耗财力之巨是翻倍的。“纲”是船数量的一个单位，通常十船为一纲，“花石纲”即千艘运石大船首尾相接，上万名纤夫裸体身背纤绳拉船，纤号声响彻沿河两岸，“舳舻相衔于淮、汴”。当时朱勔（北宋奸臣，被称“六贼”之一）与其父朱冲是苏州应奉局的主管，专事搜罗民间奇石珍玩、名人字画，采购绫罗绸缎、珍禽异兽、时令鲜果。凡见到有观赏价值的物品立即贴上黄封，号称御用之物，平民稍有不从轻则打骂罚款，重则抓捕坐牢。为了供应筑苑奇石，他们在陆地搜罗殆尽后即到太湖、长江里去打捞，运送巨大的太湖石需常年征用数万名纤夫，沿途不惜一切代价，拓宽河道，扒开城墙，拆毁房屋，破坏桥梁，沿河两岸田园荒芜，民怨沸腾。睦州青溪县（今浙江淳安）农民方腊以诛杀朱勔为号召率众起义。久受“花石纲”之害的江浙百姓纷纷响应，十几日便聚集数万人马，连克睦州、歙州、遂安等四十八个州县，引起朝野震惊。皇帝赵佶意识到“花石纲”已招致民愤，激起民变，迫于形势撤销了应奉局，颁布“罪己诏”，贬黜朱家父子。但方腊起义被镇压后，应奉局随即恢复，赵佶对朱家父子更加重用。“流毒州郡者二十年”，因为观赏石而死的人何止数万，甚至政权覆灭，这价格又值几许呢？

---

[1] 引自（唐）李肇《唐国史补》。
[2] 引自（元）脱脱等《宋史》卷四百七十列传第二百二十九佞幸。

大块的园林置石非普通小民能够拥有，但到了明清时期，私家园林大量修造之时，有些有条件的富家翁可能购置小块的观赏石聊以慰藉。比如李渔在《闲情偶寄》中写："贫士之家，有好石之心而无其力者，不必定作假山。一卷特立，安置有情，时时坐卧其旁，即可慰泉石膏肓之癖。若谓如拳之石亦须钱买，则此物亦能效用于人，岂徒为观瞻而设？使其平而可坐，则与椅榻同功；使其斜而可倚，则与栏杆并力；使其肩背稍平，可置香炉茗具，则又可代几案。花前月下，有此待人，又不妨于露处，则省他物运动之劳，使得久而不坏，名虽石也，而实则器矣。且捣衣之砧，同一石也，需之不惜其费；石虽无用，独不可作捣衣之砧乎？王子猷劝人种竹，予复劝人立石；有此君不可无此丈。同一不急之务，而好为是谆谆者，以人之一生，他病可有，俗不可有；得此二物，便可当医。"李渔自己就是这样的榜样，只要有"一卷特立"也就有了"泉石膏肓"的清雅，潦倒与沦落都淡然而去，不足挂齿了。景观石的价格如同玉器的价格，有时是说不清楚的，"金银有价，玉石随性"，其价格的标准是购买者能否接受"受价者得之"。由于园林置石不能评估价格，评估古典私家园林的造价亦有困难。

鬼斧神工的美石着自然之力，价格当然也归于玄道。但人工造价有量衡量的园亭此类亦不为人人得之，比如《履园丛话》中有"吴石林痴好园亭，而家奇贫，未能构筑，因撰《无是园记》，有《桃花源记》《小园赋》风格……余见前人有所谓'乌有园''心园''意园'者，皆石林之流亚也"。旧时代文人若久试而未中，或者在考取之后有一段时期未被正式委任官职，便会处境尴尬。官僚阶层的位置终归有限，村落中的知识分子可以侥幸回归田野、勉作耕读，而市镇中的那些读书人夹塞其中，退无可退。但凡读阅圣贤，风骨之中总不免趋风向雅，贫穷也不能改变此志，古人云之"穷酸"。黄周星《将就园记》中写道："今天下之有园者多矣，岂黄九烟而可以无园乎哉！然九烟固未尝有园也。……一日者，九烟忽岸然语客曰：吾园无定所，惟择四天下山水最佳胜之处为之；所谓最佳胜之处者，亦在世间，亦在世外，亦非世间，亦非世外。盖吾自有生以来，求之数十年而后得之，未易为世人道也……于是九烟曰‘有园’，天下万世之人亦莫不曰‘黄九烟有园’！”关于黄九烟本人，各种记录出入很大，他自己写他并无入仕，可其他人的杂记中却谈到他早年一路顺畅为官的经历，更有甚者说他晚年因为博学被荐官，但他为了逃避这个差事逃到湘潭。清人廖燕在《〈意园图〉序》中阐述了“以意为园”的认识：“园莫大于天地，画莫妙于造物。盖造物者造天下之物也。未造物之先，物有其意；既造物之后，物有其形，则意也者，岂非为万形之始，而亦图画之所从出者欤？予尝闭目坐忘，嗒然若丧，斯时我尚不知其为我，何况于物？迨意念既萌，则舍我而逐于物，或为鼠肝，或为虫臂，其形状又安可胜穷也耶？……万物在天地中，天地在我意中，即以意为造物，收烟云、丘壑、楼台、人物于一卷之内，皆以一意为之而有余。则也痴以意为园，无异以天地为园，岂仅图画之观云乎哉！”没有足够的财力，物欲流于想象本来应该是一种无奈，但这种无奈被接受了并书写出来，后人也能从中读出一种乐观的意趣。

当然有些文人或清廉的官员因陋就简，清代郑板桥的园林情趣即可作为一种典型。对他来说，一丛兰草，几竿修竹，或有片块山石，足以成无限清雅之境。“茅屋一间，天井一方，修竹数竿，小石一块，便尔成局，亦复可以烹茶，可以留客也。月中有清影，夜中有风声，只要闲心消受耳。”（《竹石图》题字）“一块石，两竿竹，小窗前，清趣足，伴读书，戛寒玉，夜灯红，窗纸绿。”这里描述的环境极素朴、简净，却足以供“闲心”消受，充满了“清趣”。它是物境，更是闲心、清趣构建的心境或意境，迥出尘表，清脱洒然，可见其安恬自足的心灵世界。但问题在于竹也需要人来种植，不能自来。任何所谓的简陋，背后仍有成本。

就园林的体积而言，随着时代演进，无论是皇家园林还是私家园林，均在逐渐缩小。清代圆明、万春、长春三园面积的总和为五千余亩，非但无法与西汉横亘百里的宫苑相比，甚至连上林苑中昆明池的遗址面积都要比这三园之和大三倍有余。仅唐长安宫苑中大明宫和太极宫的面积，就比紫禁城大数倍。皇家园林的缩小，源于社会的愈加繁杂。先秦时代奴隶制度仍旧盛行，动辄驱使数万奴隶，而愈是时代向后推演，社会的复杂程度和分工越加细化，皇帝本人的享乐和欲求也随之细化，建筑及园林施工的精巧程度以及投资会呈几何级数增加，如果园林体积太大，必将导致服务繁缛，甚至可能威胁到统治安全。

私家园林同样亦随着时代推进而变小，遥想汉代袁广汉的私园“茂陵富人袁广汉，藏镪巨万，家僮八九百人。于北芒山下筑园，东西四里，南北三里。引流注其内，构石为山，高十余丈，连延数里。养白鹦鹉、紫鸳鸯，旄牛、青兕，奇禽怪兽，积委其间。移沙为洲屿，激水为波潮。其中育江鸥海鹤，孕雏产鷇，延漫林池。奇树异草，靡不具植。屋徘徊重属，间以修廊。行之移晷，不能遍也。袁广汉后得罪诛，没入官，其园鸟兽草木，皆移植于上苑中矣”。[1] 这样的文字在秦汉文献中还是比较多的。和明清时期的私家园林相比，它们的体量都大得多。明清私家园林，其较小体量者，可以通过其命名来推测，如“个园”“勺园”“残粒园”等。王毅先生在《园林与中国文化》中说：“再来看清代园林艺术在御花园、乾隆花园这些‘壶天’和‘芥子’中的雕琢堆砌、屋上架屋，立刻就能感到它们是多么猥琐可怜。清中叶以后，当传统文化连最后‘盛世’的门面渐渐也支撑不下去的时候，园林艺术也就愈见出猥琐之态。”李斗《扬州画舫录》描写一园“阁旁一折再折，清韵丁丁，自竹中来。而折愈深，室愈小……游其间者，如蚁穿九曲珠”。私园的变小，一则由于人口聚居密度增大，使得园林建设用地的腾挪空间变得极其有限；二是和皇家园林变小的理由相似；三为文人的奢侈玩具种类增多，需要的开销越来越大，比如斗茶、古玩、硬木家具、“瘦马”等，更多的项目导致每个项目的支出必然缩减；四是自唐代之后，所谓世家已经逐渐式微甚至消失，每一次的朝代变革实际上均根除了之前的世家。不过，园林的造价并没有因为体积的缩小而减少。

园林并不是盖几间房子、挖片水塘、种植一些植物就好，园主开支的地方还有很多。《重修留园记》中说“一九五三年，苏州市人民政府拨款五万元抢修，一年工竣”。(当时城市中普工月薪为 27.2 元，正常

[1] 引自（汉）刘歆、（西晋）葛洪《西京杂记》。

农民一日劳作工分折合货币 0.16 元。各地区或许不同。[1]）又如《重修艺圃记》中说："一九五六年整修，但十年动乱，惨遭破坏，几成废墟。一九八二年，国家拨款六十一万元列为重点项目修复，于一九八四年十月一日开放。"（当时城市中普工月薪为 39.4 元，正常农民月收入折合约为 22.3 元。各地区或许不同。[2]）再如《重修耦园记》中说"因年久失修，屋廊倒塌，花木凋零，中华人民共和国建立后才予修复。一九八〇年，国家拨款八万元，经二度大整修后开放。"[3]《重修怡园记》中虽然没有具体说明开支多少，但也说到该园之所以得到修缮，是因为已转化为公共园林："中华人民共和国建立之前，（该园）长期沦为汪伪政权和国民党军政机关之驻地，破坏惨重，荒芜不堪。中华人民共和国建立后，由顾公硕等将园捐献给国家，经重新修整，于一九五三年十二月六日对外开放……"[4]《重修可园记》中说："民国时，苏州工业专科学校据为校园，一九五七年由苏州医学院使用，因年久失修，一九六四年耗资一万五千元整修主楼，后又屡经维修，原貌尚存。"[5]还有《重修环秀山庄记》："一九八二年四月，由苏州市建设委员会主持……总核调集资金六十万元（国家拨款，市刺绣研究所筹资各三十万元），其中用于土建四十七万元，陈设布置十三万元……"[6]我们发现古人作"园记"一类作品常常谈天说地，大多羞于谈钱，可是建国之后的各种重修记录，大多明确提出具体的修葺园林的金额，这不但是进步，而且为研究工作提供了很大的帮助。古人羞于坦陈造价，也可说明他们造园或修葺的钱或许来源并不光彩。

虽古人羞于谈钱，但也可以枚举数例话外之音，以佐证造园费用之巨。比如清代张树声《重修沧浪亭记》中说："访遗补佚，至十年之久，始谋厥成，此非以物力之艰而事之……凡用人之力六万一千五百工

[1] 邵忠，李瑾．苏州历代名园记 苏州园林重修记 [M]. 北京：中国林业出版社，2004:323.
[2] 出处同上，327 页。
[3] 出处同上，329 页。
[4] 出处同上，331 页。
[5] 出处同上，332 页。此维修费用的出资方可能为苏州医学院，而非苏州市政府或国家拨款，只能算是局部修缮，目的大概也是建筑的实用性而非美学性，因此开支较少。
[6] 出处同上，333 页。

有奇，良才坚甓、金铁丹漆之属，其用材略相当焉。落成之日，城乡来观，咸乐还承平之旧，亦遂忘其劳费之多。”建造一个园林，虽耗费多少资金没有记载，但耗费人工多达六万余，数量令人咋舌。又有清代汪琬《尧峰山庄记》说：“秋七月，予介友人卢子定三评其屋直，偿以白金四十五两，而命子筠更新之。凡鸠工一百五十有奇，木以根计，竹竿以个计，瓦甓砖钉以枚计，灰砂以斛计，漆油以斤计者，共一万一千五百有奇。”汪琬记录的这个工程并不大，可是也耗费了 45 两白金（比较纯的金），召集了 150 余个工匠，耗费了大量的物料资源。另外还有一个例子是一笔私家园林建造时的额外开支，园主作为一桩奇事记录下来。清代徐树丕《识小录》中说瑞云峰“初司成公采自西洞庭，渡河舟坏，沉一石并沉一盘，百计不能起。土人云以泥筑四面成堤，用水车车水，令干。凡用千有余工，石始出，盘竟弃，不能举。其后归之湖州董宗伯份。舁石至舟，或教以捣葱叶覆地，地滑省人力，凡用葱万余斤，南浔数日内葱为绝种。载至前坏舟处，石无故自沉。乃从湖心四面筑堤，如司成沉石时筑岸成堤，架木悬索，役作千人，百计出之，乃前所沉石盘，非峰也。更募善泅者摸索水底，得之一里之外，龙津合浦，始为完璧，咸怪异以为神。”这一记录读起来感觉像在读《聊斋志异》。但两次置石沉水都耗费大量人工造坝排水打捞，此等额外工程量耗费之大难以计数，更有收购一整个地区的葱叶取汁减少摩擦力，匪夷所思且殊为可笑，不过由此可见，园林的开支巨大是不争的事实。

二、学海苦舟

旧时代选拔人才，其核心是对稀缺资源的分配过程。由于涉及对稀缺资源的分配，选拔必然内卷，即在一定范围内变得越来越难。明清时代的科举考试，不消说考生必须对指定教材（四书五经）倒背如流，而且对其任何一个片段，都须能说出一番能自圆其说的道理，八股文又有严格的格式，一字一句皆有标准。即便如此，仍要提高难度，甚至随意从某一本中拎出一句，又从另一本中拿出一行，两句其实可能风马牛不相及，硬要考生做出文章，说出一番道理。

旧时代的普通单个家庭，并没有足够的力量供每个后代读书，在孩子较小的时候，家庭内部和其宗族会对所有后代进行细致的考察，评价其读书入仕的可能性（概率）。闲置一个劳动力，并且还要持续出资供养其读书，是家庭乃至宗族的沉重负担。因为涉及大量“沉没投资”，资质平庸的孩子并没有被投资的机会。确实聪慧且适合的孩子，即便单个家庭无足够力量供读，宗族也会给予较大程度的帮助，目的是整个宗族未来可能获得被投资人“入仕”之后的资金反哺和安全庇佑。旧时代中国江南地区比北方的宗族观念更强，一方面是地理原因，另一方面是文化原因。宗族观念强，内部无条件互助的可能性就大得多，整体的战斗力和开拓性极大增强，“传帮带”的概率也大得多。当然，上述的战斗力除了武斗力量之外，还表现在集宗族之力供养子弟读书方面。

江南富裕地区的氏族乐见子弟读书，给予读书机会在于对其进行适时的教化，有助于宗族的延续。旧时代科举（考试）是一项非常费钱的活动，一般来说，供养一个完全脱产的读书人并且资助其参加一系列选拔考试，即便是小康之家都很费力。而且投资过程周期长，不确定或可变性因素数量多。据统计，进士及第的概率约为四十万分之一。用现在的眼光来看旧时代选拔人才的体系，很容易看出体系的结构性问题，那就是人才录用的方式过于单一，导致人才模式趋同这一问题。简单地说就是过于困难烦琐的这种选拔过程，选拔出来的人其实大多呈现相似的面貌和精神气质。如此种种是统治者乐见的，简单的帝国大系统也同样乐见，它维护了系统的稳定性和持续性。科举考试的筛选如此严苛，上升通道如此严格，即便食利阶层也并不能保证自己的子弟能够顺利通过这一关卡，稳定的财富来源也极有可能遭遇代际中断，两个问题就摆在他们的面前：一是货币总是不断贬值；二是并无特别稳定增值的投资渠道。结合私有财产保护薄弱的现实，旧时代的富裕家庭更倾向将其固着化（哪怕一般家庭，财产稍有集聚，也会采用相似的办法）。这种形式的财产继承可以让之后数代在较长时间内保持一定的生活水准。或许这种主动且积极的土地情结，并不是人们主动选择的，而是在社会系统的迫使下逐渐确定下来——毕竟其他的财产保全方法经受不住系统的筛选和淘汰过程。这也就可以说，科举之路无意间推动了私家园林地产类型的进化与分布。

三、钱的重量与固化储蓄

旧时代的货币，无论是铜还是银，从长期来看，总体上呈现规律性的贬值趋势。良性的贬值并不是以牺牲人民的利益进行的，也不涉及对弱势人群的阶级性掠夺，可以通过政策或规则进行矫正，前提是发行货币的政权稳定。当国家发生恶性巨变，或者统治者一味率性而为，导致严重的通货膨胀，会引发货币断崖式贬值。铜和银因为其物理性质，尚可作为非货币，但纸币就没有那么多功能了。民国时，国民党政府的信用破产，非理性地大量超发货币，致使大部分人民破产。有资料称，时人用等重量的钱币购买必要的粮食，仅在排队待购的时间中，粮食竟已涨价。

历史上也有数个朝代发行过纸币。事实上，在发行纸币的一段时间内，它们都曾较广泛地受到欢迎。但较多方面问题导致纸币非自然性贬值，如缺乏稳定的经济保障措施、缺乏系统的金融管理体系等，纸币随之遭到人民群众的抵制，最终未能推广。因此大部分时候，人们只能选择物理性质相对不“友善”的金属货币。最常用的货币是铜币，即铜钱。铜的耐久性较好，本身的价格也适中，非常适合作为一般等价物。铜钱最大的缺点就是质量太重、体积太大。遇到大宗交易需要大量的货币时，就需要用车拉或畜力驮，十分不便。囤积或者转变成不动产是两种可靠且常用的方法，有一定审美需求的人会选择开辟园林，毕竟不动产更可以实现代际传递。

钱的重量，竟然也成为私家园林兴造的一个原因。不方便的等价物载体，迫使财富以物质的形式固定下来。现代的经济学知识已经告诉我们货币流动的重要性，流动越便捷，渠道越多，方式越多，则经济越发活跃，越不容易固结。固结并不是普通民众的福音，当财富固化成为财富拥有者不得已的选择，更多的人事实上就无法享受货币活化带来的财富红利了。

历史上的先哲早已告诉我们，储蓄或积攒是一种美德，挥霍浪费可耻。那么，修造私家园林这种挥霍行为是否也可耻呢？建造私园会在短时间内产生大量的开支，但货币局部供应量过大，事实上会导致局部的通货膨胀。这种通货膨胀所带来的结果是很多其他部门相应的通货紧缩。私园园主以为支付的是自己的钱，事实上他也间接造成了对周边部门掠夺的实际结果。建筑和园林生产部门的获利过于庞大，事实上从分布上来看，联动的社会部门数量较少，也就是说，这笔大额资金的社会散布率较低。当散布的时间较短，其带来的结果是明显的，即较多的货币财富来不及在社会所有部门中充分散布。旧时代由于产业结构较为单一，其实缺乏比较有效的消化大额资金的途径，加之瞬间大量开支金钱，造成了通胀和通缩同时存在的现象，导致了社会财富的极大浪费，结果是和私园建造过程完全没有关系的老百姓不得不紧缩自己的日常开支。这导致社会其他部门整体性的消费和投资双双萎缩，进而可能加深和延长经济萧条。一座江南古典私家园林的落成，其周边的城市部门和平民需要担负外部性所带来的结果，市场虽然可以逐渐抚平这一波澜，但常常需要很长一段时间。

况且，私家园林的建设获益部门较少，也就不能对其他部门起到资金支持的作用，而且建筑形制等已经受到禁锢，在此方向上的科技进步也很少。庞大的资金终未发挥匹配其体积的社会作用。

四、梦中乡愁

园主们将江南古典私家园林多建造在城市而非家乡农村，其实反映出了较为深刻的经济问题和社会问题。

旧时代的城市情况，大致能从各种资料中窥见。清代笔记《燕京杂记》中写道:“京城街道除正阳门外绝不砌石，故天晴时则沙深埋足，尘细扑面，阴雨则污泥满道，臭气蒸天……当道中人率便溺，妇女辈复倾溺器于当衢，加之牛溲马勃，有增无减，以故重污叠秽，触处皆闻。”早在明代，沈德符《万历野获编》中就对当时全国城市的卫生状况做了个比较：“街道惟金陵最宽洁，其最秽者无如汴梁。雨后则中皆粪壤，泥溅腰腹，久晴则风起尘扬，觌面不识。若京师虽大不如南京，比之开封似稍胜之。”在沈德符的眼中，金陵（南京）算是当时卫生最好的城市，而最差的则是汴梁，至于首都北京，尚处在两者之间。明代兵部尚书王廷相说：“昨雨后出街衢，一舆人蹑新履，自灰厂历长安街，皆择地而蹈，兢兢恐污其履，转入京城，渐多泥泞，偶一沾濡，更不复顾惜。”这其实也解释了为何有条件的人出门要坐轿子或雇背夫，体面的官员身着宽袍大袖，在满是泥泞的道路上行走是不可想象的。

在基于生人社会的城市，市政道路等设施如果不是由政府出资，无人能够担起重任。而在主要由血缘乡族组成的村落，公用设施通过强有力的宗族政治得以实现。从社会服务的到位程度而言，旧时代的乡村常常较同时代的城市更为舒适，尤其是富庶的江南地区。在这里，乡村道路很多是用卵石或碎山石铺砌的石头道路，常有非常完善的排水系统，而至于长安、开封或北京等城市，却大多是土路。土路一遇雨季便泥泞不堪，再加上旧时代并无公共厕所，粪桶会被直接倾倒于街上。明代陈龙正说：“北地粪秽盈路，京师尤甚，白日掀裸，不避官长，体统亵越，小人相习而暗消敬惮之心。”如此街景，超出了这位官人的承受能力。除排泄物之外，《燕京杂记》中说“人家扫除之物，悉倾于门外，灶烬炉灰，瓷碎瓦屑，堆如山积，街道高于屋者至有丈余，入门则循级而下，如落坑谷”。

那么，既然城市的生活环境如此不堪，为何能留住那些患有“急切归乡”焦虑症的落职官员呢？

在生人社会形态下，每个人都能保有某一既定范围的自尊及排斥力。城市的生人社会是相对于基于血缘序列而产生的熟人社会的一种形态，生人社会中人与人的合作是依靠可计价酬劳的形式完成的，这种方式简单、直接并且方便快捷，后续也比较容易形成良性态。说得更明白一些，就是生人社会的维系靠的是“契约”，如果说生人社会就是契约社会也未尝不可。契约社会的正常运行依靠一些稳定性条件。陌生人之间想要达到各自的利益最大化，相互之间依据既定的游戏规则办事，更容易实现高效率；而熟人社会的人情网络则会在“较为困难”“较为薄弱”或“可取捷径”等这一类容易出现问题的环节冲击本来可以稳态运行的事物，相当于提高了保护网级别（设置鸿沟），形成一种人情关系网络中处于较为不利位置的人或其他人无法冲击或跨越的人为提高的保护网。

但是，这并不是说主要以陌生人组成的城市就没有熟人社会中的人情关系网络，事实上城市的人情关系网络有时候更根深蒂固，涉及的范围也更广，而且在权衡利害以后撤除保护方面也更干脆和无情。但为何“退休”的富家翁在城市中感觉安全，甚至强过在故乡农村，这是很值得研究的。这或许在于城市中的人情关系网络关注的经济问题和农村所喜闻乐见的问题，在方向性、广域性和深浅程度上较为不同。简单地说，就是村落乡邻可能比较在乎张家老大和张家老幺屋檐的高或低、王家老大和王家老二的具体分歧等。城市中的陌生人之间虽然也关注类似的细微问题，但并不是主要方向，无论在深度还是广度上，其内容都丰富得多。

人情事实上是高级奢侈品，而人情如果不关乎经济利益，其实才是不近人情。有钱的退休老官员回到故乡田间，二侄子结婚管他借钱，三外甥置田也来借，四伯儿子办满月来借，五叔置办女儿嫁妆来借，都是亲情，需要一碗水端平。借是一种温良贤顺的态度，不借几乎是向整个亲族宣战。况且借出多少也是问题，给付到人家要求的足额，也难免他们逐笔进行比对，少额的部分仍旧会以新的名目再提出来，其间出现的怨恨也不可避免。带巨额资本回到乡间，几乎就是自找麻烦。人情关系的处理本是高智商游戏，可借用现代数学理论中“多次博弈模型”这一高级词来定义描摹。饱读圣贤书的早先入仕者个个天资聪颖，面对这千头万绪的一地乱麻，也难免望而兴叹。

“富贵不归故乡，如衣绣夜行，谁知之者”，说这话的是项羽，很多人据此说明还乡或国人的乡土观念这个问题。可是事实上还乡大多是暂时性的行为。简单说就是某人取得了不小的成绩，然后威风凛凛地回到出生地，待不了太长时间；并不是说他们退休之后就回到乡间，长期居住。“安土重迁”与“迁移发展”这一双对立的人生取向，在中国人对于“家”和“家乡”之浓厚情感与执着认同的基础上，从未获得对立统一。千年以来，未曾改变。

江南古典私家园林的园主以聪慧过人的头脑，通过了近乎残酷的超小口径的层层考试，无疑都是人中龙凤，在年富力强的黄金岁月，通过入仕积累相当的财富，等到退职时已经垂老。他们的经济实力、权力的余威和文化品位，决定了他们选择留在城市还是回到家乡。退思园的园主任兰生可能会被看作特例，但他之所以回到家乡建造园林，其一在于其家乡当时已经是镇，而非基层的农业乡村；其二，其兄弟三人均在世，而且在仕途方面各有建树，能够在宗族势力中起到决定性作用；其三，极其重要的是，他的直系血亲在地方上很有经济实力。任兰生和其他园主相比，无疑是幸运的，他实现了“月是故乡明”的文人夙愿。相比之下，其他人并没有这样的运气。袁枚《随园诗话》卷五引杨守知的《西湖竹枝词》“抬头一笑匆匆去，不避生人避熟人”，可能讲的就是这样一种复杂的心境。

在人力方面，在城市建造私园的难度也远远小于乡村。城市中更容易招募比较专业的工人、聘请造园名家，“孤村芳草远”的乡村恐怕在用工方面会遇到麻烦。且不说人力“优质”与否，仅谈用货币计算付出与获得劳动的价格，“一手交钱，一手交货”瞬间两抵，对双方而言既高效又无后顾之忧。私园的建设并非建造农家房舍，这是时间跨度长而且浩大的工程，乡间相互帮忙的形式并不适合。乡族公共事务主要依靠相互支付“无偿”的劳动，然后展开博弈，这整套事情作为系统维系的一种力量，是血亲氏族的共性。乡族内部开展较大的公共工程，比如建造姓氏宗祠，各家共同出力，然后将这种场所用于处理公共事务，这是完全可行的。但对于性质完全私有的园林，仅靠情谊绝不足以维持整个工程量和工程进度，这也是私园不便在园主家乡建设的主要原因之一。另外，私园所需要的各种建筑材料，在城市中比较容易汇集和调运，道路等基础设施亦到位。在这些方面，乡村无法比拟。

明代吴履震在《五茸志逸》中说“士大夫仕归，一味美宫室，广田地，蓄金银，豢妻妾，宠嬖幸，多僮仆，受投靠，负粮税，结官税，穷宴馈而已”。可见，退休官员在城市中建造园林已成时尚。

其实，生人社会的城市未必比熟人社会的乡村更残酷。将庞大的资金变现成园林作品相对安全，坐落在城市中更像是增加了保险杠，对于园主来说，剩下的即是及时行乐，颐养天年，后辈也可以暂时高枕无忧。虽然他们对不能衣锦还乡这件事多少有些遗憾，可是至少能保证这偌大的财富稳妥无虞。月亮这东西，管他什么地方更加明亮，抚摸这亭台楼阁，体验到的才是无与伦比的真实。在半睡半醒之间，身形仿佛缩小到宛如幼童，在天井或田野间玩耍，大人的话语似乎也萦绕耳畔，猛然梦醒，默然流下纵横老泪，白日间当然也思乡、念乡、想乡，可是故乡勾来的感愁，只是脱去面具的梦幻乡愁。

五、乌有之园

明清时期伴随经济发展，在江南等地，私园如雨后春笋般出现。经济宽裕者兴造出或大或小的可居可游的园林，而在经济情况并不乐观的文人士大夫阶层，便流行一种“乌有园林”的玩法。“子虚乌有”，当然就是没有，乌有园林也可以说是“纸上园林”，它基于多种原因被创作出来，比如小说之中的园林作品。除了小说中描绘的园林，另有并非为了文学虚构，而只是为了满足在翰墨书画中拥有一方天地，以实现个人的园林梦想，纯属在纸上建构的园林作品。这一类乌有园林，因为描述得过于真实，曾一度被学者认为确有其物，是因为历史变故而湮灭。如张岱《琅嬛福地》、卢象升《湄隐园记》、廖燕《意园图序》、张师绎《学园记》、戴名世《意园记》、刘士龙《乌有园记》、黄周星《将就园记》、吴石林《无是园记》、王猷定《闲情阁记》等。可能是基于一种无缘园林实物的虚荣，也许只是喜好想象，但乌有园林其实也对私家园林的现实存在提出了更深入的思考。

实际存在的私园，面积或大或小，造型或豪奢或简朴，都是实在并可触摸的，在空间方面有具体区划，在功能上能够实现住居。无论亭台楼榭、草木台石，有具体的布置，在其中观花赏景、会友宴客，诗酒酬唱，饮茶阅读，成为闲雅生活的乐土空间。

明末王思任在《名园咏序》中说："善园者以名，善名者以意。其意在，则董仲舒之蔬圃也，袁广汉之北山也，王摩诘之辋川廿景，杜少陵之空庭独树也，皆园也，无以异也。"他的意思是园林的名字在于"意"，这是具体的园林作品的精神内核，园林的"意"是山水景观指向文学化的具体靶标，是园主对园内景观的高度文学意象化的概括。乌有园林没有具体的物能够依托，所以取名就格外重要。其中一类较为诚实直白，明示观者其本乌有。如刘士龙的《乌有园记》："乌有园者，餐雪居士刘雨化自名其园者也。乌有则一无所有矣，非有而如有焉者何也？"像这样直接告诉别人园林实际上并不存在，恰恰是作者希望园林能够永远存在于世，是以"无"反制"有"。他们了解园林建造过程的经济消耗以及落成之后的维护不易，相对于"有"，"无"只要在文字上下功夫，但存在的价值观念却同样客观——并不是所有名士都能逛遍名园，对于尚未去过的园林，不过一个"名"而已，和乌有园并无两样。王也痴以"意"给自己的乌有园取名，以图绘构建心中的私园。与之相似，吴石林在纸上构建"无是园"，也点明"虚无"之意，以"无"对"有"，直接表明它与实体园林的不同。

另一类乌有园林的命名则是基于园主的经历概括与人生感怀，与实体私园的命名方式相同。黄周星为其纸上园林"将就园"撰写了《园铭》，描述其名称的哲学内涵，"初名将就，今则不伦。将也乾元，就也坤元。大哉至哉，太极浑沦"。浑沦是宇宙混沌的状态，指代事物的终极，或者是万事的开始，或者是万事的结束。所谓"将就"，即为将虚拟假设的园林置于宇宙虚无的"幻"境与无所谓"有"或"无"的道境，是永恒之境，这其实也是文人对园林的一种直接的态度，倒并非醋意别人拥有真实之物。更进一步解释，"将者，言意之所至，若将有之也；就者，言随遇而安，可就则就也"。园中设"日就"和"月将"二斋，又有“日就”和“云将”二置石，“‘将就’之中，又有‘将就’焉，则主人之寓意可知矣”。黄周星阐明以“将就”为园名的深意，是将宇宙的虚无与非实体的人文顺势类比或融合，将文学化的憧憬与现实生活相比较。他一方面希望通过乌有园林实现亦梦亦幻的园林，另一方面也希望在感官刺激上使得虚拟的园林超越现实中的真实存在。与“将就园”相似的是张岱的“琅嬛园”，琅嬛是古书中描述的神仙洞府，以琅嬛为名，是希望这纸面园林永存。

乌有园林的想象大胆夸张，虚构的文字通常赋予园林宏浩广大的神仙气质，寄托了作者天马行空式的文学化理想。明清时代的那些乌有园笔记，在对园林构建的想象上几乎均寄寓个人的精神意向，它们的作者或多或少地流露出他们对拥有真实园林的愿望，或者是对园林深层意义的某些思考。纸面上的这些思考，会借由“主客问答”的书写方式展开，即“客”向园主提出疑问，而园记作者以“主”人的身份展开论述，将乌有园林的思考与设计慢慢展开，以虚拟之物来阐明人的意象。就叙事而言，这种方式是自然的，导入性很强。主客问答的形式常常放于文章的开始或最末，“主”自然是写作者本人，“客”则是与乌有园一样虚构的人物，全部过程当然是写作者的自问自答。

实体园林的建造颇为不易。明代郑元勋耗用十余年时间在扬州建影园，他说“盖得地七八年，即庀材七八年，积久而备，又胸有成竹，故八阅月而粗具”。再有袁枚购买江宁织造隋公的“隋园”以后，变更园名为“随”，又随即进行符合自己审美的改造，所谓“一改三造”，长达二十年之久。这类真实的园林在建设、改造和修葺中倾入了园主和造园师的大量心血，也消耗了相当长的时间。私园从无到有已经不易，保存与传承则更为困难。雪雨风霜使得私园生命有限，荒废或易主只在转瞬之间，存在与流传受到太多变量的影响。

李格非在《洛阳名园记》中谈到私园的兴废与小到家庭大到国家治乱的关系：“‘园圃之废兴，洛阳盛衰之候也。’且天下之治乱，候于洛阳之盛衰而知；洛阳之盛衰，候于园圃之废兴而得。”他通过历史的眼界说明名园实际上关乎洛阳及国家的命运，即园林可以被看作历史过程的晴雨表，其兴衰迁变能够昭示出朝代的兴衰。袁宏道于《园亭纪略》中也有类似的提法："吴中园亭，旧日知名者，有钱氏南园，苏子美沧浪亭，朱长文乐圃，范成大石湖旧隐，今皆荒废。所谓崇冈清池，幽峦翠筱者，已为牧儿樵竖斩草拾砾之场矣。"他这也是在说，"陋室空堂，当年笏满床。衰草枯杨，曾为歌舞场"，"舞歌既阕，荆棘生焉。惟学人才士述作之地，往往长留天壤间"[1]。在同时间段中，一些文人士大夫建造真实的私家园林，另一些人则以极大的热情去书写歌咏乌有园林。这一现象大致暗示了这样一条朴素的道理，即"实体的物质的私家园林可能终将湮灭无存，而文字传达的私园却可能永垂不朽"。

纸上园林的生发，源自一部分经济实力较差的文人士大夫，他们若资产足够充裕，自然会建造实物私园，毕竟想象的快感终比不上实物给人的更综合丰富的感受。那些经济较为困难的官员，当然羡慕另一些人拥有实体私园，不甘心的结果便是在纸上寻找乐趣。如张师绎在《学园记》中说："张子（张师绎本人）好园居，自通籍从大夫之后，所居湫隘，嚣杂近市。无一弓之地，一蠡之池，又无千金之产，可斥治园亭台榭与宾客共，而喜为园日甚。"又有黄周星在《将就园记》中说："今天下有园者多矣，岂黄九烟而可以无园乎哉？"艳羡又焦虑的情感跃然于纸上。明清时期但凡有一定经济实力的文人墨客几乎都要造私园，它不但是一方生存场所，更是升值和保值的不动产；不但是一块优游自乐的空间，更是勾联同僚、结识权贵的场所。"比下有余而比上严重不足"的"夹心层"文人士大夫，对于自己无园的感慨与焦虑，实际上也对应着其在官场及现实中的多种不如意，这种焦虑不但是一种沉重的心理压力，也化作一种时刻熨烫内心沟壑的渴望。

乌有园林的建构者一贯以"旁观者清"的姿态，自言可以清醒地审视实在的物质的私园，他们指出私园"不足久恃"的各种根结，纸上园林则轻松地避免了物质因人事、世事于时间方面的检验，以文字形式流存，实质是将无实体私园的现实窘意移情为对私家园林永恒存余的思

[1] 引自（清）朱彝尊《秀野堂记》。

考。如同金庸先生在《笑傲江湖》中安排男主令狐冲的最终归途是退出江湖，以消极的态度实现永恒，乌有园林也是如此。纸上园林正是因为事实上没有真实的物质空间与实物载体，本身就无所谓所有的物质俗套和问题。文字能流传多久，乌有园林就能够与之匹配流传多久，真正地成为具有永恒意义的园林作品。

乌有园林一方面因为并无实体，另一方面也因为较为小众，很多园林学子和从业者甚至未有耳闻。但它也可以作为一个设计范本，于当下的时代实现，如此，相比那些已经湮灭的实物私园，乌有园林的“园主”岂不是歪打正着“笑到最后”了呢？不过，剖析其心理，创造乌有园林的那些文人并非真的不在乎有形私园，否则，也就不会有任何书写了。

第三章 其人其园

仅明清两朝的江南私家园林数量就多而不能尽数，因此只能剖析几个具有代表意义的，以商榷他们的共性。

第一节　园中人

对于拥有私园这种奢侈品的家族，根据家族成员的经济贡献率，相应地考察私园的单家族传承时间，可以发现一些规律。除去创建时的开支，私园后期维护的费用主要依靠家族内部主要成员持续性的经济贡献；如果只是不断消耗余款存额，坐吃山空就不可避免，私园最终会转手他人。一般来说，第一代园主经济贡献率超过 80%，则私园存留的时间一般不超过两代；而该值在 50% ～ 80% 之间，则有可能传承时间略长，但也在三代之内；当经济贡献率在 20% ～ 50% 时，则私园可以存留三至四代。私园最终会转手他人是大概率事件。只有极少数私家园林由时任园主将产权全部划归于其宗族，转化为公共性的宗族园林，才有效地避免了被外姓收购的命运，但这种开明人士实属凤毛麟角。由宗族管理的私园，并不仅由单支系同姓家庭成员支持，其经济贡献点众多，每个点位的贡献率均小于 20%，当然，尽管如此，仍有宗族最终没落而导致私园流转的情况。一般来说，当这种点位的均衡率降低到 5% 以下，私园才能够较为久远地为一个姓氏宗族所有。

一、东园泰时

《明太仆寺卿舆浦徐公暨元配董宜人行状》说徐泰时“先名三锡，字叔乘，后更今名，则字大来，号舆浦”，徐三锡 41 岁中进士后才改名为徐泰时。

东园园主徐泰时是明万历年间的文官。徐泰时依靠个人能力而被赏识，从而完成在仕途方面的上位过程，伯乐是申时行。徐泰时生于嘉靖十九年（1540 年），卒于万历二十六年（1598 年）。其出生时为朱厚熜执政中期。这位皇帝中年以后喜爱虚荣，不接受批评，海瑞评价他“虚荣、残忍、自私、多疑和愚蠢”。徐泰时 19 岁开始参加科举考试，21 岁中秀才之后，因善理家业，田产纠纷均由他处理，所谓“秉家政，精炼如老成人”。还喜欢“声伎”，家中聘养优伶。中举以后，“数上春宫不利”，被人讥笑，于是“摒弃声伎，民愤下帷，引锥自刺”，努力读书。人们以为他升级之因在于其努力，然而至 40 岁他在学历上才终于再次进步其实是拜申时行所赐。申时行是苏州人，嘉靖四十一年（1562 年）状元及第。在翰林院任修撰十五年后，被当时的首辅张居正器重，升为侍读、兵部及礼部侍郎，及七个月后又授大学士，被张视为“私人”，而大学士其实就是下一任首辅的候选。此时，申时行必然扶持与发展自己的党羽。之前，申时行的启蒙老师数次请求他在人事方面给予关照，所以申时行经过考察，决定招纳徐泰时进入官场。申时行亲自向负责江宁的主考官举荐徐泰时。翌年，徐泰时顺利入京会试，进士及第唾手而得。殿试时，徐泰时外表持重稳健，同时借助申时行的帮助，获得了张居正的青睐，顺利入朝为官，于太仆寺入职。至万历二十一年（1593 年），徐泰时 54 岁，致仕归家。这十余年之间，徐泰时的官员品级不过七品而已。

明末官员的敛财和置业能力是惊人的。张居正家宅被抄没时，申时行对皇帝表达了不满，而皇帝的理由是张居正内外不一致，因为张居然在应该赏赐宫女的时候记账，说等有钱后再赏，事实上张居正并不是真的如此拮据。沈德符在《万历野获编》中说：“（张居正辅政）宫府一体，百辟从风，相权之重，本朝罕俪，部臣拱手受成，比于威君严父，又有加焉。”张居正的权势之大，连皇帝都有所忌惮，其父病逝，他奉旨归葬，坐着三十二人抬的轿，轿内设有清洗如厕设备，吃饭时菜肴过百品，“居正犹以为无下箸处”。申时行为张居正的母亲争取抄家后的赡养费——留地千亩空宅一所，此财产之大仍让人瞠目结舌。此时徐泰时附和申时行，皇帝听后当然不开心，声称要查徐泰时的家产，史书中仅记“帝果查，徐宅寒怆”。我们并不能用现代的语义来审视这句话，因此推断徐泰时为官清廉、两袖清风。事实上他后来归家之后建起留园，已经能说明他为官的风貌。这也涉及另外一个问题，那就是衡量清廉的标准。皇帝的标准无疑是较低的，抄没张居正家宅后给其老母“千亩空宅”便是证据。为官十余载的徐泰时不过是管账的小官员[1]，据此我们也就有足够的依据，思量所谓“徐宅寒怆”是个什么样的情况。

徐泰时陷入明末党争，于万历十七年（1589 年）“旨令回籍听勘”，从此事实上退休回到苏州阊门外下塘花步里（今留园路一带）家中，“一切不问户外，益治园圃”。当然他并非平地造园，而是在其曾祖父“始创别业”的基础上，“杂莳花竹，以板舆徜徉其中。呼朋啸饮……其声遏云……留连池馆，竟日忘归”，可以说过的是舒啸闲居的日子。这也表明徐泰时着手治建东园是万历十七年。

徐家本来就富裕，又有读书世家的风范，徐泰时的曾祖父徐朴有长子名焴，次子名燿。徐焴有三子：长子徐圭（性泉），次子徐封（墨川），三子徐佳（少泉）。徐燿之子名履祥，嘉靖辛丑年进士，“万历年间居阊门下塘，宅大而广，富甲三吴”。徐履祥有六子，第三子正是徐泰时。传说徐泰时十七岁的时候娶妻（南浔董份之女），可谓强强联姻，据说“瑞云峰”[2]即为陪嫁之物。徐泰时育有一儿一女，其女儿亦嫁入“豪

[1] 徐泰时任工部营缮主事时，主持修复慈宁宫，并管理账目，他亲自详细筹划并指挥施工。因有功劳，擢为营缮郎中。后建造寿陵，相土以定高下，精心核算，省钱数十万缗。充分展示了他的经营和管理才能。被赐麟服，以彰宠异，又进秩太仆寺少卿。他的官职进阶，看起来炫目，其实做的工作都是管理账目。

[2] “瑞云峰”的来历非同寻常。此石本系宋代“花石纲”遗石。当初佞臣朱勔自西山开凿，沉入湖中。后由横泾人陈司成捞得。60 年后为浙江湖州董份买去。徐泰时 17 岁那年与湖州董氏联姻，此石即作陪嫁物。因此石过于沉重，“载以归吴之下塘，所坏桥梁不知凡几”（徐树丕《识小录》）。徐泰时曾将瑞云峰置于东园，后其被迁至织造署，现存于苏州第十中学校园内。

门”。也幸亏有这个女儿，才不至于后人弄错东园第一代园主的名字[1]。其女名媛，字小淑，嫁给范允临。

范允临（1558—1641 年）字长蒨，传说是范仲淹十七世孙。工书画，与董其昌齐名。范允临入仕之前均居住在东园，徐泰时建造园林之后不久就撒手人寰，留下尚未成年的幼子，托付给其姐姐和姐夫照料。当时范允临刚入仕为官三年，成为事实上东园的第二代园主。后来徐泰时的直系并未在仕途方面有所突破，也就是说东园之后的维护实际上得到了范允临的资助。

徐泰时构筑的私园在当时是苏州文人雅聚的场所。吴县县令袁宏道和长洲县令江盈科同为万历二十年（1592 年）进士，他们两个虽有间隙，却都与徐泰时交好，徐泰时在其间起到了有效的胶合作用，促使他们抛弃前嫌。袁宏道对徐氏东园十分喜爱，说其“宏丽轩举，前楼后厅，皆可醉客”，其园林能使深陷在“簿书如山，钱谷如海”和“过客如蝟，士宦若鳞，是非如影”的繁冗政治生涯中的袁宏道稍事休息。袁宏道于万历二十五年（1597 年）辞官出游，仍旧与徐泰时书信往来。江盈科也为东园撰写过《后乐堂记》，“庙堂忧君，江湖忧民，此文正之言，亦渔浦之志也。故谓公一于乐而忘天下之忧，非知渔浦者也”，印证了江盈科和徐泰时的知心交往。

徐泰时之后，其子孙拥有东园 80 余年（1641 年之后又勉强维持了 40 年），其间当然不乏文人，但因为总是未能有人入仕为官，所以实质上至清代徐家日渐式微，难以为继。东园在彻底和徐家离散之后先是被附近的农户占据，散做民居，但布局仍在，尚有植物等季相色彩可观，

[1] 曾有人以为东园第一代园主名为徐时泰或徐泰。民国《吴县志》里有几处提及留园始主，可见“徐时泰”和“徐泰时”。钱伯城在《袁宏道集笺校》卷六“锦帆集之四 • 尺牍”中，则考证为徐泰。又据《千顷堂书目》卷二十八“布政使参议范允临妻徐小淑《络纬吟》十二卷”条，注云：“小淑，名媛，长洲人，太仆寺少卿徐泰女。”徐泰原误作“徐时泰”。在科举取士等级森严的明代，官居太仆寺少卿的“徐时泰”或“徐泰”应该是进士出身，但在《苏州府志 • 选举表》等志书中，均考查不到，说明钱先生的考证存疑。《选举表》上明万历八年庚辰科进士中，有长洲人徐泰时，和钱先生所说长洲人徐泰的籍贯相同。另从其他渠道可以考证东园园主名。据《明太仆寺卿舆浦徐公暨元配董宜人行状》和《常熟县志》等，再根据《范氏家乘》记载，也可证实范允临妻父名徐泰时确凿无疑。

地块夹杂而房户屡经易主。清乾隆五十九年（1794 年），园子为吴县东山人士刘恕所得，他在东园旧址上改建，于嘉庆三年（1798 年）完工。因园内多植白皮松、梧、竹，竹色清寒，波光澄碧，于是私园更名为“寒碧山庄”，世人均称其为“刘园”。刘恕平素喜好书法，广泛收集书画，他命人将自己撰写的文章和古人的法帖勒石嵌砌于园中廊壁。这种做法被后代园主承袭，逐渐形成今日留园多“书条石”的特色。刘恕爱园林置石，修葺改造私园时，他特别收集了“十二名峰”移入园内，特意为此作文多篇，记录了寻石的经过，借景观石抒发心中的情愫。嘉庆七年（1802 年），画家王学浩以这些景石绘出《寒碧庄十二峰图》。刘氏经营了该园近 80 年，才恢复了昔日东园的规模和风貌。咸丰十年（1860 年），苏州阊门外遍遭兵燹，街衢巷陌毁圮殆尽，惟有寒碧庄幸存。同治十二年（1873 年），刘园为常州人氏盛康（盛宣怀之父）购得，他缮修全园，各项加固，将“刘园”改为“留园”，并添立著名太湖石“冠云峰”于园内——这块园林置石保存到今天，为“江南四大景石”之一。光绪二年（1876 年）正式完工，其时园内“嘉树荣而佳卉茁，奇石显而清流通，凉台燠馆，风亭月榭，高高下下，迤逦相属”[1]，比昔日盛时更增雄丽。留园后来归其子盛宣怀[2]，在他的经营下，留园声名愈振，成为吴中著名园林，俞樾称留园为“吴下名园之冠”。

二、拙园王氏

拙政园的始建者是王献臣，和后来的王心一并没有亲缘关系。王献臣字敬止，号槐雨，文献上记载其“为人疏朗峻洁”，言下之意，他比较刚正率直。他晚年遭到东厂的构陷，辞官告老在情理之中。王献臣生于官宦之家，弘治六年（1493 年）一举中进士，被录用在“行人司”，

[1] 引自（清）俞樾《留园记》。

[2] 盛宣怀（1844—1916 年），字杏荪，又字幼勖、荇生、杏生，号次沂，又号补楼，别署愚斋，晚年自号止叟。祖籍江苏江阴，生于江苏常州，死后归葬江阴。清末官员，秀才出身，官办商人、买办，洋务派代表人物，著名的政治家、企业家和慈善家，被誉为“中国实业之父”“中国商父”“中国高等教育之父”。

担任“行人”职务，即专门负责跑腿传递信息的人。弘治十三年（1500年），王献臣任御史，“巡大同边”。又过了数年，正德四年（1509年），王献臣归家后，开始在家乡苏州营造园林。到了嘉靖九年（1530年），其规模已“广袤二百余亩，茂树曲池，胜甲吴下”，成为一代名园。

王献臣于正德初年致仕还乡，退居林下。王献臣相中昔日张士诚女婿潘元绍的驸马府，在娄门与齐门之间。此时该地已分为中园和西园两部分。其残垣之间仅保留“宜两亭”[1]。王献臣与文徵明交往甚密。文徵明为拙政园绘制过五次图录。最初，王献臣借潘岳的《闲居赋》为蓝本造园，拙政园展现一种“残美”和“简美”，依旧保留历史残垣，然后建造茅屋三两间，搭竹扉花藤，挖池塘种荷花，人可于岸边闻香钓鱼。园林名称即取《闲居赋》中句“拙者之为政也”，名“拙政园”。园林逐步成形，形式上也逐渐豪奢，居“苏州园林之首”，且藏书逐步达到本地之冠，有书楼名“临顿书楼”，另建“虞性堂”亦专为贮书画之室。王献臣卒后，其子孙未能入仕，也迫于生计逐渐窘迫，这些藏书大多散佚[2]。

至于王献臣的儿子将拙政园一夜赌输，早已成为看似确凿的说法。但如果仔细思考，这件事有几个明显的漏洞。一说王献臣儿子原本是个纨绔子弟，不务正业，吃喝嫖赌，花钱如流水。王献臣十分担心，自己花了这么多的心血，儿子能否守住这份家产。一日，他去玄妙观遇到拆字先生，想问问吉凶如何，随手写了一个“拙”字。拆字先生见他面黄肌瘦，像个有病之人，疑是要问病情如何，仔细看了“拙”字，即笑着说道：先生之病没有大碍，你看这个“拙”字，挥手即去矣！王献臣听了心头一震，想：我要问的是家产，这下完了，家产保不住了。不久，王献臣病逝，他儿子嗜赌成性，一夜之间将整个园林押上赌台，输与他人，归徐氏所有。可是，故事之所以是故事，就是因为其细节太过翔实。

关于中国古代财产继承的记载，现在能够查找到的记录始于秦代。

[1] 出自白居易写给好友元稹的《欲与元八卜邻先有是赠》:“明月好同三径夜，绿杨宜作两家春。”
[2] 少部分曾落入缪荃孙、孙星衍手中。藏书上有“吴门王献臣家藏书印”“王氏图书子子孙孙永宝之”“虞性堂书画记”“王氏敬之”等印。

《史记·王翦列传》记载，王翦为秦始皇率兵攻楚时向王提出，“请园池为子孙业”，即说明土地作为一种必要性生产资料可以被作为继承标的物。此外，旧时代可继承的财产还包括且不限于院落房屋、界内树木、前属奴隶、大小牲畜、生前衣物等。秦时商鞅变法后实行分户令，男性后代成人后“出分”或“出赘”，另立门户，分拆上述财产。此外，秦《金布律》称，除官方因为特殊情况而发生的取于民众的债务，民众自发的相互债务，遵循“父死子继”的原则。

自汉代始，政府为了避免民间的世家出现，要求民众财产继承制度为“诸子均分”。据《史记·陆贾传》记载：陆贾“有五男，乃出所使越得橐中装卖千金，分其子，子二百金，令为生产”。汉代这种财产的分配制度被唐代所沿袭。《唐律疏议·户婚律》规定：“应分田宅及财物者，兄弟均分。”唐朝《户令》规定：父亲死后，财产应“诸子均分”；如果儿子先于父亲而亡，就由孙子代替逝者参与财产分配；如果所有的儿子均在父亲之前亡故，就由全体第三代平分财产。还规定，未婚男被允许比已婚男多得财产，以用于其未来的婚聘开支。“诸子”不但包括正妻所生的嫡子，也包括妾所生的庶子，后者虽然在家庭中的地位远不如前者，然而为了保证后代均有发展空间，庶子与嫡子享有同等的继承权。

伴随着时代的演进，社会总财富增加，民众私有财产的积累也使财产流转频繁起来，制度伴随需求演进，古代民法对私有财产的保护也随之进化。比如宋代由于商品经济繁荣，民事活动活跃，财产继承制度比前代愈加完善。不但沿袭唐代“诸子均分”的规定，更进一步明确了继承人的范围和继承位序，对户绝财产的继承、妇女的继承权、遗嘱继承、异地死亡客商的财产继承等较为细致的问题也做出了对应性规定，形成了相对完善的制度。《宋刑统》规定“诸应分田者及财物，兄弟均分”，作为财产继承的一般性原则；规定遗腹子的继承份额与其他兄弟的继承份额相同，非婚后代（婚外子）也享有与其他兄弟同样的继承权，但前提是能自证身份；规定女性后代的继承权，“父母已亡，儿女分产，女合得男之半”，明确女儿可以得到相当于儿子一半的继承份额，这在女性地位较低的旧时代无疑是进步的。如果父母亡故，后代只有女儿，未婚女儿可得到总遗产的四分之一，而出嫁女可得三分之一，比例稍高意在鼓励其生育。不过，寡妇的继承权却受到限制，如果被继承人有子女，寡妇可以得到赡养，但不能随意处分自己的随嫁奁田，也不能将前夫遗产随意遗嘱与人；如果改嫁他人，就不能完全继承前夫的财产。关于户绝财产的继承，《宋刑统·户婚律·户绝资产》规定："户绝者，所有店宅、畜产、资财，营葬功德之外，有出嫁女者，三分给与一分，其余并入官。"关于继子的继承权，法律规定："立继者，与子承父法同，当尽举其产以与之。命继者，于诸无在室、归宗诸女，止得家财三分之一。"继子的身份不同，所享有的继承权也不同。关于遗嘱继承，宋朝法律规定了立遗嘱人的年龄、遗嘱形式、有效条件。南宋《户令》规定："诸财产无承分人，愿遗嘱与内外缌麻以上亲者，听自陈，官给公凭。"即遗嘱继承的效力小于法定继承。明朝的《大明令·户令》也是这样规定的：在分配遗产时，"不问妻、妾、婢生，止依子数均分"。至于现在婚姻法中所说的"非婚生子"，在明代被称为"奸生子"，也依旧享有继承权。《大明令·户令》规定："奸生之子，依子数量与半分。"这意味着奸生子的继承份额是婚生子的一半，但在没有其他婚生子的情况下，奸生子可以和所立"嗣子"均分财产；如果没有嗣子，奸生子就可以继承全部财产。清代沿袭了这一规定。至于女儿的继承权，唐代法律始有规定。唐律规定：已出嫁的女儿没有继承权，但未出嫁的女儿还有继承权，只是数额相对较少；无子的户绝之家，出嫁的女儿享有继承权。[1]

探讨继承方式，意在说明旧时代社会大系统优选出"均分遗产制"这一制度，其目的在于避免财富集聚。然而为了降低财产耗散，少子嗣会更好一点吗？答案恐怕是否定的。

拙政园被输于牌局之上，本身即特别值得探讨。拙政园对于家庭而言是共有财产，核心问题在于王献臣仅有一个儿子王锡麟，其女儿应均已出嫁（即便未嫁，也并不具备充分的继承权），丧失了财产处置的

[1] 李晓琴．中国古代财产继承制度的变化 [J]. 山东文学．2009(1):64-65.

话语权。传统框架下的“家”，不仅是所有家庭成员共同生活的物质场所，也是全体家庭成员共同维系生活的经济联系，简单地说即为“同居共财”。江南地区的家庭财产实际上是家族财产，由家长或家长指定的人进行管理。王献臣的家庭成员简单，从各种资料上来看，他一直牢牢地控制自己的家庭财富和物权。拙政园实际上只有一个人在管理，除了王献臣之子，王家可能已经没有拥有法定财产继承权的继承人了。

历史只能有一个真相，可是当我们无从认识这个真相的时候，便只有假设。很多人认为王献臣之子是个彻头彻尾的败家子，可真相未必如此简单。

王献臣没有养育更多的后代，王献臣之子凭自己一个“普通市井布衣”的力量，也很难维持得住偌大的家业。园林日常维护需要大量的资金，王献臣之子并没有一官半职，难以支撑如此之多的耗用。可能有读者会问：那他为什么不出售呢？事实上，这样的家当其实并没有足够相配的买家。若大胆猜测，或许王献臣之子和阊门外下塘徐氏徐少泉已经有了私下里的交易，表面上是牌局输赢，实际上是财产的免税过渡。当然，后来王献臣之子失园之后的生活不可避免地逐渐落魄。他逐渐淡出历史舞台，默默无闻直至终结。

后人的评价总带有成功学的偏见，不过在笔者看来，王献臣之子可能的确是个赌徒，但既然他押上拙政园，对方徐少泉能够押上什么与之匹及的赌注呢？这亦是个疑点。或许这个故事只是民间的猜测，在茶余饭后的闲聊中被有意或无意地夸大，补充了很多想象性的细节，恰巧被徐家后人徐树丕在《识小录》中记录了而已。对于注定守不住的家业，无论以何种方式丢失，都注定会长久地被人戏谑为“败家子”。

不过，因赌输园并非孤例，另有艺圃园主文震亨后人文坤。文坤嗜赌，荡尽其产，老贫无嗣，其园输于他人，并未得到善待，很快便荒芜殆尽。

徐少泉得到拙政园后，经营不过百年（至其第五代族人），再次转手。并不是徐家得到拙政园的方法并非公允正当，便注定了容易佚失，事实上，守业本身就非常困难。有如此多的江南古典私家园林，都在创园之后三代之内换姓流转，主要原因都在于家族后代的仕途不顺，难以形成足够的经济力量来支持偌大的园林。徐家取得拙政园的三十余年后，徐少泉去世，此园实质上即进入衰败。等到之后的园主王心一接管之时，已经破败成一片废墟。

王心一[1]和之前的王献臣虽然同姓，但并无亲缘关系。坊间有一种说法——王心一是王献臣的儿子，但这种说法相当荒谬，王心一于王献臣逝世后五十年才出生，而且，王心一和后来的王献臣家族也毫无关系。同姓只是历史巧合。王心一于崇祯四年（1631 年）购入拙政园的一部分（园林东部荒地），命名为“归田园居”。他著有《归田园居记》，即以描写此园而得名。例如，书中描述拙政园中的园林置石，“池南有峰特起，云缀树杪，名之曰缀云峰。池左两峰并峙，如掌如帆，谓之联璧峰”。此外还有一段描述拙政园中的兰雪堂：“东西则树桂为屏，其后则有山如幅，纵横皆种梅花。梅之外有竹，竹临僧舍，旦暮梵声时从竹中来。”这位有才情的侍郎复兴了王献臣的园林艺术趣味，新增了许多精致的建筑，比如兰雪堂。此时的拙政园胜景有秫香楼、芙蓉榭、泛红轩、兰雪堂、漱石亭、桃花渡、竹香廊、啸月台、紫藤坞、放眼亭诸胜，荷池广四五亩，墙外别有家田数亩。园中多奇峰，山石仿峨嵋栈道。据清雍正六年（1728 年）沈德潜作的《兰雪堂图记》，当时园中崇楼幽洞、名葩奇木、山禽怪兽，与已荡为丘墟的拙政园中部适成对照。直至道光年间，王氏子孙尚居其地，但已渐荒圮，大部变为菜畦草地。可惜王心一并未持有这个园林较长时间，二十年后，园林再次易手，而此时距离王心一去世仅六年余。

王心一所拥有的拙政园，其实并非现在的规模，大致仅为现在拙政园的东园部分，约 31 亩。这一部分也被游客认为较无传统私园的面貌，它拥有较大地块的草坪区域，更像一个现代公共园林。这也就意味着，王心一的心力大多已经逸散了。

清顺治十年（1653 年），陈之遴从徐泰时后人手中购得此园西园部

[1] 王心一（1572—1645 年），字纯甫，号玄珠，又号半禅野叟，吴县（今江苏苏州）人。万历癸丑年（1613 年）进士，仕至刑部左侍郎。山水画仿黄公望，笔墨秀逸。

分。陈之遴并未享用此园即客死于辽东谪所。陈之遴字彦升，号素庵，明崇祯十年（1637 年）进士，官居中允。崇祯十一年（1638 年），清兵入侵墙子岭，当时陈之遴的父亲陈祖苞任顺天巡抚，因驰援官军不及时被逮下狱而死。陈之遴于是被定调为“奸臣子”，即朝廷永不用其为官。他在顺治二年（1645 年）向清政府投降，被清廷授官，后来升至礼部尚书、弘文院大学士。陈之遴的书法技术精湛，世人认为他的字和董其昌相似，他曾为其妻写成《洛阳赋》长卷，有资料评价这一作品“风姿秀润”。他的继室夫人名曰徐灿，字湘苹，吴县人。据说有才气且貌美，擅长作诗填词，尤其喜欢长短句，有“道是愁心春带来，春又来何处”佳句传世，还有《拙政园诗余》三卷传于现代。顺治七年（1650 年），陈之遴作《拙政园诗余序》。另外徐灿还有古体诗 240 余首，嘉庆年间刻印成书。陈之遴得到拙政园后，苦于在任而长期未归，其园内景色，他仅于图中得见。顺治十五年（1658 年），陈之遴因为“结党营私”获罪，全家被贬谪至遥远的辽东尚阳堡地区，拙政园于是被地方官府收没。因为此前主人长时间不在家，无人修缮，当时该园已荒败不堪。官员认为其维修费用高昂，并无价值，亦不堪用，于是此后落个顺水人情，又发还给陈之遴之子陈直方。

陈直方一度被举为孝廉，得娶诗人吴梅村[1]的二女儿为妻。当年陈之遴在位时曾举荐吴梅村做官，称自己“欲虚左以待”，留好了位置给自己的亲家。但吴梅村刚到京城，恰逢陈之遴被谪戍远发。陈直方也在发配之内，虽年幼但未能得到宽免。吴梅村感叹生不逢时，只能作《咏拙政园山茶花》诗以寄情。陈之遴一家在苦寒塞外居住了十二年，其夫人徐灿与陈之遴诗词唱和以互相勉慰，但陈之遴最终死于塞外。按常例，尸骨难以归乡，徐灿极力向上请求，经历了不少挫折，勉强求得恩开，但她从此心灰意懒，再无诗词。

---

[1] 吴伟业（1609—1672 年），字骏公，号梅村，江苏太仓人。明崇祯四年（1631 年）进士，曾任翰林院编修、左庶子等职。清顺治十年（1653 年）被迫应诏北上，次年被授予秘书院侍讲，后升国子监祭酒。顺治十三年（1656 年）底，以奉嗣母之丧为由乞假南归，此后不复出仕。吴梅村是明末清初著名诗人，与钱谦益、龚鼎孳并称“江左三大家”，又为娄东诗派开创者。长于七言歌行，初学“长庆体”，后自成新吟，后人称之为“梅村体”。

陈直方担任并无“油水”的虚职，无力支持拙政园的修葺工作，待价数年也不得出手，于是他在1662年报官请求收回拙政园，该园再次充公。康熙初年，该园曾作为驻防将军府和兵备道行馆，官方建造了相应的建筑。其后又破败，官方认为这一场地不具价值，于是再次还给陈直方。后来陈直方将其以极低的价格售与吴三桂的女婿王永宁（这是拙政园第三次归于王姓）。

王永宁于此园多次大兴土木，堆山挖池，园状较之前代大有改变。但王永宁也因为吴三桂兵变受到牵连，康熙十八年（1679年），拙政园再次被官方查没。由于此时拙政园已经大有改观，政府于是将其改为苏松常道署。王永宁时代的拙政园面貌与文徵明图记中所描述的已经大不相同，其“园内建斑竹厅、娘娘厅，为三桂女起居处。又有楠木厅，列柱百余，石础径三四尺，高齐人腰，柱础所刻皆升龙。又有白玉龙凤鼓墩，穷极奢丽”。王永宁常在园内举办盛宴，令家姬演剧，时人有“素娥几队出银屏”“十斛珍珠满地倾”之句。后因吴三桂举兵反清，大树将倾，巢鸟惶恐，王永宁于恐惧间心力交瘁而亡，随即家产也被籍没，园林中的雕龙柱础及楠木柱石等全部运往京师，成为皇家园林的材料。陈其年曾有诗云“此地多年没县官，我因官去暂盘桓。堆来马矢齐妆阁，学得驴鸣倚画栏”，可见园中的破败景象。

康熙十八年，拙政园改为苏松常道新署，参议祖泽深将园修葺一新。康熙二十三年（1684年），康熙南巡曾来此园。同年编成的《长洲县志》中记载：“廿年来数易主，虽增葺壮丽，无复昔时山林雅致矣。”乾隆三年（1738年），蒋棨收购了拙政园，变动了园中布置和规模，东部庭院被切分为中、西两大部分。但他死后，园林再次荒僻。拙政园后来又经历了叶士宽[1]、吴璥[2]、张之万[3]、张履谦[4]、李经羲[5]等，历史风云变幻，园林主人也如走马灯般变换，其间又经历无数战火。咸丰十年（1860年），太平天国运动时期，忠王李秀成夺得此园，将其作为苏州的政治中心，名曰忠王府。太平天国覆灭后，富贾张履谦于光绪三年（1877年）购得拙政园，曾经一度将其更名为“补园”。补园时代的拙政园缩小至仅12000平方米。尽管如此，张履谦仍大举进行了比较细致的装修，几乎成为今天拙政园的基础。

有人把这种沧桑变迁、屡易其主、几度兴废的现象归于拙政园景色虽美但风水不好，至于其门对桥路、入门假山等说辞无外乎是“事后诸葛”。也有人说“拙政园”名字本身不祥，可是这个园林在历史上常常并非唤作此名。从上述历任园主不难看出，购入的价格多并不特别高昂，其本质在于拙政园的后期消耗太大，甚至超出了富裕人家的承受能力。事情就是这样，一代人能够取得成功，并不保证其后代同样出色，况且时代中的人如同砂砾，不得不伴随着时代的巨浪沉浮。旧时的文人历来死守圣贤，并不重视财富管理能力的培养，刻板地遵循学而优则仕的单一路径，然而若不能为官，就难以有丰厚和稳定的收入，也就无法长时

---

[1] 叶士宽，字映庭，吴县人。康熙五十九年（1720年）中举。先后任山西定襄知县，潞安、绍兴、金华知府等职，为士民称道。任金华知府时，郡人为之立生祠。著有《浙东水利书》。他买下了已散为民居、荒凉满目的拙政园西部，加以修葺，还新筑了拥书阁、读书轩等建筑，定名为“书园”。登拥书阁四望，景色如画，有北禅香市、古塔晴云、春城夕照、晚市钟声、野圃疏香、北郭归帆、戴溪月色、双沼荷风、秋原获稻、阳山积雪十景，叶士宽之子树藩与其甥赵怀玉曾作“十咏”记之。

[2] 吴璥，字式如，浙江钱塘人（一说平湖人）。乾隆四十三年（1778年）进士。曾总督河务。嘉庆末年，拙政园中部归吴璥所有。由于他长年在外做官，无暇修葺经营，日久池馆萧条，满目荒凉。

[3] 张之万，字子青，号銮坡，直隶南皮人。道光二十七年（1847年）中状元，官至东阁大学士。他的绘画继承家学，山水得王时敏神髓，为士大夫画中逸品。书法精小楷，唐法晋韵，兼擅其胜。与同代画家戴熙交往相契，人称“南戴北张”。同治十年（1871年），张之万任江苏巡抚时，住在拙政园东部宅园。他爱拙政园幽旷雅致，略加修葺。曾作《吴园图》十二册，绘园中胜景十二出，并请李鸿裔一一题诗。后张之万升任浙闽总督，以价银三千、修理银二千，汇交藩库，于同治十一年（1872年）一月将拙政园改为八旗奉直会馆。

[4] 张履谦，字月阶，苏州人，自号无垢居士。他家祖辈经商，本人以经营盐业发家，后又在东北街（今苏州博物馆新馆处）开保裕典当。张履谦于光绪三年（1877年）正月，用六千五百两银子买下了原属汪云峰、汪锦峰兄弟的迎春坊房宅和宅北园地，园东即是拙政园中部。张履谦加以修建，取名为“补园”。

[5] 李经羲，字仲仙，李鸿章之侄，曾任云贵总督。1920年购得拙政园东部住宅，作退隐之所。

间维持极度“烧钱”的园林。江南古典私家园林的不幸也就在于其身处旧时，而园林的不幸同时内含园主的人生失落，易主是注定的悲剧。

从这个角度来说，拙政园是个很好的观察样本。

三、狮子林高僧

上述园主可归类为两个类型，徐泰时可归于“富二代”，王献臣可归于“官二代”，然而，狮子林的园主却另成一类，有独到之处。

元至正元年（1341 年），僧人天如禅师来到苏州讲经，受到弟子们拥戴。因为高僧喜欢苏州的天气、环境及风物，于是决定长期在苏州弘法。翌年，其弟子们购置苏州城东业已废弃荒僻的宋朝官宦的园地，为天如禅师建禅林。最初的名字是“狮子林寺”，后来改名为“普提正宗寺”“圣恩寺”。佛经有记载，“元末名僧天如禅师惟则的弟子‘相率出资，买地结屋，以居其师’”。当时因为其内“林有竹万箇，竹下多怪石，状如狻猊（狮子）者”，又因天如禅师惟则得法于浙江天目山狮子岩，为了纪念佛徒衣钵与师承关系，唤名为“师子林”。后来经过信众口口相传，产生音写错误，传为“狮子林”。也因为佛学经典中有“狮子吼”[1]一语，且园中很多假山置石的外形酷似狮形，其命名即被固定下来。明洪武六年（1373 年），据说时年 73 岁的倪瓒途经苏州时，参与了狮子林的修葺，又题诗作画，绘成《狮子林图卷》。由此可知从 1342 年开始，至少到 1373 年，近 30 年的时间，狮子林都处在不断的建设中。然而自天如禅师圆寂之后，其信众弟子逐渐散退，寺园无人打点，蔓藤覆盖山石，竹木肆生，逐渐荒芜。

狮子林最开始是寺庙，而寺庙园林属于公共园林类型，其中各种园林要素具备，只是功能较私家园林更为公共化。明万历十七年（1589 年），某“明”姓和尚托钵广布善缘，筹得资金重新建造狮子林圣恩寺，数年后重现其昔日景象，这座原先的圣地方重见天日，时间竟隔了

[1] “狮子吼”指禅师传授经文时声音清澈洪亮。

二百年。

到康熙年间，寺、园功能开始分开，此后其园林部分换了好几任主人。衡州知府黄兴仁于1738年前后买下该园，取名为“涉园”。黄氏家族拥有此园前后大致170余年。其次子黄熙于乾隆三十六年（1771年）中状元，成为家族中的大喜之事，于是黄家精修府第，重整庭院，再取名为“五松园”。狮子林面貌焕然一新，进入到新的周期。

狮子林的面积较前述两个园林小得多，园主黄兴仁的家族却比较“争气”。黄兴仁字元长，号蔼堂，安徽休宁人；其长子黄腾达字云驹，曾任翰林院庶吉士，后任工部屯田司主事、御史等。次子黄轩字日驾，号小华，曾任翰林院修撰，后任川东道台，督办军粮时因劳累过度死在运粮途中。黄兴仁还有第三个儿子黄腾骧，乾隆五十一年（1786年）中举人，授安徽庐州府训导。到黄氏第三代，家道逐渐衰微，但是倚仗乾隆皇帝六次光临的福照，或者是历任官府的照应，黄氏坚持了近170年，是单个家族持有园林时长的冠军。即便如此，园子荒僻时仍然逃脱不了凄惨的光景。光绪十二年（1886年）进士陈昌绅有诗，题为《狮子林今为吴中黄氏废园》。

乾隆三十六年（1771年），也就是黄轩高中状元那一年，皇帝耗资十三万两白银，于圆明园长春园内仿建了一处“狮子林”，其中假山“令吴下高手堆叠”，并特别指出要“此间丘壑皆肖其景（苏州狮子林）为之”。“因教规写闾城（苏州）趣，为便寻常御苑临”，乾隆喜欢苏州的狮子林，想把这座园林时刻留于身畔，大概出于同样的想法，乾隆于四十三年（1778年）又在承德避暑山庄建成文园狮子林，共耗银约七万两。值得玩味的是，乾隆接连临摹了两幅倪云林《狮子林图》，放在这两处园林中。一时间中国竟然出现了三处狮子林，达成了“三狮竞秀”的有趣局面。

狮子林原本是寺观园林，园因寺而得名。在佛学教义中，佛被称为“人中狮子”，狮子是佛祖盘坐的台，泛指高僧说法的坐席（《西游记》中通俗化为狮子坐骑），“林”的意思是禅寺，因此狮子林这个名词本身即为宗教用语。禅僧以参禅、斗机锋作为得道修为的方式，不念佛，不拜佛，甚至有时候呵佛骂祖，所以狮子林不设佛殿，而建筑题名都寓以禅宗特色。如立雪堂，为讲经说教之地，其名来自慧可和尚少林立雪[1]的故事。再如卧云室，为僧人休息居住的禅房。又如指柏轩、问梅阁等，是以禅宗公案命名。可见，狮子林是中国园林与宗教相互影响的例证。

旧时代的中国古典园林中，就开放的公共性质来说，寺观园林最为显著，如灵隐寺、寒山寺、普救寺等，但它们都还保留寺庙的特征，具有浓厚的宗教色彩。唯有狮子林，始发于佛教寺院，先公后私，历经沧桑，又数易其主，经过扩建和修葺，已全然看不到任何一点寺院的痕迹。到了最后一代园主贝氏时，狮子林俨然成为一座典雅的江南古典私家园林，但它仍然具备公共园林的性质，这也是狮子林的独特之处。

四、寄畅秦氏

寄畅园因为秦姓长期拥有，所以又名“秦园”。其园址在元代时曾

[1] 达摩祖师在少林修禅时，慧可为拜师在门外站了一个晚上，积雪没膝，后被达摩祖师收为弟子，修成正果，成为禅宗二祖。

作为僧舍两间，各名为“南隐”和“沤寓”[1]。这和前述的狮子林有相仿之处。

明代正德年间（1506—1521年），北宋词人秦观后裔秦金购惠山寺僧舍“沤寓”，并在原僧舍基址上进行扩建。他凿池掇山，栽花植木，建造别墅，开辟成私家园林，起名为“凤谷行窝”。

秦金，字国声，号凤山，1467年生。其父亲秦霖是私塾先生，秦金年少时即刻苦读书。成化二十二年（1486年）中举人，弘治六年（1493年）中进士，弘治八年（1495年）任户部福建司主事，督办京城太仓粮储，不久升河南司员外郎，后晋升山西司署郎中。正德元年（1506年）授户部四川司郎中。正德九年（1514年）授都察院右副御史，巡抚湖广。正德十五年（1520年）升为户部右侍郎。嘉靖元年（1522年）改任吏部左侍郎，负责“京察”事宜。后因言官弹劾，复调户部左侍郎。嘉靖二年（1523年）升任南京礼部尚书，不久调任南京兵部尚

[1] 此说仍有争议，主要有三种说法。其一为南隐、沤寓说。明代王永积《锡山景物略》卷四：“园在惠山寺左，古凤谷行窝也。为僧房二，一曰南隐，一曰沤寓，元僧天然、明僧道瑨分居之。”光绪年间《无锡金匮县志》载：“寄畅园……明正德中秦端敏公金并二僧舍曰南隐、沤寓者为之。”《无锡园林志》采用此说，但把南隐、沤寓都说成是元时僧舍。其二为沤寓说。清代邵涵初《慧山记续编》卷二的附录园墅载：“寄畅园……明秦端敏金，以沤寓房僧舍改为之（旧志谓并南隐、沤寓两僧舍为之。根据《慧山记》：‘南隐在白石坞北。’又载黄公涧左，龙泉房右，地址不符）。”无锡史志办编写的《无锡惠山志》认同此说，亦把沤寓说成是元时僧舍。其三为南隐即沤寓说。清代高晋、萨载、阿桂等编《南巡盛典》卷八十五名胜载：“寄畅园在惠山之左，初本僧寮，曰南隐，又曰沤寓。”笔者查阅相关资料得知，明代谈修《惠山古今考》卷一对惠山的十四处僧房的名称、位置、居住者都写得很清楚，南隐、沤寓都在其中。其对于南隐的记载：“白石坞北曰南隐房，元僧天然始居之，今为秦氏园居。”与秦金同时代的邵宝，与僧圆显共著《慧山记》，其中载有南隐房，其时该房由圆显居住。圆显又字知微，故南隐房又名知微山房。圆显寿至80余坐化。到谈修时，为秦氏园居。秦金去世时，谈修9岁，时代较接近，因而谈修所述情况是可信的。关于沤寓，谈修的记载是：“山门内左曰沤寓房，成化间住持道瑨退居。后有案墩，临重街。周文襄公谓寺缺青龙，因以毁殿瓦石，聚而成之，今为凤谷行窝。”其位置临重街，即秦园街（横街），居住者为明成化年间僧道瑨，至谈修时已为凤谷行窝。这里有两个问题值得注意：一是南隐、沤寓距离较远，南隐在白石坞北，而沤寓则在今寄畅园位置；二是南隐原为元僧天然所居，后为“秦氏园居”，而沤寓原为明僧道瑨所居，后为“凤谷行窝”。后人将南隐作为凤谷行窝前身的原因，是误将“秦氏园居”作为凤谷行窝。其实，秦氏园居就是秦家在惠山白石坞的一处别墅，与凤谷行窝是两回事，否则，谈修不可能在同一篇文章中将一处园墅写成两个名称。又据《无锡园林志》卷一寄畅园载：“秦梁另有春申别墅在黄公涧。”黄公涧在白石坞，则秦氏园居很可能就是春申别墅。由此可见，邵涵初的见解是正确的，凤谷行窝的前身是沤寓房，明成化间僧道瑨居住，后由秦金改建为凤谷行窝。邵涵初对《慧山记》作了精心校勘，使其更臻完善，可见一斑。至于第三种说法，即《南巡盛典》的南隐即沤寓说，将两座僧舍混而为一，看来是错误的。

书。同年冬，又被召为户部尚书。嘉靖六年（1527 年），秦金辞官告老还乡，在惠山寺山门右街建造“凤谷行窝”，并与邵宝、陈石村等人恢复碧山吟社，定期举行诗会。嘉靖十年（1531 年），朝廷复起用他为工部尚书，后进太子少保。次年升太子太保，改任南京兵部尚书。嘉靖十五年（1536 年），秦金回到无锡，住城内西水关“尚书第”。时称他为“两京五部尚书，九转三朝太保”。嘉靖二十三年（1544 年）秦金病逝，终年 78 岁，葬胡埭归山，赠少保，谥端敏。秦金著有《凤山奏稿》《凤山诗集》《通惠河志》《安楚录》等，其一生可谓官运亨通。

秦金时代的寄畅园布局较为简单，园林中有高峰、曲涧、幽石、长松、僻径和流泉（即二泉）。“凤谷”是取自园主的别号，并与惠山之别名龙山相对应。“行窝”即别墅。因此，寄畅园从创建之初即为一所山麓别墅型园林，不同于江南常见的城市宅园。园中还多有古木。园林初建成之时，秦金曾作诗：“名山投老住，卜筑有行窝。曲涧盘幽石，长松罥碧萝。峰高看鸟渡，径僻少人过。清梦泉声里，何缘听玉珂。”秦金身后，此园为其族侄秦瀚及秦瀚之子江西布政使秦梁继承。秦金并不是没有男性直系后代[1]，但他选择把置办起来的家业传于氏族内的强者。这其实是中国古代家族物权传承的典例，将财产归于较强的后代，更有机会将家业传承下去。

秦瀚于嘉靖三十九年（1560 年）夏“葺园池于惠山之麓”，园名为“凤谷山庄”。此时的寄畅园事实上归属于秦瀚和秦梁父子。秦梁字子成，号虹洲，沉静寡言，勤奋好学，嘉靖二十六年（1547 年）中进士，任南昌府推官。嘉靖三十七年（1558 年）升任南京太仆寺少卿，后又升任鸿胪寺卿。嘉靖四十一年（1562 年）调山东按察司副使。嘉靖四十三年（1564 年）春，官升浙江提学副使，督学浙江。翌年，升湖广按察使，次年授江西右布政使。值此其父病危，秦梁未上任而回家侍父，从此再未出仕。在家的最后十二年中，他笔耕不辍，编辑了秦夔的纪念文集，再版了秦金的《湖广平叛》，应知县之请修订了《无锡金匮县

[1] 秦金生二子，长子秦泮、次子秦汴。秦泮英年早逝。秦汴字思宋，号次山，钟爱刻书收藏，为明代著名藏书家。

志》。万历六年（1578 年），秦梁病逝。

秦梁卒后，寄畅园改属其侄（秦梁也没有将园传于自己的直系后代）都察院右副都御史、湖广巡抚秦燿所有。秦燿，字道明，号舜峰，嘉靖二十三年（1544 年）生。嘉靖四十三年（1564 年）中举，隆庆五年（1571 年）中进士。万历二年（1574 年）授兵科给事中，后补为刑科给事中，不久升吏科都给事中。万历十年（1582 年）授太常寺少卿，不久改任光禄寺卿、佥都御史，巡抚南赣。此间，平定南赣一带叛乱。万历十七年（1589 年）擢升都察院右副都尉使，巡抚湖广。万历十九年（1591 年）被诬解职。他心情惆怅，只能寄情于山水，借王羲之"寄畅山水荫"诗意，改园名为"寄畅园"。

清顺治末康熙初，秦燿曾孙秦德藻对寄畅园加以改筑，延请当时的造园名家张涟（字南垣）和他的侄儿张轼精心布置，掇山理水，疏泉叠石，园景益胜。雍正初年，秦德藻长孙秦道然因受宫廷斗争（被诬陷为秦桧的后裔）株连入狱，园被没官并割出西南角建无锡县贞节祠。乾隆元年（1736 年），幸亏秦道然的第三个儿子秦蕙田殿试中探花，入直南书房。第二年痛上《陈情表》，道然获释，园被发还，由秦氏家族中最富有的德藻二房孙子秦瑞熙斥资白银 3000 两，照旧营构，独立鼎新，保存古园。

乾隆十一年（1746 年），秦氏宗族商议说"惟是园亭究属游观之地，必须建立家祠，始可永垂不朽"，如此则更加确定了寄畅园的公共属性。将园内"嘉树堂"改名为"双孝祠"，标志着寄畅园成为祠堂公产，故其又名"孝园"。即便此园林被外人垂涎，得益于整个秦氏家族对其共有物权，外人介入的难度也极大地增加了。自康熙二十三年（1684 年）到乾隆四十九年（1784 年）的一百年间，康熙与乾隆皇帝共计十二次巡游江南，每次均游该园，使其声名大振，许多文人也因此留下了数量繁多的诗章、匾联。乾隆认为"江南诸名胜，唯惠山秦园最古"，且"爱其幽致"。乾隆首次南巡，即指定寄畅园为巡幸之所，他尤其喜欢寄畅园的清雅安静，命随员绘图以归，在北京清漪园万寿山的东北山麓仿建"惠山园"，即现在颐和园中的"谐趣园"（于 1811 年改名）。乾隆在北京接连仿建了他最喜欢的五处江南私家园林，其余四处逐渐毁弃，不复存在，仅惠山园得以保存。咸丰、同治年间，寄畅园建筑多次毁于兵火，但每遭重创后又被补葺如新。如今寄畅园中尚保存康熙题写的“山色溪光”和乾隆题写的“玉戛金枞”[1]御书石匾额各一方。1952年，秦氏后裔将此私园整体交付给国家，保护性修复工作随即开展。后原贞节祠被移入园中，形成了今日的“秉礼堂”小巧庭院。之后又陆续重修了九狮图石，重建了梅亭、邻梵阁、嘉树堂等。

寄畅园自始至终没有更名换姓，其原因不外乎以下三点。其一，寄畅园秦氏在家族早期仕途方面形成接力的情况下，其遗产继承不拘泥于“亲亲”继承的模式，而遵循“尊尊”模式，使得“强者恒强”，如此能够有效地将寄畅园良好地传承于氏族之内；其二，从始至终，寄畅园园主秦氏均在仕途方面比较顺畅，其子孙在官场上有出色表现，能够长时间甚至终身在任；其三，寄畅园秦氏逐渐把私家园林转化为氏族内部的公共财产，使私有性质转变为半公有性质，其物权稳定性达到比较高的程度。这种“舍小家为大家”的想法，在旧时代实在算比较先进了。

行文至此，不得不联想起王献臣，拙政园无数次物权流转中的那首次换手，王献臣的智慧和运气与寄畅园秦氏相比，高下不辩自明。倘若王献臣子孙昌盛，或许尚可多坚持若干年；或假设他豁达慷慨，将拙政园传于亲族内的佼佼者，说不定也能掀开另一番景象。可惜历史无法假设，车轮滚滚向前，永不复返，如此假设也不过是隔空虚叹。

五、瞻园徐氏

瞻园始建于明初，是现存的江南古典私家园林中的“高寿者”，至今已有六百余年的历史，也是南京现存历史最为悠久的一座江南古典私家园林，被列入“江南四大园林”，有“金陵第一园”的美誉。新中国成立后，瞻园公有化并进行了多次扩建，形成了今天的空间规模和格局。

[1] 玉戛指流泉，金枞指假山。

1960年，南京市政府委托刘敦祯先生组织对瞻园进行全面的规划、整理和建设工作，一期工程于1966年结束，对瞻园西部进行了全面修缮。1985年，瞻园二期东扩，此工程仍以1960年刘敦祯先生绘制的图纸为基础，由叶菊华先生担任总工，修建楼、台、亭、阁13间，增加园林面积近400平方米。此次东扩使得东西两园合二为一，部分恢复旧日瞻园的风光。2007年5月瞻园再次启动第三期扩建工程，将瞻园向东至教敷营延伸，向北至教敷巷扩展，扩建部分占地面积近10000平方米。

明朝初年，天下慨然又为一统，人心思安，也是犒赏有功之臣、享受征战果实的时节。朱元璋犒赏号称“第一功臣”的徐达，因其“未有宁居”，于是特别给中山王徐达建成了这所府邸花园。因为有皇权加持，所以纵贯明代，该园林均归属于徐家。后经徐氏七世、八世、九世三代人（此三世有传可能并不是徐达的嫡系后人）的修缮与扩建，至万历年间，瞻园已初具规模。

“破虏平蛮，功贯古今人第一；出将入相，才兼文武世无双。”明太祖朱元璋曾这样评价自己的开国功臣徐达。《明史》记载：“徐达，字天德，濠人（今安徽凤阳附近），世业农。达少有大志，长身高颧，刚毅武勇。”元至正十三年（1353年），他参加朱元璋的起义军，与常遇春同称“才勇无双”。战乱中，徐达跟随朱元璋屡败陈友谅、张士诚军。元至正二十七年（1367年）九月，朱元璋大军攻陷平江（今苏州），俘虏张士诚及其兵勇将士二十五万，班师他处后封徐达为信国公。明洪武三年（1370年），徐达率兵从潼关出，前往定西（今属甘肃）进剿元将扩廓帖木儿，激战后，大败元军，擒郯王、济王及文武官员一千八百余人，士兵计八万六千余人。徐达因战功升至中书省右丞相参理国事，进而晋封为魏国公。徐达有四儿三女，九个孙子。徐达身故之后，其长子徐辉祖继承徐达的爵位。其幼子徐增寿在明成祖朱棣起兵南下进攻南京时被建文帝处斩，后来被朱棣追封为定国公。徐达的三个女儿均嫁于朱元璋之子，长女嫁于成祖朱棣，二女嫁于朱桂，三女嫁于朱楹。朱棣称帝后，徐妃被册立为皇后，一时间，徐氏家族可谓显赫至极。

但天下初定的新鲜劲头一过，旧君主政权的局限性就暴露无遗，

“兔死狗烹”的时刻如期而至。朱元璋为了巩固自己及子孙的统治，一方面将儿孙分封到各地做藩王，另一方面开始着手“处理”开国老臣。为了避免受到株连，徐氏族人随即逃难，瞻园一度荒僻。因原太子朱标不幸早薨，洪武三十一年（1398年），其嫡子朱允炆即帝位，随即采取了一系列削藩措施，导致皇族内部矛盾迅速激化。建文元年（1399年）七月，燕王朱棣起兵反叛，三年后攻破应天，战乱中建文帝下落不明。同年，朱棣即位，大肆杀戮曾为建文帝出谋划策及不肯迎附的文臣武将。这时，瞻园借着与皇亲的关系得到修复。虽然如此，徐氏一族有很多人因曾作为建文帝的文武部将受到牵连，徐达的一个孙子“贵八公”和他的两个兄弟开始了漫长的逃难。《徐氏宗谱》四修序中有记载：“吾徐氏自贵八公分支避明初靖难兵，由姑苏昆山，迁至如皋东掘港场西北乡银杏村，而卜居为传十有余。”徐氏后人徐永德谈及家族中流传着一种说法，贵八公兄弟三人从南京一路向东，途经苏州阊门、昆山，最后到达如东。来到如东后，兄弟三人分别散落在滨山（现如东县掘港镇）、丰利及栟茶。如今，徐氏成为如东一大姓，以栟茶一带最为密集，名人迭出，极为兴旺。

明初国力尚未恢复，皇帝也极力推崇简单朴素，禁止功臣府第宅后“构亭馆，开池塘”，但朱元璋念功臣徐达“未有宁居”，网开一面，特给徐达建成府邸花园。限于当时的经济情况，此园应该是比较朴素的状态。后来很长一段时间，此园几近荒废，直至嘉靖初年，徐达七世孙徐鹏举全面再造。此人官至太子太保，他“征石于洞庭、武康、玉山；征材于蜀；征卉木于吴会”。因园紧邻赐第，遂称“西圃”。又经徐氏八世、九世两代人修葺拓扩，特别是九世魏国公徐维志，至万历年间，瞻园才初具规模。

瞻园徐氏因为较靠近权力中枢，少有资料记载，这也导致其常被戏说或文学化描绘，以满足后人的想象。瞻园自明代建园，至清代时已几经盛衰兴废，山水建筑格局发生了很大变化。我们现在看到的，其实是新时期的修复建设，旧时期的遗存只能从文字资料上去寻找了。

王公贵族的私家园林因为政治权力而得到非同一般的庇佑，豢养着非同一般的特权阶层。其维护经费来自其特别的权势，甚至并不要求家族的努力。这样的园林在旧时代保持多代，实则需要百姓的血与泪汩汩浇灌，只能是社会之累，或者说是社会机体的某种恶性病症。

明代的瞻园已经无存，大致只能从万历十六年（1588年）王世贞在《游金陵诸园记》中对瞻园的记录得窥其貌："盖出中门之外，西穿二门，复得南向一门而入，有堂翼然，又复为堂，堂后复为门而圃见。右折而上，逶迤曲折，叠磴危峦，古木奇卉，使人足无余力而目恒有余观。下亦有曲池幽沼，微以艰水，故不能胜石耳……至后一堂极宏丽，前叠石为山，高可以俯群岭，顶有亭尤丽……"清康熙年间的《江宁县志》也有一些关于"西圃"的记载，与王世贞的描述雷同。可惜仅凭这些文字，还难以形成对瞻园的整体印象。

顺治二年（1645年），清廷设江南行省，瞻园作为江南行省左布政使署、安徽布政使署官邸。乾隆二十五年（1760年），安徽布政使署迁安庆，在此新设江宁布政使署，瞻园从此开始由封闭的私人宅园变为半开放型衙署花园。乾隆第二次巡视江南（1757年）时曾光临此园，并题写"瞻园"匾额。咸丰三年（1853年），太平军攻陷南京，瞻园被东王杨秀清占为住府，后来又被夏官副丞相赖汉英作为衙署、幼西王萧有和作为住府。太平天国这个缺乏政治精英的"庞然大物"，伴随着诸王盲目自大、腐化堕落、僵化顽固的意识形态，轰然坍塌的速度好似其轰然崛起的速度。同治三年（1864年），清军夺取南京，在战乱中，该园全毁。同治四年（1865年）和光绪二十九年（1903年），瞻园两次进行了重修。民国后，瞻园先后被作为江苏省长公署、国民政府内政部、水利委员会、中统局、宪兵司令部看守所等机构的办公场所，你方唱罢我方登场，好不热闹。瞻园历经侵削，范围逐渐缩小，花木遭到砍伐，置石被当权者转移。虽多次修葺，但均不能恢复其大观模样，如此两朝显赫园林，1949年前沦为败庑荒草之地。

今人所见的瞻园，是1959年后中华人民共和国政府复建的。今天，瞻园面积约20000平方米，保留了原来的大部分格局，充分运用传统江南古典私家园林的经验样式和研究成果，同时也创造性地推陈出新，继承并精进了中国优秀的造园文化艺术。首期修复历经6年，重新置买太湖石多达1800余吨，瞻园面貌全面复新。其后，又从1985年开始第二期修复工程，于1987年竣工。扩建后的瞻园将东西园合二为一，园林各个要素布局既保留了传统私家园林风格，也吸取了现代造园艺术的精华，瞻园迎来了自己的新生。

第二节　人及园

一、退思园

退思园位于江苏省苏州市吴江区同里镇，现在是同里古镇景区的独立景点，需购票进入。该园始建于清光绪十一年至十三年（1885—1887年），历史并不悠久，但因较少经历大修，最大化地保留了初建时的原貌。退思园第一任园主名为任兰生，字畹香，号南云。光绪十年（1884年），被内阁学士周德润弹劾，罪名为“盘踞利津、营私肥己”，此史实白纸黑字，真实性毋庸置疑。任兰生于光绪十一年（1885年）正月被正式处分丢官，回乡之后，他花十万余两银子建造了宅园，取名退思。

同样数额的货币，在不同的时代购买力并不相同。单从数字来看，即便看似很大的数值，可能读者也并无直观的感受。那么，我们有必要考察，建造退思园的十万两银子在当下到底折合成多少钱。

清代光绪年间官员的收入情况可见表3-1、表3-2：

表3-1　清光绪年间文官收入情况一览

文官品级	年俸（两）	年禄米（斛）	年养廉银（两）	折合成人民币（元）
一品	180	180	16000（总督）	290万
二品	155	155	13000（巡抚）	236万
三品	130	130	6000（按察史）	112万
四品	105	105	3700（道员）	70万

续表

文官品级	年俸（两）	年禄米（斛）	年养廉银（两）	折合成人民币（元）
五品	80	80	2400（从四品知府）	46 万
六品	60	60	1250（从五品知州）	25 万
七品	45	45	1200（知县）	23 万
八品	40	40	0	2.1 万
九品	约 33	约 33	0	1.8 万
未入流	约 31	约 31	0	1.1 万

注：俸禄在旧时代是分为两个部分的，我们现在习惯地把它看成一体了。俸是以货币形式给付的，而禄是以实物形式给付的。这两个部分的给付实际上相当灵活，根据具体的情况而定。当农业丰收时，特别是地方官员，实际上禄的部分扩大，用以部分抵充俸的部分。一般来说，俸和禄的价值量相当。

表 3-2　清光绪年间武官收入情况一览

武官品级	年俸（两）	蔬菜烛炭银（两）	灯红纸张银（两）	养廉银（两）	折合成人民币（元）
一品	609	180	200	2000（提督）	52.3 万
二品	599	140	160	1500（总兵）	42.0 万
三品	243	48	38	500（参将）	14.5 万
四品	141	18	24	260（都司）	7.8 万
五品	90	12	12	200（守备）	5.5 万
六品	49	0	0	120（千总）	3.0 万
七品	36	0	0	90（把总）	2.2 万
八品	40	0	0	0	0.7 万
九品	约 33	0	0	0	0.58 万

注：比较两表可以看出，武官的收入较文官逊色很多。九品武官的年收入大概等同于同时代农民收入的 1.5 倍，和文官的“未入流”级别相当。以上两表数据出自《清史稿》和《剑桥中国晚清史》。

清代的一两银，并非现在的 50 克，而是相当于 31.25 克。当时的一两银子折合成人民币大约是 175 元。

至于同时代一般农民的年收入如何，各种文献说法不一，最少仅2两，最高的达30两左右，大多数资料则显示在12两左右。这个收入水平只能算是勉强糊口。这些文献包括清代及民国时期的各种研究，也包括各地的地方志略。有一些资料忽视了农民需要缴纳的地租，《剑桥中国晚清史》下卷中说“19世纪80年代上报的现金地租每亩从0.6到2.66两不等……租佃的真正负担在于地租以外租佃契约中的其他规定”。费正清先生在此并不是要说明清末时期中国农民的悲惨生活，事实上他是在说，即便农民承受如此负担，但“农业制度自始至终稳定，而不是偏离传统的标准而上下波动”，虽然“这种平衡被维持在构成中国人口80%的绝大多数农户所过的很低的生活水平上”。

那么我们就需要进一步关心农民交的地租，及其占据其务农收入的比例是多少。在《中国农业史》一书中，作者吴存浩写道“地租以货币或实物交付……如果缴纳实物，则地租一般为主要作物的50%”。若农民将实物先兑换成银，其间可能承担货币波动的风险，操作不当或纯粹的运气不佳，就可能导致比起缴纳的实物地租，实际缴纳的更高。在交租时，这种兑换内的亏空也应该考虑在内。再有，风调雨顺并非常态，江南地区乃至全国其实都自然灾害不断，大多会导致农业减产甚至绝收。总之，各种资料都显示，基层的农民被形容为生活在水深火热之中并不为过。

让我们回去再看看任兰生的情况（见表3-3）。他21岁投入军营，因功受奖，升为九品官职。同治三年（1864年），27岁的他捐升同知候选，后投安徽巡抚乔松年，30岁晋升道员，不久加布政使衔，驻防寿州。光绪三年（1877年）官至代理凤（阳）颍（州）六（安）泗（州）兵备道。光绪五年（1879年）正式担任这一职务。

表3-3　任兰生生平薪资估算情况一览

年龄段	担任官职	其间总收入银（两）估算	备注
21岁前			21岁参军
21—27岁	九品	198.68	假设从军就受奖

续表

年龄段	担任官职	其间总收入银（两）估算	备注
28—30 岁	同知，五品	942	候选
31—40 岁	道员，四品	4430	小官加高衔，加个虚衔的意思，并不实际增加品级和工资
41—44 岁	道员，四品	1772	官阶并未提升
45—47 岁	代理按察使，三品	2487	
51 岁身故		9829.68（合计）	

任兰生一辈子能够挣得的账面薪资，已经在上表中列出，其他收入未计入。考察任兰生的生平并粗泛计算他的薪资可知，退思园耗资和事实上他的收入并不匹配。

旧时代的官员和现代的官员在收入和开支方面迥然有别。现代官员的薪金收入百分之百归属其个人，而且，他们并不需要支付薪酬给那些常年配合其工作的人，比如司机、秘书等；而旧时代的官员，其全部收入，包括他的俸禄，需要养活一大批人员。比如他的家人（妻、妾、老、小）、交通服务人员（轿夫）、秘书（师爷兼管家）、女佣、厨师、采买，以最低配置来算也已经是比较庞大的队伍。一般九品官员，仅靠俸禄是较难支撑下去的；即便是较高品级的官员，仅靠俸禄及养廉银，也可能难以支持。再有，日常生活用度、官员之间的往来应酬，都需要支付一定的费用。史料中明确记录任兰生“27 岁捐升同知候选”，这同知官职是他买来的，自然也需要一定数额的金钱。

如果他确系廉洁，那么修园资金的来源只有一条：任兰生是个“啃老族”模范生。任兰生的曾祖任祖望和祖父任振勋是国子监生，父亲任酉是附贡生、候选训导。国子监始于隋代，是一种高级的教育机关，至清代变为只管考试不管教育的机构，到清末更成为卖官机构。国子监学生——国子监生，分文武两种，文称文生，武称武生。凡依照惯例规定缴纳一定数额的钱给朝廷，即可称为“例监生”；而“附贡生”，其实就是“例贡生”。可见任氏家族有读书的传统。这也从侧面说明了一点，任家的经济实力较好，因为在旧时代，只有较为富裕的家庭才足以支持后代读书。

袁中丕先生在《退思园三代善举》中说，任兰生落职回乡后，曾“将祖传及自置的粮田一千零八十亩五分八厘六毫捐作义田，还以四亩四分六厘地基建庄屋家祠一所，共值银一万零二百六十八两七钱四分四厘”。据此，一方面说明他家确实经济实力较强；另一方面，如果他能够“自置”，同样的问题仍旧无法摆脱——钱从哪里来？

退思园落成的这一年（1887年），山东巡抚张曜、安徽巡抚陈彝、两江总督曾国荃为他保奏，在职刑部员外郎孙家恽等二百余名凤颍六泗的地方绅士，联名陈情为他复职，并筹银8000两为他捐道员。在此情况下，朝廷给予了较积极的回应，“任兰生着准其捐复，发往安徽，交陈彝差遣委用”。是年，“河决郑州，安徽被水，兰生奉檄办皖北赈抚”，他“奉檄抵颍州，督皖北赈抚……始至即周历千有余里，冒雪奔驰，问民疾苦”。光绪十四年（1888年）二月，“襄郑水骤下，下流奔腾，公飞骑巡视，马惊伤尾闾，病疽，竟以四月十九卒”，终年51岁。病重之时，他还把部下请到病榻前“诿至再三，易箦之际，犹顾问水势，以手画灾状，无一语及家事”。

也有人说，任兰生被内阁学士周德润弹劾“盘踞利津、营私肥己”，光绪十一年（1885年）正月，“解任候处分，旋查所劾皆不实……部议革职”。后来贪污那一部分被查无实据，所以他回家后才能大大方方地斥巨资造园，如果他不清白，是万万不敢“顶风作案”的。

不过，园林这种事物并不是建成了就好了。木结构建筑的维护、防火的开支、置石的巩固、花草的照应、水体的清理等样样花钱。一般而言，园林在建成以后每年的维护费占建设费的比重约为3%～5%。以十万两来算，也就是每年要拿出3000两银子对园林进行维护。如此巨额的开支，让人不禁想问：钱从哪里来？

清代光绪年间的十万两银，大约相当于当时3000个普通家庭的年收入。按照一般人的消费规律，不动产的开支占总资产的30%左右，若以此倒推其个人资产，实在巨量到令人吃惊。当然，这只是对建退思园耗资之来源的疑问，其高昂的造价，不论在哪个时代看来，都数造园的“佼佼者”。

任兰生其弟任艾生有哭兄诗“题取退思期补过，平泉草木漫同看”，可见园名是取自《左传》中的“进思尽忠，退思补过”。主持建造退思园的造园家袁龙利用有限的土地面积，修造了闹红一舸、琴房、眠云亭、退思草堂、坐春望月书楼等园内建筑，蕴含了儒、释、道等哲学，以及中国山水诗画等中华传统艺术，步移景异，令人流连。

退思园玲珑小巧，设计者既借鉴了苏州园林的精华又有创新，可以说是江南园林中独辟蹊径的代表。房、榭、亭、轩、堂、厅、廊、楼、台、阁、坊、桥，一应俱全，布局紧凑自然。园林从宅始，至一厅而终，春夏秋冬四季景观主线一气呵成，另外穿插琴、棋、书、画四艺的构思，匠心独具。

二、艺圃

艺圃这一小私园的知名度较拙政园、留园低，平时没有那些“只是为了到而到，只是为了游而游”的“打卡”游客，只有苏州居民会时不时去那里休闲。其小而精致，而且门票价格低廉。因为人少，艺圃是少数几个可以“卧观”的园林作品，容易让人彻底地放松心情，透彻地端详这个园林。建筑设计师王澍先生在一次演讲时说，他设计中国美术学院象山校区的时候，主要灵感便借鉴自艺圃，这个园林令他感动。

苏州艺圃在苏州老城西北吴趋坊文衙弄，这个弄堂很窄，烟火气十足。它最初在明代嘉靖年间由袁祖庚[1]修造，被命名为醉颖堂，初时并未有现在的规模。袁氏之后，万历晚期，该宅园被文震孟[2]获得，名称

[1] 袁祖庚（1519—1590年），字绳之，号定山，自小天资聪慧，二十二岁中三甲进士，先任绍兴府推官，后入京任礼部客司主事，再任精膳司员外郎、郎中，又调任荆州知府，官至浙江按察司副使。袁祖庚曾与戚继光等共同抗击倭寇，获得了朝廷嘉奖。年四十时致仕退隐。

[2] 文震孟（1574—1636年），字文起，号湛持，长洲（今江苏苏州）人。文徵明曾孙，明代官员、书法家。天启二年（1622年）中状元，授翰林院修撰，官至礼部左侍郎兼东阁大学士。

变更为“药圃”。清初顺治年间，园主再次更替，变为姜埰[1]，园林最终更名为“艺圃”。姜氏之后，虽然多次变换园主，但名称没有变化。艺圃的总体格局是宅于东而园于西，以小方池为园的核心。池小，所以未用园林要素进行分割，池子南面塑山，园中的主要建筑物环池而建，占据东、西、北三个方位。此池山格局形成于文氏药圃和姜氏艺圃时期，在生成以后，经过多次修缮，基本保持此格局至今。2006 年 5 月 25 日，艺圃正式被国务院批准列入第六批全国重点文物保护单位名录，后来又被联合国教科文组织列入世界文化遗产。

明嘉靖三十八年（1559 年），袁祖庚落官后到苏州府长洲县（今苏州市），于城西北靠近阊门吴趋坊购买了十亩土地，营建家宅私园。当时这个地区是城郊接合部，鱼龙混杂，是闲散盲流聚集之地。也因为土地价格低廉，自视高雅的文人士大夫均不喜欢涉足此地，更别提在此建宅营园。袁祖庚在家中邀朋唤友，饮酒诵诗，把宅园起名“醉颖堂”，完全一副超然旷世的不合作态度。他还在入门的额坊上题写“城市山林”四个字，过起了“十亩之宅，五亩之园，有水一池，有竹千竿，有书有酒，有歌有弦”的日子。

但其实，醉颖堂只是一个传说，现存的文献记录均比较粗概，只提到它“有池台花竹之胜”，仿佛颓废生活并无什么可以记录。推想应该是园中有林木、池、山，以疏山散林取胜。

袁祖庚于明万历十八年（1590 年）身故，醉颖堂由其子袁孝思继承。起初袁孝思仕途不顺，家境逐渐败落，不足以支持园林的各种杂费及修葺开支。袁孝思晚年赴京城上林苑任监署丞，更无空闲打点醉颖堂。不消几年，醉颖堂便逐渐凋败。袁孝思得园之后约 30 年（1620 年前后），将醉颖堂出售，由苏州人文震孟购得。文家是当地名门望族。文震孟的曾祖父是文徵明，祖父是文彭。文徵明自不用说，单说文彭，即为卓著的书画家和金石家，时任国子监博士。苏州地区在明代中叶至晚期经济甚为发达，文化也较为繁荣。营造园林家宅、评书论画、诵诗

[1] 姜埰（1607—1673 年），明末清初学者。字如农，号乡墅，别号敬亭山人、宣州老兵，山东莱阳人。明亡后，与弟姜垓居吴下以遗民终。著有《敬亭集》。

写文、饮茶拨琴，已是家底丰厚的文人骚客和达官贵人生活中的寻常之事。况且文氏历代嗜好赏园。文震孟的父亲大概并未出仕，但也修造了衡山草堂，类似于治学之所，且其兄长文肇祉（文徵明之孙）在虎丘之南造塔影园。文震孟的弟弟文震亨则以琴、画、造园之名闻于天下，著有《长物志》和《香草垞志》，文中多处论及造园。

文震孟得到醉颖堂后，易名为药圃，在园中种植药用植物，新修造了多个园林建筑，如此基本完善了该园的景观体系并奠定了园林的基本格局，“药圃中有生云墅、世纶堂。堂前广庭，庭前大池五亩许。池南垒石为五老峰，高二丈。池中有六角亭，名浴碧。堂之右为清瑶屿，庭植五柳，大可数围。尚有猛省斋、石经堂、凝远斋、岩扉”[1]。据此，可知药圃的主体结构大致是由池和石置片山构成，石山成片居于池的南侧。假设此时药圃的体量依旧是醉颖堂时期的规模，那么池即占全园面积的一半。文震亨在《长物志》中说：“凿池自亩以及顷，愈广愈胜。”五亩的小水塘，之所以被称为“广池”，在于与全园面积的比较。水面占比较大，使得园中建筑物显得分量较轻，所以药圃池山疏林，造出舒展阔朗的形态，以弥补图景上的不足。据说其与醉颖堂时期的“池台花竹之胜”呈现了承上启下的关系。不过，也有可能是私园需要开支的地方太多，文氏家族心有余而力不足，以致很多土木项目只能缓行。及后任园主姜埰，他在《疏柳亭记》中谈及初见药圃，说“东西数椽临水，若齿，若都稚，若仓府，若鸟之翼，若丛草孤屿之舟……兵燹之后，即世纶堂、石经阁皆荡然，惟古柳四五株”，是此格局的验证。

崇祯九年（1636年）文震孟病卒。文氏经营药圃，前后不足20年。在明末的兵荒战乱中，药圃的建筑几乎毁灭殆尽，占地规模亦大幅度缩减。清顺治十六年（1659年）末，姜埰购得药圃。姜埰在明崇祯时期官至礼科给事中，但他因为谏言被定了死刑，后被免除死罪改判谪戍宣州（今安徽宣城）。但姜埰还没来得及抵达，明代即亡，于是他只能辗转到苏州定居。他以极低的价格[2]购得袁、文二人的故居，感慨良多，

[1] 引自《文氏族谱》。
[2] 野史说其只用了600两银。

一则是他庆幸搬家的同时也带了存款，二则能够“抄底”苏州的房地产，于是在《颐圃记》和《疏柳亭记》中专门聊了这件事。

姜埰将“药圃”改为“颐圃”。“颐”字委婉地表达出“不求外物，自足于山林”的旷外心志。因为难忘宣州，姜埰用宣州的敬亭山作为自己的号，自称“敬亭山人”，又将颐圃称为“敬亭山房”。后来，其次子姜实节为了避讳皇家园林“颐和园”，将“颐圃”更名为“艺圃”。姜氏父子在废墟般的药圃基础之上，依据仍存的池、山格局，进行了整理、修复、重建及新建。时过境迁，清初苏州城阊门以内已是繁华街市，非往昔可比。艺圃以城市山水林壑特征，又经前两任园主的名声加持，成为苏州府的一处“打卡”胜地。清代众多文士骚客都有意拜访此园以一窥盛景，于是留下了相当数量的描写艺圃景致的诗文作品[1]。

姜氏时期的艺圃为东宅西园布局，仍以池为园的核心，但池的面积仅为两亩，形状也大致固定为方池。池北以建筑物的基台为岸，平直方正，其余部分以叠石为岸。沿岸种莲与荷，池的西南角有一小池“浴鸥池”。池南堆土成山，上又置十余座石峰，其中主峰名叫“垂云峰”。山顶平坦，建有“朝爽台”，可俯瞰全园。池北中部是“念祖堂”，念祖堂的前身是文震孟时代的世纶堂，念祖堂前廊仍保留着世纶堂的格局。

曾作为园名的“敬亭山房”建筑群组与念祖堂之间以廊相连，前面也有临水的庭院，庭院东南与“度香桥”相通。山房西侧南北向的“响月廊”为池的西边界，廊与池之间种竹、树，立有高大的置石。响月廊尽头是“鹤柴”和“南村”，鹤柴是饲鹤的地方，文震孟和姜埰都在艺圃中养鹤——鹤有延年益寿的象征意义。全园建筑物主要位于池北和池西，池南是山地，池东有环池细径及高围墙。池之西有桥分水面，池东南有亭，飞檐直伸于水面之上，形成呼应的倒影。园中植物相当丰茂，水中有莲、荷，岸边有蒲、蒿；乔木有梧桐、柳、楸、松、枣、梅、杏、梨、紫藤，草本花木有竹、芭蕉、兰。此外，还饲养有鱼及禽鸟——鸭、鸳鸯、鹤、鹅等，旧时应还有候鸟及白鹭。“奇花珍卉，幽

[1] 散文家汪琬的《姜氏艺圃记》和《艺圃后记》最为详尽地描述了艺圃的格局与建筑组成。

泉怪石，相与晻霭乎几席之下；百岁之藤，千章之木，干霄架壑；林栖之鸟，水宿之禽，朝吟夕哢，相与错杂乎室庐之旁。”[1]

清康熙十二年（1673年），姜埰身故。若干年后，其长子姜安节不堪维护园林的重担，搬家到宣州，次子姜实节成为事实上艺圃的主人。姜实节曾担任给事中，此时大概还有些积蓄，但为了该园的维持工作，最后也消耗殆尽。其时艺圃仍保持姜埰时期的格局，仅增建思嗜轩与谏草楼。思嗜轩为姜安节为追怀亡父而增建。谏草楼位于敬亭山房北侧，即改过轩的一侧。由于姜安节和姜实节均为布衣，这园林的庞大维修费逐渐成为大问题，姜氏后代不堪其重，只得逐步将园林切割出售，艺圃也因此多次缩小规模。

姜氏之后，艺圃又多次易主。康熙三十五年（1696年），商人吴斌购得艺圃，将念祖堂更名为博雅堂，此名至今沿用。吴斌生意失落，于道光三年（1823年）将园林售于吴传熊。道光十九年（1839年），仅16年之后，吴传熊又将艺圃出售给丝绸商胡寿康、张如松二人共有。他们将艺圃改建成同业会馆，取“跂彼织女，终日七襄”之句，重新命名为“七襄公所”，如此，艺圃带有了一部分公共性质。之后，该园又逐步拓展了其公共性，也正因为这一特征，后来120余年，该园未再遭转手。

这个时期的艺圃进行了全面整修，修后宛如新作，“乃疏池培山，堂轩楼馆、亭台略彴之属，悉复旧观。补植卉木，岭梅沼莲，华实蕃茂，来游者耳目疲乎应接，手足倦乎攀历，不异仲子当日矣”[2]。《苏州旧住宅参考图录》[3]一书中艺圃的测绘图，即是七襄公所时期的模样。

直至1958年，艺圃仍为七襄公所。“公私合营”之后，艺圃一度被分配给苏州苏昆剧团、苏州民间工艺厂共同使用。70年代末，艺圃一方面由于实际需要遭到随意变建，另一方面，其很多建筑因为旧损而逐渐为新的建筑材料所替，风格上难以统一，昔日的风貌无存，园林建筑倾颓，池水秽败。1984年10月，苏州市政府拨款，依据刘敦桢《苏州

[1] 引自《姜氏艺圃记》。
[2] 引自（清）杨文荪《七襄公所记》。
[3] 同济大学建筑工程系建筑研究室1958年10月编著。

古典园林》（1979 年版）中的艺圃测绘图，对艺圃进行了基本风貌调整与全面修复。产权归属国家以后，园林修缮费用由政府支出，艺圃才未再有后顾之忧。

说艺圃是具有明代江南私家园林艺术特色的小型私园其实并不确切，因为它经过了多次损坏和重建，其明代风格已经不够充分。如今其全园布局简练利落，线条感强，风格自然质朴，无烦琐堆砌之感。全园目前占地仅 3967 平方米，属于小型园林，住宅和园境两部分区划分明，宅纵深五进，布局曲折，厅堂朴素庄重。园在宅西侧，水池在园境中部，池北有博雅堂、延光阁等多个建筑，池南则以山景为主。临水以湖石叠成绝壁、石径。池东有乳鱼亭，建筑确属明代风格，但并非明代原物。山水交融，林木葱绿，尽显园林布局的简洁明了。

艺圃循其小园的特点，不求面面俱到，舍繁而倾力营造一方山、水、林、亭、榭，有“纳千顷之汪洋，收四时之烂漫”的效果。此园的住宅部分不似退思园等私园以围墙分隔，而将宅直接临水，虽可能有些许潮气，却使游人可将全园景致尽收眼底。水榭阁与两侧的建筑形成亲水的北岸线，平直开阔，有利于从建筑内直接领略其外的自然图卷，此“坐观园林”的风格独具匠心，被现代景观师所推崇。

三、愚园

愚园位于南京市秦淮区，前临集庆门鸣羊街，后倚花露岗，有“金陵狮子园”之称。其南北长约 240 米，东西宽约 100 米，扩建后最终占地面积约 33600 平方米，建筑面积约 3890 平方米。它由宅院和园林两部分组成，整个园林最大的特色就是以水石取胜。和瞻园相似，南京愚园也是徐达家族后人的园林。最早是徐俌的别业，在明代时获得了长足的建设，清入关之后，几经转手。由于每任园主拥有园林的时间均不长，所以资料中并无详尽记录。记录确凿的园主，首先是清人胡恩燮，他重整了因为战乱几近残破的愚园，进而将其修造成私家园林。愚园同其他江南私家园林一样，在清末又屡遭战火清荡，自近代以来进行了多次修葺。截止到2016年5月，经过历时5年的修缮，愚园正式对外开放。

胡恩燮（1824—1892年），字煦斋，江苏江宁人，1882年参与创办徐州利国矿务总局。幸亏有他对园林进行了修缮，否则我们无缘看到这座园林。胡恩燮对愚园的修造颇为成功，愚园因此被称为晚清金陵第一园林，名气甚至盖过前文提及的瞻园。童寯在20世纪30年代时称“清同治后，南京新起园林，今犹存数家，以愚园为最著”。

陈作霖在《凤麓小志》“考园墅”中说“明以陪京之繁盛，士大夫丽都闲雅，润色承平，选胜探幽，率在凤台左右。若乃王侯子弟，纱帽隐囊，招集宾朋，风流跌宕，则徐申之锦衣之西园，实为其冠”。此“徐申之锦衣之西园”，就是胡恩燮所造愚园的前身。徐申之（生卒年不详）名天赐，是徐达的六世孙。其父徐俌（1450—1517年）字公辅，成化元年（1465年）袭成爵位，称第六代魏国公。成化十五年（1479年），奉命于孝陵岁祀，官称南京左军都督府事。弘治九年（1496年），任中军都督府事，守备南京。弘治十三年（1500年）加升至太子太傅。正德六年（1511年），再次奉命守备南京。徐俌前后于南京做官数十年，所以他的后代大多在此地生活。

徐天赐为徐俌幼子，据说聪慧过人，自小就深得徐俌的喜欢。但公爵位只能由嫡长子承袭，其余诸子不过继承锦衣卫指挥使这一职位，所以有“徐魏国”“徐锦衣”之分别。徐俌的嫡子徐壁奎早夭，爵位随之授予徐壁奎嫡子徐鹏举。徐鹏举袭爵时还是个幼儿，叔叔徐天赐于是“借”了老祖宗的东园。占为己有之后，他精心打理，使东园以美景列居金陵诸园之最。而且他给自己取的号即为“东园”，俨然园主之姿。由于事实上也无人讨要，他后来甚至自作主张将此园传承给了自己的儿子。故宫博物院现存文徵明绘制的《东园图》，大概能够一览徐天赐时代愚园的盛况。

徐天赐热爱园林，其实他不止营建了一个东园，《凤麓小志》载：“诸子天赐，字申之，官卫佥事，能文章，喜宾客。先是太祖赐达第于南京，榜曰‘大功坊’，世世居之。有瞻园，亭榭花木极盛。天赐与诸弟侄复于城东西隅各筑别墅，东曰‘小蓬莱’，西曰‘西园’，曰‘凤台园’，曰‘万竹园’，曰‘大隐园’。又有莫愁湖榭，招名流啸咏其中焉。”园林大大小小，数量颇丰，王世贞于《游金陵诸园记》中也说：“所见大小凡十。若最大而雄爽者，有六锦衣之东园；清远者，有四锦衣之西园；次大而奇瑰者，则四锦衣之丽宅东园；华整者，魏公之丽宅西园；次小而靓美者，魏公之南园与三锦衣之北园，度必远胜洛中。”王世贞所说的“四锦衣西园”就是后来的愚园。顺着这条线索梳理，则今位于花露岗的西园也曾名“凤台园”，此后该园被一分为二，分别由徐天赐的两个儿子继承，所以位于凤麓的称“西园”，山顶有“凤台园”。从其位置和园内的六朝松石遗迹来判断，西园是后来的愚园无疑。资料显示，徐氏子孙分园之后，家道逐渐中落，西园遂转让给了一汪姓徽商。

愚园也曾遭受过战祸的多次侵扰，数次被深度毁坏，现在的状态大致是清代晚期的形态。前段已经提及，其最初是徐俌的别业。别业是与“旧业”或“第宅”相对而言的概念，业主往往原有一处相对正规且经常居住的住宅，而后另外的别墅，尤其是不常使用的，才称为别业。别业常常位于城市的郊区，是以家宅为主体的园林。当时，愚园被称为“魏公西园”。整个明代，西园均属于徐家，但西园于明末时毁于战祸。清初，西园已经全面荒败，被作为荒地售予汪氏。汪家对西园进行了二次营造，虽然汪氏由于经商有些积蓄，但由于商业本身需要大量的流动资金，一来二去，汪氏不久就不堪重负。经过两代仅不到五十年的时间，西园一直未能呈现出初具规模的模样，随即被出售给了吴用光。吴用光曾任兵部尚书，西园是他在“罢官”之后购得。吴用光罢官并非主动辞官，而是犯了错误被削职回乡。得园之后，吴用光将此园易名为“六朝园”，并重新建造。吴用光逝后，其子孙未能为继，于是六朝园被再次变卖，由顾姓人家于康熙年间购得。顾氏也对园林进行了部分建设，但未能恢复曾经的盛况。仍旧是经济的原因，六朝园在嘉庆年间逐渐颓败荒僻，至咸丰年间被太平天国战祸彻底清荡，所有建筑只余屋基，植物、山石和水体面目全非。

同治十三年（1874 年），苏州知府胡恩燮辞官回归家乡南京，为侍奉自己的母亲而购入此地，第二年开始动工建造宅园，取其名为愚园，于光绪四年（1878 年）修复后开始使用。有资料载，胡恩燮其时正逢官场得意，放着官不做，归隐造园是不识时务之举，简直是“愚”。

胡恩燮的自述《患难一家言》中说：“余先世家徽州歙县之龙潭里，耕读为业，乱后家谱遗失，稽考无从。道光间卜居金陵王府巷，邻金甲塘数武。”胡恩燮祖上如何，因为家谱遗失，已经无从考证，但到了近几代——父辈和祖父辈，都是以“耕读”为主业。如此说来，其几乎就是农民起家，并没有多少家业。尽管胡恩燮满腹经纶，却屡试不第，无奈去京城考国史馆。

前文中提到，修建退思园耗资 10 万两银。退思园的建造时间是 1885—1887 年，愚园比退思园晚约十年；就面积而言，愚园比退思园约大 4 倍；从景观而言，两者相差不多。以此估算，愚园的建造至少需要耗用 25 万两银。

笔者查阅了很多资料，尚无法清楚胡恩燮的资产来源。他的履历并不复杂，但各种资料各有不同。《清史稿》中说“胡恩燮……后以功叙知府”。清代末期，按照规矩等级次第授予某人官职，以及按照功劳大小给予奖励，都称“叙”。太平军据南京期间，经向荣等人的举荐，胡恩燮对清军有功而获“赏蓝翎六品”。当时，知府一般是五品甚至四品衔，六品“资格”不足。胡恩燮成为“候知府”，即“候补知府”。凡官职前加“候补”两字，通常只是虚衔。有些资料中称胡恩燮为知府，应是出于恭敬将“候补”二字省略。按清制，未经“补实”的官员必须由吏部按照程序选用，“候补”一职能够掌握的资金是极其有限的。

有史料称，咸丰十一年（1861 年）胡恩燮在扬州担任税务局总办的助手，为清军筹措军饷。同治四年（1865 年），胡恩燮有机会赴京接受吏部的考察，但他母亲在此时患病，胡恩燮遂放弃了这一好机会。将其母迎回南京后，胡恩燮于同治七年（1868 年）在江宁织造衙门当幕僚。同治十二年（1873 年）他又在苏州织造衙门任幕僚。史料中称，胡恩燮仕途通达之时淡泊名利，辞官归里，大智若愚，建造了胡家花园。

根据胡恩燮自述，愚园造成之后，“凡四方宦游者至，必纵观周历而去，当时士大夫咸以风雅相许”。清南京为江苏、安徽、江西的三省都会，官称两江督府，同时兼有六朝风雅积淀，人才济济。在愚园往来的多有封疆大吏和名臣权贵，文坛巨擘前来拜访也并不稀奇，声冠一时的李鸿章、薛时雨、刘铭传、沈葆桢、彭玉麟、俞樾、卢崟、陈三立、亢树滋、亢树楠等，均曾是愚园的座上客。撇开建造和维护园林的费用，如此宴请宾客所费亦甚巨，前文已经谈及胡恩燮的履历，不是挂职就是幕僚，那么，钱从何来？

虽然史料称胡恩燮“淡泊名利”，但他是有战功在身的。1853 年 3 月，太平军攻克南京时，胡恩燮的很多家眷被太平军所杀，正是因为见到太平军的行径，胡恩燮冒死出入天京三十余次，在这期间还招募了一支小队伍。是年除夕，清军统帅向荣命胡恩燮率队攻城。据说胡恩燮冒雪连夜前进，于第二天黎明带队抵孝陵卫，随大营攻城，所带队伍无一人畏惧掉队。1854 年 3 月 20 日夜，胡恩燮引清军到达神策门外，在强攻时，胡恩燮被太平军于沟壑中埋下的竹签刺穿脚底，被迫退阵。当时由于城内接应者未能点燃太平军设于城门口的大木栅，城门无法打开，清军无法入城而暂时告败。数日后，向荣又命胡恩燮至江浦引回投降的太平军三百人。胡恩燮自大胜关仅驾一叶扁舟，逆流而上，悄然至会合地点，当时整个江面有流炮不断袭击。他遇太平军水军，组织埋伏并阻击了对方，击沉太平军船数艘，生擒七名太平军将领，得胜而归。向荣直接将这三百水勇交由胡恩燮指挥，后有七桥瓮之战，胡恩燮便率此水勇三百参加了战斗。胡恩燮并非在编清军军官，但也堪称小有军功，后得向荣举荐。

作为旧时代的文人，胡恩燮当然也擅长诗文。他初建愚园时，还著有《寄安别墅记》，感慨“光阴易逝，瞬即蹉跎”，将余生寄于园林，筑园以求心安。

光绪八年（1882 年），胡恩燮接受左宗棠的委托，创办了徐州利国驿煤铁矿，并在徐州、南京和上海等地设立办事机构。资料上记载他极其敬业，在人才培养方面和企业管理方面也相当得法。余明侠教授称胡恩燮是“徐州煤矿近代化的奠基人”。

愚园第二代园主是胡光国。胡恩燮没有儿子，所以他将园林传给自己姐姐的儿子。胡光国本姓王，过继给胡恩燮之后改姓胡。1925年，胡光国写就《灌叟撮记》，概述胡恩燮的生平际遇，着重讲述他经办徐州煤矿及两淮盐运之事，也详细记录了胡光国重振愚园的过程。愚园在历次战争中被摧毁性地破坏，主要“贡献者”是张勋。其队伍两次攻入南京后大肆纵火胡乱破坏，选择了愚园长期盘踞，士兵肆意砍伐园中树木，在亭廊做饭，在园中演练，愚园被“摧残毁坏，无复旧观”。1915年局势稍安定后，先前被驱逐的胡光国得以回到故里，着手重整宅园。他自述“重加修葺”，“添筑亭馆”，“引流种树”，扩地十余亩。同年夏，又“拓园墙，就高阜”，在山丘之巅建怀白楼，添爱月簃、双桂轩、瑞藤馆等园林建筑。重整愚园的资金，大概是他们父子在煤矿方面的收入。重修愚园，看上去虽然是光宗耀祖的事情，但胡氏家族由此也日益显现出财政的困难。为保障维护费用，胡光国不得不将原本是私家园林的愚园部分转变为公共商业性质的园林。他对社会开放，目的是创造一部分利润，以补足维持园林所需。他在园内办起诸如茶社、餐饮等服务型业态，但这仍旧不能补上资金缺口，于是他将园林切割，出售了部分房产。有一定经营经验的胡光国期望通过餐饮、租金、服务、门票等收入，来挽救入不敷出的局面。“乙卯秋，余与友人同游于斯，至门，买票入”[1]，这也是很多学者据以论述园林公共化的依据。

陷入窘境转为经营的愚园，显然与胡恩燮开创之初的士绅府第那般豪阔不可同日而语了。事实上，愚园的资金链断裂是必然，它自然不能挽回急剧衰败的命运。

辛亥革命之前，胡光国及愚园仍旧是十分风光的。身为清末洋务派一员的胡光国亦官亦商。当年胡恩燮受左宗棠委托承办徐州利国驿煤铁矿时，胡光国也担任“提调矿务”的职位。利国驿所产煤“煤质较轻，未合烧焦之用”，炼铁时火力不足，居家取暖则烟气很重，因此销售受阻，企业陷入严重的资金问题，无力更新设备，也难以实现技术的

[1] 引自马锡纯《游愚园记》。

提升，这些都严重制约了企业的发展。无奈，胡光国只能变卖矿权，由粤商吴味熊接手。之后数年，胡光国担任泰州盐税征收官（分司运判）。光绪三十二年（1906 年），接手矿权的吴味熊去世。第二年秋，胡光国用低价回购了矿权。此时愚园仍为金陵胜景，风光亦如当年。宣统元年（1909 年）仲夏，愚园举办过一场媲美兰亭流觞的人文盛会，王湘绮、梁公约、李审言、易顺鼎、刘师培、缪荃孙、陈三立、柳诒徵等十余位名士相聚愚园赋诗酬和，风光无限。

其时政治不安定，南北矛盾日益尖锐，各路军阀年年混战，没几个人能淡定且有闲情去愚园闲逛。而在那个时代，能够出钱逛园林的人原本就不是普通的民众，他们也相对有能力在战争中避祸。相比以门票创收，园林对于胡光国来说，交友和扩展其社会关系的功能仍至为重要。

愚园又一次遭到重创是 1922 年左右，孙传芳激战南京，愚园修复之后第一次遭到洗劫。1927 年 1 月，国民革命北伐进军沪杭，进而进攻南京，3 月对南京发起总攻，愚园又一次遭受浩劫。《金陵野史》中有《愚园沧桑》一篇："民国二十四年（1935 年）……在中华门西侧花盝冈附近，寻访到当地居民都叫它'胡家花园'的废园林……原来就是曾经峥嵘一时，号称'南京狮子林'的'愚园'旧址。但历经沧桑，几度兴衰，它已是一片菜地，数枝垂柳，点缀着一泓清浅的池水。不过，山石、轩馆遗迹，仍隐约可辨。"1937 年童寯对愚园实地考察时说"久失修葺，叠石虽存，已危不可登"。加之抗战时期日军对南京的大轰炸，同时也有杂记记载日军曾大量盗运愚园的假山湖石，均使愚园遭到了毁灭性的破坏。卢前在《冶城话旧》中说："匆匆二十年，今园荒已久，碧澂老人墓木拱矣！不知老人生前所撰《愚园诗话》者，今尚存否？使游斯园者，手是一编，虽无花鸟可以煖眼怡情，亦可供来者之凭吊，知斯园掌故，亦有足裨谈助者也。"

二十世纪五六十年代，愚园先是成为南京第一棉纺厂职工幼儿园和宿舍，进而由房管所将院内房产分配给无房的南京市民。居民们根据实际需要不断扩张搭建，自行建造出厨房、杂物间甚至房屋，完全将花园变成了大杂院。院中除居民难以利用及处理的池塘和小山，当年盛况均难以辨识。不知情者，恐怕不能相信此地曾经是晚清南京的第一名园。

2004 年，秦淮风光带总体规划要求复建愚园。2007 年，愚园复建工程正式启动。愚园的复原蓝本是《白下愚园集》中的愚园全图和童寯先生《江南园林志》中的愚园平面图。新愚园于 2016 年年中正式对市民开放，成为南京老城南的新地标。

修复后的愚园，其实并不是那个传统意义上的江南古典私家园林，它不可避免地带有现代工艺及现代造园手法。它的建设定位是"以历史园林遗迹为基础，集历史文化与休闲于一体的传统园林式的城市公园"。

现在去观赏愚园，感觉还是很有"火气"，即缺少时间打磨"包浆"的感觉。大多数植物还都很新，还缺少植物之间相互竞争、适应而产生的那种自然和谐，园石也新，棱角还过于分明，尤其是石头上还没有苔藓层层堆积的痕迹。可喜的是，门票相当便宜。

由于愚园旧址上有很多住民，重修愚园的第一步其实是收回产权，对住民给予货币补偿。产权问题也是它迟迟不能对外开放的主要原因。站在时代的角度，我们不得不暗自庆幸有机会再见愚园，想必愚园也开心自己能够重回世间。

四、残粒园

江南古典私家园林的模式似乎都如出一辙，不细心观察，几乎感觉它们别无二致。其实它们之间的细微差别，透过历史这条纵向线，可能看得更为清晰一些。

装驾桥巷 34 号的残粒园可以说是苏州比较小型的江南古典私家园林。宅园面积 5.02 亩（3347 平方米），其中园林部分的确比较小，只有 0.21 亩，但就占地面积而言，它并不是苏州最小的私家园林，比它小的比比皆是，如曲园（占地 4 亩）、北半园（占地 1.7 亩）、畅园（占地 4.23 亩）、顾氏花园（占地 0.63 亩）、听枫园（占地 1.9 亩）等。有人说"园林主要是指花园那一部分"，但这种判断并不正确，江南古典私家园林的占地面积并不区分住宅部分和园林部分，统称为宅园，整体宅园性质私有，不应拆分。

面积相对较小的古典私园，由小会生发很多问题，也更容易在历史上消失。明清两代造园风气盛行，为数不少的富家翁，只要经济条件允许，即会购地建房、开辟花园。有学者考据此两代仅苏州城中的园林就有 200 余处，这些还都是在“圈里”排得上名、可招待名人雅士上门赏游的“佼佼者”。还有说法称有 2000 余处，这个数据也并不可疑，如果把较低档次的“花园”也计算入内，数量或许会更多。虽然很多花园被称作园林可能略有勉强，但这也说明了当时园林需求的旺盛程度，以及私家园林的繁盛面貌。历经了百年战火动荡和社会的发展，各种园林面临产权及面貌的变更。一般来说，小私园的产权厘清存在一定的困难。现在的残粒园其实已经大大缩小，经过改造后，其住宅部分被分配给了人民群众，其园林部分难以改用为住宅，留给了原主，这种情况在其他私园改造中也很常见，比如西塘的醉园。

残粒园由吴待秋（1878—1949 年）于 1931 年购得，之前的园主是盐商姚氏。吴待秋取“红豆啄残鹦鹉粒”之句，将宅后小型花园改名为残粒园。现在残粒园的园主是吴待秋之孙吴元，原来整个老宅占地五亩二分，改造后吴家留下一亩六分，残粒园也保留下来。

吴家曾对老宅进行了局部维修，耗用四万元人民币。从这个金额上即知，这类维修仅是有限的维护，并谈不上大规模的维修。吴家人也称，类似这样的整修，如果认真，应该每隔几年就进行一次。吴元说，这种仅是“稍微修修”，因为投入的资金有限，修过的效果“几乎看不出来”。他称：“修起来不容易，要请专门的工程队，还要严格依照古建标准。”

幸运的是，吴家现有的老宅中精美考究的砖雕得以被完整保护。在过去，残粒园曾一度被充作公共园林。和旧时相比，假山洞壑仍然留存，栝苍亭依旧居高临下，园门内侧上书“锦窠”二字，与“残粒”意思相应。池塘北面的梅树，是为防止吴元幼时玩耍落水而栽。

不过，园林的朽坏比人们想象得快。吴元曾说：“半亭大约在 1994

年修过一次，开支了4万元才修好，四五年后又破败了。”由于古代没有现代的防水材料，园林老宅整体性的潮湿是不可避免的，因此，局部整修的作用总是不大。若要维修到位，需要给所有古建筑构件编号—详细测绘—逐件拆下—逐件修复、保养或替换—基地重整—地基重塑—施以现代防水技术—老建筑构件归位—油漆等传统工艺跟上—工程验收。整个一套下来，很难想象要花多少钱。残粒园面临的困境，与宅园私有有关，但也是古典私园逃不过的宿命。

众多的资料都没有显示残粒园第一代园主的名字，我们只知道他姓姚。笔者在故纸堆里翻找，机缘巧合下看到吴养木先生（吴待秋之子）的记录：“春，父亲于苏州购得巨绅姚大赍私宅，处城北装驾桥巷内，有残粒园，虽广亩许，亦古木荫阁，湖石抱池，梅竹掩径，玉砌导幽。”此书证虽仍旧存疑，但残粒园第一代园主的名字和身份大致可知。只是不知为何身为“巨绅”，姚氏也未能维持此园。

如今的残粒园，门厅、轿厅、大厅、后楼及花厅都在近百年的时间中有所维护，比较完整地呈现了原貌，只是宅园北部的一个花园早已破败。好在现有的空间中，假山、水池、半厅、花木亦组成了富有层次的观赏面。由“锦窠”砖额月洞门进园，迎面有湖石峰为屏障。过湖石峰屏障，可见水池居园中央，池岸叠湖石和石矶。沿墙置有花台，种桂、蔷薇等花木，墙面布满藤萝。池岸北靠墙角掇湖石假山，进山洞循石级盘旋而上，有半亭一角飞翘，即栝苍亭，于亭中可俯观全园景色。此亭也是园内唯一木建筑，两面临池，一面依住宅山墙，辟门与楼厅交通。亭内设坐榻、壁柜、博古架和鹅颈椅，通下部石洞的磴道，曲折穿越坐榻之下。亭内侧门西通花厅，从内宅可通花园，这在苏州园林中仅为孤例。园中小径环池，蜿蜒起伏。榆树、桂花、蜡梅、薜荔等花木藤萝遍植全园，园前还有合抱广玉兰。花厅庭院有湖石叠成的小天池泉眼，高出地面，终年不涸。园中平面之紧凑，空间利用之充分，景物比例之恰当，可谓独具匠心。

我们无从得知残粒园最初的名字及建造年代。商人的宅邸无以为继，由文人接手而存于世间，是其不幸之后的万幸。园林无言，默默地注视着世人，也在慢慢地、无可避免地衰弱。

最初造访残粒园时，免不了要问路，可当地的住民中竟然有很多人并不知道残粒园，可见残粒园确系“养在深闺人未识”。我最终在一个破旧的木头院门上方看到了苏州文物局下发的“吴待秋故居”这一橘黄色小木牌。牌子小且旧，很容易被忽视。我敲了几下门期望进入，可是庭院深深，无人应答。吴元曾对我说，他们于残粒园最大的期望，是“希望政府赶快收回，这是我们全家的希望”。

五、胡雪岩旧居

胡雪岩[1]旧居并没有优雅的名字，旧居这个名称，不容易让人觉得是一处园林。可是，它其实是很值得一观的江南古典私家园林。

该园位于杭州市河坊街、大井巷历史文化保护区东部的元宝街内。始建于同治十一年（1872年），时值胡雪岩经营其商业帝国的高峰时段。豪宅建筑群及园林工程建造历时3年，于光绪元年（1875年）竣工。它是既富有中国传统建筑风貌又颇具“洋风”样式的江南古典私家园林，宅园整体占地面积约10.8亩，建筑面积5815平方米。旧居的建筑和室内陈设，各种用料及其用工皆可称考究，制造精良，雕工精湛，堪称明清两代豪宅之一。

历史故事里的胡雪岩，其发迹过程充满了励志性。他最初是钱庄小伙计，由于情商智商皆高且谙熟人情世故，有机会受到许多大人物的青睐。他虽然小本起家，但揽得西学东渐的大变革红利，左腾右挪，积累越来越多。在洋务运动中，他聘请外国工匠、购买西方先进设备，颇有劳绩。左宗棠出关西征伐之时，他又协助筹粮办械，办理向西洋银行借款事宜，在经济方面为朝廷筹措资金，堪比自身上阵杀敌，可谓立下汗马功劳。这几番腾挪，使他一跃成为显赫一时的官商。短时间内，他便建构了以钱庄、当铺为依托的金融网络，开了药店、丝栈，既与洋人做

---

[1] 胡雪岩即胡光墉（1823—1885年），字雪岩，原籍安徽绩溪，寄籍浙江杭州。著名红顶商人，徽商代表人物。

生意，同时也与洋人打商战。

胡雪岩能够取得傲人的成绩，有一个重要的原因，在于他善于用人。他用人之长，不厌人短，充分意识到“得人助”和“适人”的力量。如清顾嗣协之言：“骏马能历险，力田不如牛。坚车能载重，渡河不如舟。舍长以就短，智高难为谋。生材贵适用，慎勿多苛求。”胡雪岩在“用人”这方面留下的佳话很多，至于其善于与人相处等品质，也颇受到推崇。胡雪岩为人还慷慨大方，乐于开展慈善事业。然而，这都未能挽回最终的颓局，其中的世态炎凉让人唏嘘不已。

至于胡宅之盛，《一叶轩漫笔》中写道：“起第宅于杭州，文石为墙，滇铜为砌，室中杂宝诡异至不可状，侍妾近百人，极园林歌舞之盛。偶一出游，车马塞途，仆从云拥，观者啧啧叹羡，谓为神仙中人。”《胡雪岩外传》中也载：“第宅园囿，所置松石花木，备极奇珍。姬妾成群，筑十三楼以贮之。”可见其园林之奢华。

胡雪岩于1885年11月抑郁身故，在此之前，其商业大厦已然倾覆，若论及原因，其一为重大商业投资失败；其二为时值全国性的金融危机——所谓覆巢之下安有完卵。

1882年胡氏开始大量购入生丝，其动力一方面是对自己营商能力的信心，胡雪岩期望通过自己的号召力对几乎完全拥有生丝市场定价权的洋商开启挑战；动力之二是浙江、江苏等多地遭遇的自然灾害，重创了当时的蚕丝生产。中国人一直为本国生产的茶叶、丝绸、瓷器等商品骄傲，但其实在19世纪末20世纪初的很长一段时间中，由于本国商业体系尚未建构，自有工业体系化严重不足，本土产业受到欧美工业化产品的冲击，定价权完全不在中国商人手上。这样，产品利益链条上的大部分利润，也就不在国人自己的控制范围之内，造成的结果常常是越生产越亏损。胡雪岩囤丝之举在当时其实获得了大部分人的赞同[1]。但从外部条件看，中国缺乏与当时外国现代工业相匹配的竞争力；从内部商业操作、金融手段来看，当时胡雪岩并没有能够与西方市场周旋的技术及

[1] “江浙丝茧为出口大宗，夷商把持，无能与竞。光墉以一人之力，垄断居奇，市价涨落，外人不能操纵，农民咸利赖之。”引自《异辞录》。

理论水平；加之非市场效应条件也消解了单纯囤积造成生丝短缺的价格抬升效应。短时间内胡氏确实摆脱了洋商的控制，但被刺破的气球绝不会符合人的意志有条不紊地漏气，其他的市场性结果也被迅速引发了。一是生丝价格的猛烈飙升给达官贵人以虚假的财富示范效应，引起了权贵圈群体性的投机活动；二是促使外商暂停相互竞争，进而联合在一起，对胡氏展开“围剿”。1882 年 6 月，胡氏已经屯生丝 1.5 万包，按照每包 330 两银计算，值时价 495 万两银。次年 9 月，生丝价格升至 428 两银，胡氏仍继续囤货，未开始抛售。然而到 1883 年 10 月，生丝价格突然暴跌。等到胡氏开始大量抛售生丝的时候，大厦已然将倾。

其实，生丝的亏损相对于其总资产来说并不多，比如他无暇命名的私宅造价即为 300 万两银，加之其还有另外的各种生意。而胡氏大厦的崩塌，生丝失败只是导火线，“炸药包”还在后面。

所谓“成也萧何，败也萧何”，胡氏成在于官商拥附，败也在于官商拥附。胡氏的钱庄，存有较大数量的公款（官款）和官员的私人存款。1883 年的全国性金融危机才是真正导致胡氏大厦崩塌的炸药桶。生丝价格暴跌导致的恐慌性挤兑，是其后淹没大厦的洪水。

1883 年 3 月，金嘉记突然倒闭，亏损银 56 万两。金嘉记是一家丝栈，由于资金借贷的关系，连累钱庄 40 余家，又由于钱庄之间相互拆借的现象普遍，所以这一事件陆续拉开了涉及全国各个重要商业城市的金融风暴的序幕。随着恐慌逐步加剧，银票价格纷纷暴跌，各处钱庄遭到大量恐慌性挤兑，钱庄暂时无钱给付的情况更是加剧了这种恐慌，各地均需要大量的现金。由于清政府尚未拥有中央银行系统，所以在硬件方面并不能对金融危机进行有效的干预和引导；同时清末政府的金融管理水平低下，于软件方面也不能对国家危机进行有效的帮助。好在当时的金融对于国家的黏合度并不那么关键，国内自给自足型的小农经济大量存在，金融危机造成的危害相对有限。但如同刘云记、金蕴青等巨商皆陆续破产，“商店接踵倾倒，不知凡几，诚属非常之祸”[1]。

---

[1] 引自（清）徐润《徐愚斋自叙年谱》。

胡氏的钱庄在这一场金融风暴中也遭到疯狂挤兑，此时官商相互依附的负面作用立刻暴露出来。胡雪岩商业大厦的溃塌，牵动了大量的官僚资本，由他生丝投资失败的引线引燃，继而使得恐慌大面积蔓延，“城内钱铺曰四大恒者，京师货殖之总会也，以阜康故，亦被挤，危甚”[1]。此时，低管理水平的清政府出来干预了，它做的事情不是挽救市场，而是慌不择路地惩罚那些已经被吓坏了的当事人。皇帝的圣旨快速抵达南方，朝廷命令即刻将胡雪岩的财产进行查抄，“现在阜康商号闭歇，亏欠公项及各处存款，为数甚巨，该号商江西候补道胡光墉，着先行革职，即着左宗棠饬提该员严行追究，勒令将亏欠各处公私款项，赶紧逐一清理。倘敢延不完缴，即行从重治罪。并闻胡光墉有典当20余处，分设各省，买丝若干包，值银数百万两，存置浙省，着该督咨行各该省督抚查明办理”[2]。这种做法彻底断绝了胡氏的生路。事实上，即便没有来自上方的命令，各地官员也会迅速开展整治胡氏的行动。之前，并不是胡雪岩为人好及“会用人”才引来官员们的追捧，“天下熙来攘往，皆为利来”，他们无非是基于官商捆绑所带来的利益共享。通泉钱庄和通裕银号在第一时间被宁波府查封，其他钱庄也迅速被委托给当地官员查封。“胡雪岩因营运失利，阜康钱庄倒闭，由浙江巡抚亲临坐镇，监督清理。钱庄中有大小官吏存款甚多、不敢出面认账，牵涉甚广，市场为之震动，其经理宓某被迫自尽。”

当然，政治构陷也必然存在。为了消灭左宗棠的势力及影响，李鸿章及其幕僚自然将胡雪岩定为首要打击目标，“除左必先排胡”的策略是有效的。在胡氏陷入经济困顿时，有外债还与胡氏，此款原本应由上海财政拨付，李鸿章略微“关照”之下，“上海道邵友濂观察，本有应缴西饷，勒之不予”[3]。这自然加快了胡雪岩破产的进度。

晚清第一红顶官商胡雪岩的失势，是多方共输的结果。低能的清政府起到了决定性作用。使用粗暴的政治手法来干预市场，一刀切并斩断

[1] 引自（清）李慈铭《越缦堂日记》。
[2] 引自《光绪实录》第一七四卷。
[3] 引自《异辞录》卷二。

各方利益的做法，对清廷及个人而言，都是重击。老百姓眼看着他起高楼，眼看着他楼塌了。他个人也尝尽身败名裂的苦果，时代的局限性导致个体命运以完全破落的境地结束。

胡雪岩身故后，光绪二十九年（1903 年），其后人将胡雪岩故居仅以 10 万两做债抵于刑部尚书协办大学士文煜[1]。照道理，文煜应该是捡了个大便宜，可是他不足以支撑私园维护的持续性耗费，随即又将其转让于蒋家，作价 12 万两。蒋家并未将私园维持很久，园林逐渐破败。至该园修复前，其先后成为地方街道厂房、企业单位和宿舍场所、学校、民居杂院，如其东部的和乐堂与清雅堂两处曾经入住多达 100 余户居民。故居整体年久失修，加上居民任意改造，已不再是之前的格局。

胡雪岩故居的修复工作于 1999 年初正式动工，至 2001 年 1 月 20 日竣工并开放。依据意大利留学归国的杭州籍建筑师沈理源在 1920 年测绘的胡雪岩故居平面图和相关图照，故居经过近千位工人及现代化机械近 16 个月的修复施工。胡雪岩故居前后经过考古、测绘、设计、搬迁、整地和维修，总计耗资人民币 6 亿元。万幸，千禧年之初，杭州的房地产尚未兴旺，价格还在可控之内，这也使得动迁居民的工作能够顺利进行，以复原此江南私家园林，如果放在今天，可能只能望洋兴叹了。

第三节　共性

除了上述几处园林以外，还有几例亦值得单独提及。

清代盐商黄至筠（1770—1838 年）十几岁时，父亲去世，又遭悔婚，家产私园为人剽掠而去，后来因为其父的关系，他被委任到扬州做两淮商总，借此赚得“第一桶金”。他前后给清廷捐资数十万两白银，

[1]　《胡雪岩与胡庆余堂》中说刑部尚书文煜是胡雪岩钱庄的存款大户，据说有存银 56 万两，因为被查抄全部亏损。他为了免除获罪，主动向朝廷捐献银 10 万两。曾国荃将文煜列为胡雪岩的最大债权人，使文煜获得胡庆余堂的全部债权。

买得“盐运使”的荣誉官衔。其长子、次子也都因捐资而买得官衔。清嘉庆二十三年（1818 年），黄至筠在明代寿芝园旧址上创建个园。刘凤诰的《个园记》中说“园内池馆清幽，水木明瑟，并种竹万竿，故曰个园”。黄至筠享用园林 20 年，其离世 20 多年后，个园被转卖给镇江丹徒盐商李文安。个园的面积远远小于上述五处园林，黄至筠的资料显示出他个人地位显赫，然而其后代未能持续为官，在晚清的历史气候中难以坚守。似乎是突然间的，他们的资料戛然而止。

光绪九年（1883 年），49 岁的何芷舠从湖北辞官来到扬州，之前他任汉黄道台兼江汉关监督，购得吴氏片石山房旧址后扩建为私家园林。何芷舠在园林中既运用了西方建筑特色，又广泛使用新材料，使该园推陈而出新，整个建造过程前后历时 13 年。然而，大时代下的何氏，也没有保有何园更长时间。

在研究了各处江南古典私家园林之后，可总结出以下共性。

第一，园主一方必须有稳定、充足、持续、可靠的资金来源，园林建设可以长期也可以短期，但园林的维护离不开雄厚的资金，这是保有园林的前提条件。

第二，在旧时代，要保证维持私家园林的经济实力和势头，除了做官，别无他径。

第三，私园建成并非意味着一劳永逸。仅一代为官是不够的，整个家族的官仕之路格外重要，最好持续有后代入仕为官。

第四，想要将园林维持在氏族内部，需要舍弃“亲亲继承”而考虑“强者继承”。

第五，在时代大动荡时期，应尽可能提升园林公有化程度，一个家庭想要保住偌大的资产是不现实的。最大程度的舍得，会获得最大程度的利己。

第六，只有园林真正归于公共化，才能彻底摆脱“繁荣—继承—衰败”的魔咒。

第七，查阅了相当多的私园及园主资料后发现，对各园主的赞誉，普遍言其为“清官”，这些评价让人觉得很是微妙。不由得让人联想，清官的私园尚且豪华如此，那贪官们的私园岂不是无从想象？而且历史似乎对清官的府邸格外“开恩”，因为贪官们的私园几乎都消失无踪。当资料中写满了他们都是清官这一论调的时候，其间的微妙之处无需更多笔墨。

《红楼梦》开篇有一首绝佳的诗，记在本章最后，正适合于体味江南古典私家园林的际遇起伏、几兴几废、倾颓流转：“陋室空堂，当年笏满床。衰草枯杨，曾为歌舞场。蛛丝儿结满雕梁，绿纱今又糊在蓬窗上……金满箱，银满箱，展眼乞丐人皆谤……因嫌纱帽小，致使锁枷扛；昨怜破袄寒，今嫌紫蟒长……甚荒唐，到头来都是为他人作嫁衣裳。”

第二部分　言　物

第四章

江南古典私家园林的地方风格

特色即不同于观察者以往的经验，被观赏物展现出他们不熟悉的面貌，比如色彩、风格、形状、意境等。简单的例子好比苏州人嗜甜、长沙人喜辣而济南人爱咸。本地人的习惯对于外来的人来说都可能是“特色”。

寻常的事物在同一地域逐渐被广泛接受，形成地方特色。园林之所以形成各个地区各有特色的样式，是因为建筑形制适应了各个地区的风力、雨水、阳光、季风和温度等自然条件，由此发生了地域化适应或地方性改良。江南园亭有像羽翼一样的屋檐，下方仅以纤细的柱作支撑，这样的构筑形式如果生硬地搬到北方，可能经历不了数场冬季的大风。地方特色是自然筛检的必然结果，除此之外，社会文化及民俗风貌等因素也夹杂其中，对地方特色的塑造起到至关重要的作用，而据有限的资料表明，江南地区私园的建造需要考虑的因素尤其多，造价也尤为昂贵。

第一节　和其他地区园林的比较

一、与北方私家园林

生产力欠发达的时代，园林建造表现出“不择地”的特征，这个特征当然是一种误解，并非不择地，而是园林的范围很大；而当生产力足够发达，人口众多，社会丰富度大大提升之后，私家园林的建造更难自由随意。历代私家园林大多集中在物质生活丰裕、文化较为开放、劳动力较为充沛和手工业相对丰富的城市与城市近郊。从全国来看，私园大致形成了江南、北方、岭南和巴蜀四大体系。

具体到江南，明清时期的私家园林多集中在交通发达、经济繁盛、水网密布的扬州、苏州、无锡、南京、昆山、嘉兴、上海、如皋、泰州、杭州等地，乾隆以后以苏州最为昌盛，无锡、上海、南京、杭州等地亦不少。江南气候温和湿润，水网密布，阔叶植物生长良好，这些自然条件都对私园的审美选择产生了影响。在植物配植方面，高大植物（高层）以落叶树为主，以松科植物为辅；中等大小（中层）植物以春花植物或常绿植物为主，辅以各种小型开花乔木，并广泛使用青藤、竹、紫藤、葡萄、芭蕉等；下层草本植物主要以麦冬等地方草本为主。一般能够实现四时有绿，时常花开，季季不同，有色有香。北方私家园林的观赏树种较江南私家园林少，垂柳、槐、松、柏、桦、杨、榆等乔木类是用得较多的树种，其中以松柏和柳树最多，因为它们的耐寒性强，能捱过北方地区的严冬。阔叶常绿树和冬季花木则较为稀缺；油松、桧柏、白皮松等针叶植物虽然冬季仍绿，但颜色灰重，观感不佳；槐、胡桃、柿、榆、海棠等较为常见。

江南私家园林建筑无需考虑气候状况，整体特征为轻盈通透、檐角高翘，且大量使用花窗、造型门洞，使得建筑空间层次多有变化。江南文人喜爱建筑色彩雅淡，多采用白墙黛瓦、原木赭色、青砖素地，呈现出写意水墨渲染的面貌。而北方园林构筑物被迫与自然关系密切，主要反映在温度、风向及阳光辐照与建筑的关系上。北方的冬季比较寒冷，防寒是建筑首要解决的问题，其园林建筑的各个面都必须抗寒耐雪。比如四面围墙都用厚墙，开小窗是为了减少室内热量流失，甚至很多使用盲窗。园林构筑物屋顶多用厚檐和吊顶，望砖、望板上的泥灰较厚，瓦用厚筒瓦，出檐浅，主要是为了防寒而不是泄水。梁架比较粗，是为了能够支撑冬天的积雪。北方私家园林建筑的坐向也非常重要，通常必须坐北朝南，因为如果没有阳光惠顾，冬季冰冷的房间会泛潮积水。北方的冬天时间很长，寒流来临之时正值万物休眠之际，人们只能把建筑作为庇护所，以防寒作为主要功能的建筑，南面开门开窗，北面较少开窗或仅开小高窗。

江南本为水乡之地，江南私园当然以水景为长，水与其他园林要素交映，水影成为园林的主景，实与虚构成重要的画面。太湖出产因水流不断冲刷而成的石灰岩怪石，“瘦、透、漏、皱”，令人遐想，将它们植立于庭中，或聚垒，或散置，可模仿出自然峰峦、丘壑、峡谷、洞窟、曲岸、峭崖、石矶等诸多山形。独立的太湖石还可作为独石观赏。宋徽宗修造艮岳大型置石景观，又设花石纲行署，专门在江南地区搜寻、查没、搬运太湖石，历时数十年。因为当时有利可图，民众大量挖掘河床，发展出叠石成山的工艺。除太湖石一类石材之外，又得益于长途贩运的便利，也发展出运用湖北一带的黄石（呈现黄色）、安徽一带的宣石（呈现出黑色）等异地石材置景的风尚。明清两代，出现了以叠石谋生的工种，一时间涌现出很多叠石名家，如计成、周秉忠、石涛、戈裕良、张南垣等，他们活跃于江南地区，对江南古典私家园林艺术做出了比较大的贡献。今天仍存的扬州片石山房大假山，据传出自石涛的设计；苏州环秀山庄的大假山则被考证是戈裕良的作品。因为石材沉重难以运输，花石纲误国之后，北方私家园林退而求其次就地取材，用石多为本地自产的山石。北京周边山区多产青石，也有类似于江南太湖石的北太湖石，身形更加浑厚刚劲。鉴于冬季有冰封的时段，北方园林用石的成本总体上少于南方，可采用冰面滚木运石的方法；南方则必须采用畜力、人力和水运的方法。

由于植物种类相对缺乏，北方园林建筑更偏重色彩装饰，灰瓦、灰墙、红门窗、红柱、黄石、青石、绿树、建筑构件的大面积彩画等构成较丰富的色彩。北方园林色彩艳丽、跃动；江南园林则是以灰、白、棕、黑、绿为主色，色彩清雅柔和。总的来说，明清时期南方私家园林和北方私家园林的诸多不同，主要基于园主身份的不同。北方的私家园林多为皇亲贵族的宅院，明清时主要集中在北京，且北方园林多讲究王侯气派，追求各种园林要素的雄伟高大，建筑须金碧辉煌，轴线特征突出，强调权力中心；占地广阔，平面布局严谨，建筑粗犷厚壮，沉稳坚实。许多宅院都建有附园，被称为王府园林，这是北方私家园林的一种特殊类型。而江南私家园林的主人大多是士大夫、富商、文人名士，其园林不追求馆阁的富贵华丽，更多地体现超然尘外的文人情调，着重强调自然天成之美。位置虽然多于城中，可是因为没有强权作为保障，迫于产权条件，未能方方正正，迁就邻里关系，轮廓随意。在私家园林的建造布局方面，北方的私园园主多可以获得较方正的土地，运用四合院形制，体现强烈的权力秩序感，但在景观上显得拘谨，采用轴线构图较多。江南的私家园林则在空间布局上更加随意，家长式样的方正和偏女性化的后园相互依存，一个园林内部有多道轴线，并且这些轴线在园林内部交汇，以显现围合感。若从水体的体量来考察，迫于自然条件所限，北方私家园林中的水面大多比较促狭，水岸与水面落差较大，江南私家园林则水面较大。

营造私家园林，无论置业何处，必然需要一定的经济基础。明朱棣之后，政治中心转移到北方，由此产生了数量颇多的北方私家园林，这种类型不在本书探讨范围之内。由于远离政治中心，气氛相对宽松，又基于较好的自然气候条件，江南地区的园林作品如春笋般涌现。而且江南地区素为鱼米之乡，手工业发达，商业繁荣，在经济方面亦给予了更多支持。北方私家园林在经济条件以外，亦有政治地缘的因素，所以不论皇家私家，都在北京范围内最多。

江南私家园林和北方私家园林归根结底都是中国古典文化在造园艺术上的传承和体现。基于江南的自然条件和经济基础，江南私家园林在艺术成就上超过北方私家园林，俨然“模范生”。事实上，北方园林在造园手法方面广泛借鉴了江南园林。比如，十笏园[1]是江南私家园林理念在北方园林运用的典范，其建筑风格、布局形式虽然体现了北方厚重粗犷的特点，但造园手法上又兼具江南柔美自如的风格。类似的例子还有很多，清代康熙、乾隆两帝多次南巡，由于嗜喜江南私家园林，于是将江南的能工巧匠招至京城构园。除了前文提及的圆明园，承德避暑山庄内仿建了嘉兴南湖的烟雨楼，小金山仿照了镇江的金山，芝径云堤仿照了杭州苏堤。

[1]　十笏园位于山东潍坊。原是明嘉靖年间刑部郎中胡邦佐的故宅，清代陈兆鸾（清顺治年间任彰德知府）、郭熊飞（清道光年间任直隶布政吏）曾先后在此住过，后于光绪十一年（1885年）被潍县首富丁善宝以重金购作私邸，修葺了北部三间旧楼，题名砚香楼，开挖水池，堆叠假山，始成私家园林。

二、与岭南私家园林

岭南园林文化因自然而生发，也与历史积淀有关，前者可归结为海岸文化和热带文化，后者可归结为远儒文化和世俗文化。岭南地区的私家园林特征也和域内民众的享乐与商业、开放与兼容息息相关。受自然条件决定，为了减缓水涝和湿气影响，岭南地区的园林建筑多采用较高的活动屋面、高建筑地基及柱础，为避免台风影响而采用缓屋面和石压瓦，为应对多雨问题而采用宽檐廊。

岭南地区的自然灾害较江南地区更甚，这使当地居民在视觉上寻求必要的心理安慰——绘制和雕塑龙、鱼、水草、龟、蛇、芭蕉等主题装饰，色彩也较江南地区更浓重且热烈。当然也有考虑实际功用的做法，即高墙冷巷，利用穿堂风的降温效果以实现温度适宜。岭南私家园林内任何可以利用的模仿自然之物的元素，在风水方面均经过了反复论证，当地的人对此格外慎重与重视，因此也表现出园林建筑方面的实用主义特征。

岭南园林明显受到远儒文化的影响。从地理角度而言，岭南远离中原，常常作为官员的贬配之地。和江南地区一样，岭南地区的语言也明显区别于历朝官话，这进一步促成其地域文化的远儒性。岭南私家园林和巴蜀私家园林的儒家意味很淡，岭南地区由于远离政治中心，多表现出一定程度的忤逆和反叛精神，于其私家园林建筑而言，则表现为梁架构建不规范、对楹联匾额不重视等特征。另外，由于长期处于偏远地带而形成尚武文化，其建筑立面简朴粗拙，表现出充分的防御性。这种风格从正统的美学标准来看，被认为俗气，即世俗审美，却是岭南景观审美的主流。明代中期，岭南地区的海盗和走私带来较多的经济收入；清代以后，岭南地区和东南亚广泛开展商业活动，特别是清代晚期以后，北方的官僚政客、江南的文人墨客、岭南的富豪商家成为私家园林的主要拥有者。岭南私家园林中空间的实用性及园宅一体是它的主要特征。

岭南私家园林的开放性、兼容性和多元性，最早表现于南越国皇家园林对中原园林文化的全盘吸收。至清代，由于岭南地区较早有西方人驻留，其建筑及构件开始带有比较明确的西式特征，比如私家园林建筑中较多地使用有色玻璃、穹顶、西式柱等，形成与江南、北方两地私家园林迥异的图景。岭南地区也较早出现了完全西式的私家园林作品，比如陈济棠公馆和谢维立的立园，这两处私园中的西式建筑让国人耳目一新。

岭南园林建筑中“公子帽”形状的风火山墙和江南私园中方正的风火山墙有着不同的形式美，这是疏儒与尊儒的区别。两广一带的士人更加洒脱不羁，其建筑用色也颇为壮观热烈，既不像北方园林那么刻板，也不似江南园林那样灰暗，形成了独特的视觉效果。

审美样式的某种“投靠”，其本质是经济依赖、认同或攀附。清末和民国时代，岭南园林呈现一定程度的西化，其实就是当时西方经济及先进的生产力对相对处于弱势的旧时代中国的不自觉渗透，表现在建筑方面，即为国民对西方文化符号和审美趣味的接受与运用。

三、与巴蜀私家园林

巴蜀地区历来自然灾害频发，官方有意营建了较多用以祭祀的祠庙，比如为大禹立祠、为望帝杜宇建造望帝祠。据记载，公元前 4 世纪的古蜀国已开始有造园活动，蜀王开明九世大规模营造了其王妃墓园，后又建祠庙、园亭。巴蜀园林于魏晋南北朝时期发生转型，资料上记录的园林有武侯祠等，是后来的蜀人为了纪念诸葛亮在卧龙岗上修建的祠院。巴蜀园林至宋代进入全盛高点，这一方面是因为巴蜀地区得到儒学浸润，人才涌出；另一方面在于中原的许多文人大家避难或游入巴蜀，对巴蜀园林的发展起到了促进作用。之后巴蜀地区出现了比较多的纪念性园林，私家园林亦开始兴盛。明清两代，巴蜀私家园林大量增加，成都有卓秉恬的相府、骆成骧的骆公府、岳钟琪的岳府等。据《成都通览》记载，清朝末年，成都著名的私家园林有城内布后街孙家花园、城内小福建营龚家花园、城内三槐树王家花园、东门外双林盘钟家花园、南门外草堂寺侧冯家花园、南门外百花潭对面双孝祠花园等。其中湖柳荷花、曲桥竹径、梅苑假山、水阁凉亭等风景尤为动人。巴蜀地区现存年代较早的园林作品，还包括成都杜甫草堂、眉山三苏祠、绵阳李杜祠、新繁东湖（李德裕）、广汉房湖（房琯）、宜宾流杯池（黄庭坚）、崇庆罨画池（陆游）、新都升庵桂湖（杨慎）、成都望江楼（薛涛）等一大批名人纪念园林及私家园林，它们成为该地区古典园林艺术的主体。

巴蜀文化的形成与发展深受其地理环境的影响。巴蜀地区相对封闭，这导致其和江南地区的文化交流不够充分，但巴蜀地区仍克服地理区位的弱势，逐渐积累成为文化、经济与军事均强的重要之地，也形成了相对独特，更加自在、狂放与豪爽的巴蜀文化。巴蜀私家园林以“文、秀、清、幽”为风貌，比其他地区更贴近民间。巴蜀私家园林分为有垣（包括栅栏）园林与无垣（不表现边界的）园林两种，以后者居多。园林与庄园结合较深，即生计与游乐并举，凡农、工、牧、渔、商等各种产业，都在园中。巴蜀地区的气候特点是夏季湿润炎热，冬季湿冷但少雪，盆地地形导致风力通常较小，雨水较多且汇水面积大，于是在建筑特征上表现为平房瓦顶、四合头、大出檐；而且建筑多设阁楼，作为比较重要的贮藏、隔热甚至起居之所。由于盆地地区多阴天，巴蜀私家园林的建筑并不特别强调朝向，相比光线，更讲究通风情况。建筑合院如果有天井，也多进深浅短。合院住宅的屋顶常常相连，没有设置典型的风火山墙，由各种廊道连接各个建筑，以避免雨天淋雨，这种建筑式样在两广一带亦常见。由于夏天阳光集中且日晒强烈，其建筑出檐面积较大，这也可以有效地减少大雨伴风斜袭，避免墙体被雨水冲刷潮蚀。巴蜀地区位于内陆，台风和严酷风雪气候极少，建筑屋顶不需要格外加固，多为轻质的穿斗式构架。因为山地很多，当地人善于利用地形，采用吊脚、干栏等方式根据实际地形造屋，随时调整，不拘成法，重在自然，人工痕迹少见。

巴蜀私家园林中较少使用人工假山，这也是基于巴蜀地区自有的地貌特征，其山川奇峻，河流众多，石材丰富，色彩艳丽。俗话说，“物以稀为贵”，多见之物便不会得到着重利用。巴蜀私园的园林置石一般较小，技法简单，营造古朴粗犷的气质。与江南私园相比，巴蜀私园也讲究山水构园，大多也都以水池为重心，但擅长借助自然条件营造真山真水，呈现山静水动的自然景观特征；而江南园林则多以人工叠山置石造景，重视人造瀑布、溪涧构景，体现人工造诣的境界。

在园林花木方面，巴蜀地区与江南同属于亚热带季风气候区，温暖湿润，土壤肥沃，非常适合树木花草生长，但巴蜀与江南的土质和日照条件不同，所以在园林植物资源方面存在差异。巴蜀私园更多使用常绿阔叶植物，使四季差别并不明显；而江南园林中热衷种植高大落叶乔木，以营造四季循环的感觉。在植物配植方面，巴蜀私家园林的手法较为古朴，多采用成林成片的群植方式，以呈现强烈的山林之美；并且在所有的园林要素中，植物比重偏大，古朴自然，在细节精致度上相比江南私园稍逊。

由于巴蜀地区气候炎热，湿度较重，所以园林建筑在平面功能和立面造型上都重视通气，厅堂空间较大。由于长期远离北方政治，巴蜀建筑受传统建筑方式的限制相对较弱，布局更开放自由，造型轻盈精巧，色彩朴素淡雅——这一点和江南私园相似。不过，由于巴蜀地区是道教的发源地，所以建筑又常有豁达飘逸的韵味。

与东南沿海地区不同，旧时代巴蜀地区与陕西、甘肃等省份关系更为密切，长期受到这两个较为传统的地区的文化熏染，形成了较为保守、内敛的文化倾向，崇尚英雄和名人贤士。巴蜀私园大都与祠堂有直接联系，因此还有一个其他地区园林所不具备的用途，即举办大众参与的民俗活动。而且，当地民众安逸畅乐，喜欢聚集娱乐，所以巴蜀地区的私家园林即便属于个人，也多少带有公共游览的性质。这也是其他地区园林所未见的有趣特征。

巴蜀园林和江南园林的区别基于两地不同的地域环境和各自独特的发展过程，巴蜀私家园林更加追求园林要素融入自然，强调人工退让于自然，是“造而自然”；而江南私家园林则更倾向于人工创作成自然，寄情于城中山林、旷然世外，是“造成自然”。虽然江南私园更显细致、精巧，艺术手法更丰富，但两者仍有许多相似之处。它们都是中国古典园林的典型代表，也都有着深厚的文化底蕴。

第二节 江南古典私家园林的居宅

江南地区从气候角度而言，具备得天独厚的条件。尽管广泛分布自然水体，可是私家园林的园主们并不排斥在自家宅园之内再设水池。一种可以想见的理由是公共性质水体的利用方式。独占一块水域，大致可以提升水质的清洁程度。私家园林园中多有掘井，园主生活用水以地下水为主。也有少量园主将井水灌注池中，作为观赏用水；若水体源于外界，则在入口处设置竹篦以阻隔杂物。

江南古典私家园林通常会最大程度地利用和处理水景，给人以柔和清丽的印象，以至于水体成为一种“标准配置”，即便有些园林的地理条件并不适合，园主也会在有限的技术条件下制造出来。水景的塑造可以算作江南园林区别于其他地区园林作品的独特元素，同时水体也是评价一个地景作品是园林还是花园的标准之一。

某个地方有自己的自然地理环境，也就是有了历史文化因循，由此可以形成自己的特色和风格。某地的特色若被用到其他地区，则可能不能唤起“共情”。虽然造园的原意有相似之处，但各地的人对功能要求却可能迥然不同，能够运用的材料也由于能够就地取材而呈现出地方性特征。将多地放在一起比较，就会发现风貌各异，由此生发出不少趣味。即便在江南地区，不同地方的园林在风貌上也有些微变化。如扬州在长江以北，园林风貌有一些北方地区的雄健意象，同时也不乏江南地区的清秀雅致。扬州古典私园中的假山更加高大，园林建筑也较为高大宽敞。分析其主因，在于园主大多和盐业经营相关，这是一种生活必需品的销售垄断所产生的巨大溢出性利润使然，当然，喜欢“大”也是资产集聚的本性之一。苏州古典私园的厅堂一般面阔三间，而扬州个园的抱山楼有七间。之所以拿个园做例，是因为个园是出名的小号园林。

扬州私家园林用料也偏重昂贵，重要厅堂建筑使用楠木，地面铺设品质较好的方砖，大门用砖雕门面，整个墙面都用灰砖对缝辅以精致装饰，在街道中特别突出；苏州的古典私园大门常常并不做多余的装饰。扬州叠山常用小料，注重各个石材的纹理，模拟真山的形状，精于用湖石和黄石混搭堆砌，堆山与堆山之间的过渡顺滑，并不突兀；而苏州私园用石一般不会混搭，而是强调单独展现各自风韵。扬州私园中还有“壁山”这样的形式，即靠着墙壁堆假山，比如何园和小盘谷，后来贝聿铭建造苏州博物馆时也在入口水体后的北墙上塑造了壁山，传统且具画面感，极有可能是受到扬州园林的影响。两地园林样貌的区别，源于扬州古典私园的厅堂常需要招待在职官员商议“盐”事，多少带点资本保证金的味道；而苏州古典私园的园主大多是退休官僚，所举办的宴会和居家聚餐，其参与者估计也并不需要园主过分安排豪奢的排场。加之前者招待的是“生人”，是在生人社会中找寻自信；后者招待的是“熟人”，熟人之间本不必过分客气。

江南私园的建筑轻巧通透，檐部起翘幅度大，这是为了更好地排散雨水，可以与之对照的是岭南地区。岭南地区气候炎热、多大雨，则建筑的檐部无论如何起翘都无作用。江南私园几乎处处讲究造园手法，每个江南古典私家园林都努力营造一种无穷无尽的感觉。这是因为旧时代的人和我们在品趣方面有所区别，同样是“宅”在家里，古人可能更多地把时间花在与自己对话和自我内省方面，思考审美、创作和个人修行。“古往今来，顷刻间演过千秋世事，天涯海角，平方地可走万里河山”，这是江南私园的“小”给予园主的近似于安全的感觉，尽管在今天的我们看来，江南私园并不是真的小。公顷之内的土地足够让园主领略四季轮回，其物态之“小”并不是心性之“小”。甘于肉眼所见难免落于浅显，敏于用脑省察方能认识深刻。事实上旧时代人的意愿，也就是那种运筹帷幄也能决胜千里之外、闭门造车居然也能出门合辙的意境。

人本来是喜欢群居的动物，然而当人们逐渐解决了生存问题，并不需要时刻劳动，同时社会分工发展到一定阶段之后，人已不再需要与其他人每时每刻共处。孤独是智慧进化的一种需要，孤独所带来的个体的神秘感，也是原始获得权力的基石。事实上孤独到一定程度，据说能够敏感地察觉周遭变化，洞察世事与人心，好比眼盲的人特别擅长听，耳聋的人特别善于看；而且免于人情和俗欲困扰，有助于生发出超然的悟性和气质。我们无法想象旧时代的园主如何在没有电的时代生活，不混迹于人群，不追随外界事情，“宅”于私园之中能够有什么乐趣。可能我们的心灵已然习惯了纷扰，这也是一种入奢容易而退朴艰难的状态。本人猜想，旧时代的园主孤独的“慢生活”自然而然地培育出了不骄不躁之气，让他们得以内心充溢丰盈。

“春有百花秋有月，夏有凉风冬有雪。若无闲事挂心头，便是人间好时节。”江南私园的园主们可能享受于与世隔绝、截断纷扰的闲情逸趣，现代的我们，是否也能够将这种心态继承，暂且放下浮躁，认真体味当年园主之“宅”呢？

第三节　江南古典私家园林的美学

研究江南古典私家园林作品，论及美学原理，必然要温习江南地区的传统景观。“景观”一词是近代出现的新式词汇，很难说以往所称的“形态”或者“面貌”与现在江南古典私家园林“景观”能够相互替代。如今所谓的江南古典私家园林景观，其意义的内涵和外延均大于以往的“私园面貌”和“私园形态”。以往私家园林作品的“景观”是自发形成的，虽然堪舆之术深入参与了私家园林的形成和规划，以至于形成了古典私家园林的面貌。堪舆可以明确告诉人们不能怎么样，当限定了大概的建造性方向之后，再实施建造就相对简单，经济消耗更小。事实上，私园的建设总是不断进行调整的，且不说天灾人祸的流变——回禄之灾、年久失修、风吹雨打等，就是添丁加口，也需要扩充房屋，而这种扩充往往需要顺应当时的条件。

古典私家园林基于不同的地区，基于园主各自独特的生活方式、价值观念、审美取向与理想精神，呈现出个性差异、自然和文化景观差异。而美学是研究美、美感、审美活动和美的创造规律的一门科学。关于美的问题涉及美的普遍本质，美的根源、特征、形态及美的主客观统一性等；美感问题则涉及美感的性质、特征及影响美感产生与发展的客观因素与心理因素，以及如何通过审美规律，包括审美经验与审美意识的形成、美育的有效实施，提高审美主体对美的感受能力和创造能力。

美学原理或许能提供另外一种切入和思考的视角。

一、私园景观与江南山水美学

江南古典私家园林本身不仅承载着江南之美，而且是江南民众感受山水道德之美的教育者。可以说，江南山水能够早在六朝时期即成为相对固定的一类审美意象，民间价值取向和信仰发挥的塑造与培育作用不可忽视。江南山水美学是历史契机的产物，如同早就备好了柴，等到了适时的火，又恰好有了合适的风。六朝之后佛、道理念兴盛，江南地区广泛修建的宗教功能性建筑既具神性，也充分具备美学品质。在这些外观雄奇且高调的建筑的烘托下，朴野的江南山水和名人居所弥漫着人文气息。

江南地区距离帝国政治中心较远，受到的政治纷扰更小，士人觉醒的自我意识糅合了随性的山水审美，士人借助颂诗题赋、抚琴作画、著书撰文，将其对仕途、官场、生活、社会、民情、自然、市井的感知、感悟、感怀、感想表达出来，引人共鸣及共情。更自由的经济生活选择参与了对江南山水自然和市井烟火的审美实践，形成了丰富的艺术作品，不断影响且融入江南人民的审美意识，推进江南山水的审美意象，甚至跨越了感官的有限性，深刻包含了超自由的精神。郭璞的《游仙诗》中“青溪千余仞”“绿萝结高林”的江南山水美景，与“静啸抚清弦”“仰思举云翼”的逍遥自在、洒脱飘逸，共同组成了江南审美的和谐况味，一方面是求道的理想境界，另一方面是士人的精神归宿。实际上，儒的生活方式比较“贵”，相当于一种增量获得或持续，而道的生活方式更具有经济自由性，有时候表现为一种向下的姿态。

历史上的偶尔开放如同瞬间春色，使得文化思潮瞬间开启井喷状态，而且，开放的社会心态会大大促进文化的存异包容。历史某一契机促成了儒、道、释三家归流，众多文士由此创作出巨量的江南山水作品，文学艺术一旦成就便不会消亡，即便消散但意象仍存。江南山水化作传统审美的一种核心，也夯实了文化的基础。

江南古典私家园林景观体现为自然美和与自然环境融为一体的人工之美的结合，表现形态多种多样。其景美的特征主要表现为形象美、色彩美、动态美、朦胧美和音响美。

1. 形象美

江南古典私家园林景观之美，总需要以一定的形式和形象表现出来，形象也是景观美最显著的特征，“美是形象的显现”。景观只有以其形象显现出来，审美主体才能感受到它的美。江南古典私家园林的美学特征主要表现为秀、奇、幽。

秀：即柔润秀丽，优美颐和。其表现的形象线条为曲线，质地柔润，无强烈对比，柔和安静，使人想到依依杨柳、身姿婀娜。从色彩看，它并非热烈，而是使人们想到清澈的溪水。江南古典私家园林景观使人们想到村落中的水塘、民居的炊烟或者山乡中的烟雨，甚至是苏堤春晓、柳浪闻莺。“水光潋滟晴方好，山色空蒙雨亦奇。欲把西湖比西子，淡妆浓抹总相宜”或是“独坐幽篁里……明月来相照”。秀美的形象给人甜美、安逸、舒适的审美享受，使人的情绪得到安慰。

奇：即不常见、稀罕，变幻无穷。如江南古典私家园林中的玲珑湖石，引起的审美感受是令人神往、兴味盎然、妙趣横生。

幽：即静。江南古典私家园林的整体色彩泛青、灰等冷色，常见的是粉墙黛瓦乌石路，加之烟雨空濛的冬春两季，湿气弥漫，呈现出幽深莫测的神秘感，使观者感到清净。

2. 色彩美

江南古典私家园林景观的色彩主要由树木花草、瓜果李桃、村落建筑、节庆装饰、水塘溪流等构成。其引起的审美感受是恬静、幸福、赏心悦目。江南古典私家园林建筑内部的色彩无论层次还是种类都很多，外部的整体性景观的常见色调是灰、黑和白，艳丽的色彩则来自人的装点与活动。池水相当于自然之镜，水面借助阳光反映其周围的一切物象。倒影和映影使得园林的纵向空间被拉大了，也使得水畔建筑形象更加明快，层次更加丰富。有时园林水体倒映蓝天白云，再加上其中的藻类、鱼类，本身就带有丰富的生动的色彩，水与物相依的景色更使人陶醉。

旧时代色彩按照尊卑以黄、赤、绿、青、蓝、黑和灰为序，皇家宫殿建筑多用金、黄和赤色，普通民众的宅居建筑则用黑、灰、白。江南民居建筑景观给观者的第一印象是清冷、朴素，这奠定了地域文化的基调，塑造了人们的审美情趣。这种色彩对江南城市意象和江南古典私家园林整体风韵的形成亦有重要的影响，色彩与建筑样式的结合焕发出了独有的魅力。一在于纯净，二在于它们产生的对比。建筑立面和色彩的配合营造出特有的三维空间，加上岁月的流逝这一四维坐标，墙体产生了斑驳且富有层次的变化。园林建筑的高与矮、长与短、大与小，建筑和建筑之间形成的影，映在其他的墙面上，形成虚与实、前与后、深与浅的明暗层次。如果再有花木及其动影的配合，无疑是极其优美的画面。

私园建筑的室内色彩亦很丰富。布局上常遵循规范的样式，青花瓷瓶应摆放于条桌，暗红色的家具须整齐对称摆放，地面使用江南常见的青石或灰砖，以小木做雕刻，有时予以油漆描绘，但更多则用桐油漆出木的本色。墙脚栏石、天井铺地、栏杆基盘、照壁石材、漏窗石梁等多用江浙自产的石灰岩青石和含有赤铁成分的红砂石做成，南京、苏州的私园中还可见到来自安徽歙县的乌石，这是制作歙砚的石材。现代园林里常见的花岗岩，其实在旧时代的江南古典私家园林中也偶见。石工还常常利用石料本身的自然纹理，或者组成图案，或者故意放置在能够被雨水浸淋的位置，被水润湿后，其色彩会变得鲜艳且富有变化。清中期以后，聪明的工匠还制造出带有自然条纹的灰砖，这些条纹深浅不一，很像天然的大理石。木材和石材这一类天然的建筑材料，其自有的色彩柔和，不至于特别突兀，使人体验到淳朴的自然之美。而且，江南私园建筑还广泛采用雕刻，这些雕刻无疑是旧式道德和民间追求的无声宣扬，而崇尚材料本色的做法则使其更显朴实庄重。

3. 动态美

江南之美是动态的美，同样的景物随着季节时令及天气的变化，会呈现不同的形态。江南私园在不同季节会有不同的况味，给人以不同的感受："春山烟云连绵人欣欣，夏山嘉木繁阴人坦坦，秋山明净摇落人肃肃，冬山昏霾翳塞人寂寂。"[1] 另外，江南私园中的水本身也是动态的，流水、小瀑和水雾随时都在流动和变化，给园林景观增添了动态美的活力。园主感知私园自然犹如"悠然见南山"的轻松便利，山水美既丰富他们的精神生活，使他们忘情于方寸自然，有助于消除疲劳、愉悦精神，又能够陶冶人的性格和情操。

生活在"理学文章山水幽"的人文氛围中的江南民众文化修养深邃，私园构筑物多依附于动水，叠山竹影，动水流瀑，加之私园内植物季相色彩四时更替，日出日落的光影变化呈现不同的明暗色调。私园建筑的脊线与翘角如同山峦，虽是静的建筑实体，却与动的植物枝叶、溪水或塘面，形成生动活泼的对比。在江南古典私家园林的众多要素中，水最具有生动的魅力，江南民众视其为"财"，它或缓缓流动，或如同镜面般静止，根据人的需要与园林建筑融为一体。如拙政园的水体、狮子林的小湖，园林建筑在水面的倒影建构出建筑的虚像立面，创造出多维的空间，极大地丰富了视觉意象。有一些江南私园景观恰恰得益于动态的水，是水成就了相应的园林。

4. 朦胧美

江南古典私家园林也有一部分模糊的景观，不确定、难捕捉，这其实是江南整体景观意象的另一种性格。其幽邃、神秘、玄妙，又带有诗意和禅意。以现代思维观之，恰是妙在模糊、美在朦胧。

江南古典私家园林的朦胧美有时候是"不得已"的。出于防范和安全的需要，很多园林有意种植高大的乔木，营造包围感，呈现归隐之意。都说"溪流之畔有佳园"，可是其常常"陡转于密林之间，咫尺之遥而不可达"。旧时代兵荒马乱时有发生，安然生活的私园隐身于城市之中以避免世乱，这不单是一种处世之法，更被提炼为世代流传的人生哲学。"木秀于林，风必摧之"，朦胧感逐渐上升为一种美感，而其首先基

[1] 引自（北宋）郭熙《林泉高致》。

于的，可能是一种“明哲保身”的无奈。

江南古典私家园林的朦胧美还表现在“意在言外”。没有什么语言能够绘尽江南私园的美，它往往只提供某种程度的叙说，其韵味得细细体会方能知晓。能够准确说尽的，常非难得之物，真正美的景观大多是只可意会不可言传。江南私园景观的朦胧美，如同“不着一字，尽得风流”或者“言有尽而意无穷”。真正好的私园景观，似乎是无意的，只提供一种模糊的暗示，由得人们根据自己的阅历、心情和所处的时间去联想、生发和充实。如“自在飞花轻似梦，无边丝雨细如愁”，或者“春色满园关不住，一枝红杏出墙来”。江南古典私家园林的内涵总是等待我们去充实，每个人的生活、性情又是那样迥异，由此生发出丰富多姿的不确定的美感，恰似“一千个读者就有一千个哈姆雷特”。

5. 音响美

山水间有着各种美不胜收的声响，如鸟鸣深涧、蝉噪幽林、风起松涛、雨打芭蕉、泉泻清池、溪流山壑等。音响也参与山水美的营造，山水美因此别具韵致。如峨眉山万年寺声如琴瑟的山蛙和鸣，大连老虎滩清晰洪亮的海啸声，敦煌鸣沙山那宛如管弦乐合奏的沙鸣声。山水与其特有的音响造就出风格独具的意境，人们置身其中，获得奇妙的美感。

感知声音是一个涉及生理和心理的过程，从简单的感知鸡鸣犬吠、蛙语蝉鸣，到复杂的地域文化积累产生的整套声音形态，其间是不间断的创造、筛选和磨合。这些声音的刺激，唤起人们理性或感性的感应机能，进而使人品读其中的文化意趣。江南古典私家园林的音响美是对江南山水自然音响美的复刻，将鸟鸣蛙噪、泉流松风收集于园林之内，有腔有调，是一种闲适的符号式享受。人在园中，仿若身在自然，与天地万物相和相生，也是在对其重复不断的体验中，江南地区音响美的印记由此形成。

二、江南私园景观与审美欣赏

审美欣赏是审美主体对审美对象进行感受、体验、评价和再创造的心理过程。审美欣赏也意味着审美过程、审美认同和审美结论对不同人群进行的筛分。一般来说，它从对客体的具体形象进行观察开始，经过分析判断、体验品察、联想生发、想象描绘，在情感上实现主客体的融合。审美欣赏与一般认识的心理过程的区别在于其主要是形象思维而非抽象思维或逻辑思维。审美过程既是心理认同过程，也是经济确认过程。心理认同强调审美主体自身的心理过程，而经济确认过程是个体之间的自觉归类过程。

1. 审美欣赏主体

江南古典私家园林景观的审美价值实际取决于它们的功能，以及它们能否良好地履行这些功能，即它们的审美价值取决于它们的生产性与可持续性。人们常过度强调“如画性”的景观欣赏，然而这种审美方式强调单一的审美景观，忽略了景观的多维性和复合性。审美欣赏的“如画性”传统发源于18世纪；“如画性”照字面理解就是“如同画一样”，它倾向于这样一种审美欣赏模式：将审美对象分割成单个的具有艺术感的景观——这些景观或者指向某一主题，或者作为观察者主体所表达理念的一部分。“如画性”与风景间的这种紧密联系，被“无利害性”所巩固。欣赏主体对景观适宜地保持着情感距离与物理距离，从而获得如远观风景般的观赏视角。

而我们能从私家园林景观中领悟到的远远不止图景形式审美的观赏视角。旧时代的人们，面对日益丰裕的社会，有机会拥有自己的园林，这甚至成为他们判别雅俗的话语——与其说是在构建“长物”的审美系统，毋宁说是在以彰显甚至标榜一些文人审美取向来完成阵营、群族文化的边缘划界及阶层区分。

社会财富逐渐积累和集聚到一定程度之后，传统社会的“四民分业”标准渐趋模糊，经济发达地区的士、农、工、商之间界限逐渐淡化。在江南地区，亦农亦工或者亦农亦商的现象比较普遍，且亦官亦商、贾而后儒的现象也不鲜见。各阶层民众在经济行为、日常行动和文化取向方面表现出相互浸润和交融的态势。士人在经济行为方面趋向于工商业者，而商人也在文化方面紧密地追随着他们心目中的文人雅士。文人据以为雅的具体行为、造园活动、生活习惯、家具布置、装束服饰等均被仿效、传播，并总是成为社会时尚和流行风潮。当文人察觉商品化裹挟而来的模仿之风，无论是从衣冠服饰到家具器用，还是从饮食风尚到园林居处，这些之前只能够由他们独享的物质，以及他们一贯以为确系他们用以区分彼此的审美趣味、生活风格，正在被其他阶层轻易仿效甚至反超之后，他们不但感觉到被沉重打击，而且亟须重新建构自己的风格体系，以重新确立"自己人"与庶民相区分的等级性身份认同标签。

如此，审美欣赏主体有更进一步发展园林的意愿。这种既焦虑又紧张的心理状态，推动着园林艺术达到时代顶峰。

2. 审美欣赏客体

江南古典私家园林景观是具备综合审美价值的一种景观类型，但无利害的、"如画性"的景观欣赏是一把"双刃剑"。我们在一项2015年的旅游问卷调查中发现，很多人认为观赏江南古典园林并不是"旅游"，而是"玩"。在该问卷中，可以看出普通人认为"旅游"这个词比"玩"更隆重，同时也能看出人们喜欢单纯的景观，是基于他们认为审美欣赏客体的维度少，更有利于身心的放松；甚至有些人认为江南私园景观"陈旧不堪"，虽值得去，但一次足矣。这种观念可称为"审美轻视"。哲学学者齐藤百合子（Saito Yuriko）认为每个人都会自觉地对景观进行筛选，一部分选择被自主定义为"缺乏审美价值"。事实上对大众进行调查可以直观地看到，青睐自然景观的人群数量远远大于喜好人居环境景观的人群数量，两者都不排斥的人也在用词数量和轻重程度上更青睐于前者。就"如画性"欣赏来说，那些满载人文与自然信息的，那些在构图、层次方面过于复杂的景观却常常被认为缺失审美价值。"人心所异，各有不同"，抑或说的是审美欣赏主体的审美能力不同。

作为审美欣赏的客体，江南古典私家园林景观展现着多样性。江南私园小却幽雅，富于精细的变化，色彩洁净。江南私园景观的形式美是其审美价值中的重要维度，但并不代表全部维度。江南私园景观有着更多维度的美，而不仅仅是那些在当下打动人们眼睛的形式美。比如当我们身处苏州拙政园的与谁同坐轩，静观布满繁星的夜空和满塘荷叶时，看到的不单单是那些令人愉悦的线条、形状与体量，还有观者生活中的许多事情，它们深深浸染着他们的记忆与体验中的许多情景和感受，从而使之生发出细腻的情感。由于景观维度很多，我们给这种审美欣赏客体赋予一个专有称法——稠密审美欣赏客体。具备这种稠密特征的景观，其实有一个基本共性——对象在稠密的审美欣赏上表现出“生活价值”，涉及更深层面的人类情感、态度和倾向等。其实蕴含在江南私园景观内部最动人的维度是“生命价值”，因为江南私园景观绝不是死的景观，是活生生的人生活过的并精心维持的景观；江南私园所呈现的那些事物，以及情感、态度和倾向都作为审美欣赏客体的内容。而对于江南私园景观所表现出的生活价值，观者恰好能够在心理上有所印证，从而生发出情感共鸣。

3. 江南古典私园景观审美的生态学维度

20 世纪 90 年代中期以后，中国学界就自然美科学性维度的研究和学术讨论有比较多值得我们注意的进步。其中比较重要的是生态美学的兴发。从当下来看，我们的美学对江南古典私园的重新认识与重视，也部分得益于生态美学的发展。而其之所以能为私家园林的研究提供新的动力，则在于它对私园自然性的实质有了新的界定。依照现代生态学观点，江南古典私园其内及其外的自然部分不但是有机的，而且是有生命体征的；不但是有生命的，而且是有美感的。因此“私园自然”不只是作为客体，而且是有机的主体。江南古典私园的自然美，不但包括其感性外观，而且包括其内在的生命性。这种江南私园的美学本质，使其具有独立存在、自我完善的可能性。

江南古典私家园林人造的“自然美”其实是以人类意识为标准的某种程度的人力之美，其审美价值受限于人的文化认识和审美水平。古典私家园林作为所谓“第二自然”，其园林要素及要素配合，实际上来自园主对自然的复造及模仿，是第二性的。对园林美的研究自然不应限于关注园林的自然对象，而是应重视园主及住民的经济属性，“住园”既包含社会性，亦包含精神性。

关于江南古典私家园林住民与私园自然的审美关系，园主与私园自然事实上是生命共享关系，也就是说，江南古典私园的美不是其间居住者的“单方美”，而且是居住者与私园自然的“相互美”。审美欣赏从来不是单方向的“人视自然”，而常常是人与自然的共享、共生、共情、共拥和共赏。可惜目前私园的产权已经多归属于地方，并没有多少人实际居住在其中了。作为外来游客，观赏过程其实也是和江南私园两者间的相互审视和审美，即游客参与了美学的过程。人是可以换位思考的高级智慧生命，不但可以站在别人的立场，有时候也可以借助想象站在观赏物的立场，反观自身和自然的对象世界。“我见青山多妩媚，料青山见我应如是”，这一类建构于物之上的反思或反观，使主体由人变成了被审视的客体，其实也暗含由傲慢向谦逊的一种转变。最常见的说法是“我”在私园中看景，别人也当“我”为园中的一景（“你站在桥上看风景，看风景的人在楼上看你”）。从这一层意义上来看，外来游客与江南私园自然的审美互动和共赏成为可能。

无须在自然中强调自然，亦无须在现代城市环境中炫耀现代。设计总是归于自然、舒适和适宜。江南古典私家园林始终是旧时代的践行者，而美终归是一种经济能力，不论是享受美，还是制造美。

第四节　江南古典私家园林的空间尺度

空间尺度和经济的关系密切，如同现代人购买房子，按经济能力购买相应面积的住房。民居建筑是房屋所有人经济情况较为客观和准确的晴雨表。任何江南古典私家园林同时也是宅园，园主们的经济能力远在时代均值之上，也就可以在尺度上完成均值的突破。所以说，尺度其实是经济能力的副产品。

江南古典私家园林尺度的重点，是园林要素与人的关系，以及对这些园林要素的认知程度。园林尺度相当于西方建筑的模数，当然不是要标明要素的绝对大小，它不是绘制施工图，而是以某个物体作为标的物或参照物。人对园林景物尺度和体量总能形成主观的认识，于是在不同体量的园林空间中漫步会产生迥异的感受。一般来说，这种感受来源于三个方面：人自觉地拿物与自身相比较，拿物所占据的空间与外界空间相比较，站在较高视角将园林的局部与其整体相比较。

江南古典私家园林空间狭窄曲折，居于其中可以轻易判断园林局部景观物的物理大小，但造园师会通过障、拖、隔、离、引、借等手法，让有限的园林空间复杂、丰富甚至无限起来，使人们必须步履不停，方能形成对全园的感受。不过即便这样，也不容易窥见园林全貌。比如留园冠云峰所在庭院，为了让只有 7.5 米高的石峰显得高大耸立，造园师不但用水系将其分隔，而且将步道绕峰之下，预留空间较小，人只能仰视，再加上背景建筑物的衬托，以及该石的长宽比极为悬殊，使人感觉该石有十余米的高度，当之无愧为“峰”。

造园师在叠山理水之时还会设廊架桥，沟通两岸以方便行走。网师园中最小的石拱桥“引静桥”长度不过一步，横跨于水尾之处。此桥所有构件均有收缩，实际在使用功能方面并不明显，但起到了显著扩大空间的功用，既使得水面变得悠长深远，又突出了与之紧邻的白色山墙及对侧黄石假山的雄大。江南古典私家园林因为受到地块的限制不得不构造小桥流水的诗意，而北方皇家园林因为地块不成问题，可轻易建设出真山真水的湖光山色。不同尺度条件下使用的建筑语言存在差异，引出的观者感受也有天壤之别。

空间是园主和造园师共同创造的，同时空间也成就了生活，园主和游客在园林中行走、停留、坐憩。江南古典私园多占地狭小，各种空间尺度都必须相应缩小，但缩小也是有限度的。比如私园中假山的窟洞需参照园主身高再高出一头来建造，其道理不言自明。江南古典私家园林是本着“以人为本”的原则进行设计的，尽管当年并没有这一现代词语，但尽量实现园主的意愿是造园师的职业本能。当然，古典私家园林毕竟是实在的居所，因此在满足基本活动尺度的基础上，也会考虑园中人的心理需求。也就是说，园林空间尺度也能调节人的心理感受。心理尺度也是园林空间中的重要内容。古典私家园林中的心理尺度主要是户间的人际距离。园宅在居住方面仍旧有封建层级的要求，需要符合既定的层次关系，某些个体之间必须保持一定的距离。

人们将视觉上能识别对象的间距称为识别尺度，识别尺度决定了私家宅园空间环境与视觉相关的尺度关系，比如被观察要素的大小和距离。人的视力存在天然差别，判断一个空间或园林要素的尺度，前提是视点的位置。从高往低看，或从视觉方向相反的方向看，其结果当然有较大的差别。人的尺度感主要通过视觉获知，所以对于园主及游客的空间尺度感的形成，视觉亦起到决定性的作用。除私园主体“人”的各种尺度之外，古典私家园林还特别关注构成私园图卷的园林之外景观的引入，也就是“借景”的园林手法，让园林的视觉空间较实质空间感觉更大。这也就是园林的环境尺度，环境尺度还包括与园林相关的气候条件、地理情况。

用留园作为例子，我们从道路网络系统、植物系统和园林建筑等方面分别说明。

留园中部区块的园路系统可以说是“盘根错节”，其交叉口大约有20处。一般来说，道路的交叉点越多，表明园林道路愈加宛转曲折，两个节点之间的步行距离会更长。在留园中，从涵碧山房到闻木樨香轩的直线距离是26米，自涵碧山房向西至闻木樨香轩的两条园路长均约34米。涵碧山房至可亭的直线距离是40米，步行距离实际更长，比较近的沿山路是66米，最远的路径居然拉长至124米。小蓬莱距离涵碧山房的直线距离仅为27.4米，但实际需要步行80米左右。

留园中的揖峰轩长34.45米，宽13米，面积为447.85平方米有余，仅为整园面积的2%。该院落虽小，但连廊层次曲折繁复，廊道实际就是这一区块的园路，连接院中的各个节点。中廊全长有104米，共弯折13道，90° 转角有11道，不断有墙体遮掩或镂空，充分利用廊道墙体与转折延长了观赏视线。自石林小院至揖峰轩直线距离仅10米，但由于两点间设置了花木山石，无法直达，唯通过廊道方可行至，路径距离实际上增加了16米。自鹤所到石林小屋的直线距离仅5米，但在游廊中环绕，最长的路径可达到百米以上，而最短的路径亦有30米。

江南古典私家园林中固定节点间的距离增加，不仅仅增添了曲折迂回的感受，以峰回路转造就景观节点，更会让园主和游客感到佳境连绵不绝，余味无穷。

如今江南古典私家园林的植物很难说是当时之物，但这并无关系，因为植物总是在变化之中，是否亦如当年也未可知。即便是现在，江南古典私家园林中墙脚、院角、空廊曲折处的植物，也强调入画性。比如留园入口处的“金玉满堂”，其名取自院中植物金桂玉兰，该空间进深约为 5.2 米，宽约 8.5 米，临白墙高 4 米左右，墙下有由 30 ～ 90 厘米高矮不等的碎湖石围成的宽 6 米左右、深 2.4 米的花池，内有假山矗立；其东边种桂花一棵，植株高约 3.5 米，西侧种植广玉兰一株。“华步小筑”亦运用类似的造景手法，在建筑之间空出 2 米左右的间隙，以白墙为背景，墙下散放置石为湖石花台，中间立石笋，种植天竺葵，再植爬山虎自行攀延。在廊中即可观赏该景，人距池台约 3 米，墙下小景约高 1.2 米，构成一幅立体的画面，因为植物占整个墙面的 30%，使整个画面空间轻松闲适。

留园中部区域东西向约有 115 米，其水面南侧，造园师由东向西有意营造了一条植物带。当植物生长得较为高大时，可以形成优美的林冠线。其中植物依次为：远翠阁南面约 15 米高的朴树（应为新中国成立后补植）；山体脚下水池北侧的大银杏树，如果将山体计入则高度可达 21 米；可亭后也有高达 17 米大银杏树一株；西北两座假山中间的水涧旁，有白榆一株约 12 米；另有朴树高约 10 米。这五株高大乔木在空间上构成了良好的林冠线。人们可于涵碧山房平台放眼观瞧北向假山、可亭及上述五株高大乔木，高大乔木将可亭从自然山体中凸显出来，形成了中国画样式的传统构图。假山上的植物优美挺拔，也加强了山体高大耸立之感。同时，从立面来看，这五株植物间隔均在 12 ～ 15 米，形成了较强的韵律感。

植物本身作为江南古典私家园林的造园要素，在之后的篇幅中会具体论及，此处就不着力评述了。江南古典私家园林中植物较其他园林形式不同，在于有比较特殊的二维植物景观形态和三维植物景观形态。以上两段就是二维植物景观形态的例子。

二维植物景观即对某些园林要素以某种相对固定的角度进行观赏，在这方面，日本的景观构成属佼佼者。二维的画面维度要求观赏限定在恰当的距离范围之内。江南古典私家园林建筑中多造有形态各异的花窗、漏窗、空窗、洞门，时而将建筑一角、植物或置石框入这些“孔洞”中，构成如画性的二维画卷。植物本身其实自有多个甚至无数个观赏面，本就具备塑造空间的功能，私园中的山、石、建筑难免存在构建不足或需要过渡的“灰色”空间，植物就可以有效地起到“遮丑”的作用。

江南古典私家园林中的植物当然也是园林的主角之一，而且对于分隔空间起到至关重要的作用。园路分隔出人的游走路径，植物则是约束并格挡人们视线的障景物。

体量较小的江南古典私家园林，其园林建筑的密度可达 30% 以上，如壶园、残粒园、拥翠山庄、畅园等；而即便是体块较大的私家园林，其密度也多在 15% 以上。中国传统木构建筑在立面上呈现扁平状，有较强的亲和力；在构图方面，扁平式建筑更容易通过植物要素与周边环境相协调。

留园内的最高建筑高 6.6 米，最大开间 15.3 米，具体建筑尺度参见表 4-1。

表 4-1　留园中部区域建筑的具体尺度

建筑名称	开间（米）	进深（米）	高度（米）	占地面积（平方米）	开间与建筑高度比值
明瑟楼	4.5	5.5	6.6	24.8	0.7∶1
涵碧山房	12.5	6.3	4.8	78.8	2.6∶1
濠濮亭	3.0	3.0	3.9	9.0	0.7∶1
可亭	1.7	1.7	3.8	2.9	0.5∶1
清风池馆	4.0	5.5	3.7	22.0	1.1∶1
西楼	8.4	5.4	5.4	45.4	1.6∶1
绿荫轩	5.7	3.8	3.8	21.7	1.5∶1

续表

建筑名称	开间（米）	进深（米）	高度（米）	占地面积（平方米）	开间与建筑高度比值
远翠阁	8.5	7.0	6.8	59.5	1.3∶1
闻木樨香轩	5.0	5.0	4.0	25.0	1.3∶1
曲溪楼	15.3	3.3	7.5	50.5	2.4∶1

注：本表使用了周萌《江南古典园林空间尺度研究——以留园为例》（华东理工大学硕士学位论文）中表4-3的部分数据。

园林的重要建筑常建在园中地势较平展舒阔的地块，山水、园林植物形成簇拥的态势，以突出建筑的重要性。在江南古典私家园林中，判断某一建筑是不是主角并不容易，要看是否给予其视觉强化。比如强调一个建筑的重要性，则在其前部安排水体，形成宽大的前置观赏面，使得这一较为空旷的地块在视觉中自觉地形成轴线；如果该轴线能够恰好和建筑立面垂直，则其园林建筑的重要性也就自然而然地彰显了。另外，对于较低矮的建筑，还可以用叠层的策略来增强其高大感。比如留园的曲溪楼，其面阔15.3米，高7.5米，虽进深仅3.3米，但通过上下层的对比感来突出建筑的体量，周边也并不安排高大的植物来“矮化”建筑，其北侧西楼后退，两楼前后配合，构成主次分明的建筑景观。

留园的设计建造者对居于其内的人的视觉感受给予了充分的关照，利用视觉相对开阔的水面以调整人们观赏水畔建筑的视角。通过观赏位置的变化营造不同的画面感触。我们都知道，人视域边缘的物体其实模糊不清，一般只有运动的物体才能引起人们的注意。当画面静止的时候，60° 以内的视域方为舒适的视域范围。在留园中，于小蓬莱看其东南建筑构成的视觉图卷符合人的这一视觉习惯，人们行至西北两座山下，可以再次观赏同一景观，此时因距离放远，视域收缩至40°左右，且并入了山体、水体、园植等更多园林要素，虽然被观赏的建筑体块缩小，但伴随着各种要素的增加，水中的倒影使得建筑的视觉体量增大了不止一倍。如果身处建筑外极其狭窄的水池岸畔向上观赏，虽然视线中仅有西楼，但因视角为竖直的90°，加之周边山石也烘托出楼体高耸的态势，更显得建筑高大雄奇。若于小蓬莱观赏东侧建筑，视角约 20°，植物遮挡了建筑立面，天空、植物和建筑构成舒适安闲的景观。步行到西岸山坡下再观望相同的建筑群，视角缩小至 10°，建筑群形成长条形的建筑带，衬托水体的宽广以外，更无形中增添了园林深远与广阔的意味。

第五章

江南古典私家园林的要素

现代将园林进行了要素性分拆，学者们较为公认的是将园林分拆为五个要素，分别为地形（道路）、建筑（构筑物）、水体、植物、置石。一般而言，如果没有水体和置石，不特别营造具有高差变化的地形，只有丰富的植物和少量园林构筑物，就不称其为园林。我们将这样的地块称为“花园”。所谓园林，以上五个要素缺一不可。

建造园林须进行坡度管理，也就是在地块中塑造出一定的地形，下一步就可以在低洼处注水，以造出水体。坡度塑造之后是置石阶段，使地形发生变化，甚至用石块堆积成山体。在起重设备并不发达的旧时代，这一阶段所费人工较多，但在园林建造的总投资中，也不过占据7% ～ 10% 的比例。

园林建筑的总体费用通常占比并不大，尽管园林建筑使用的材料、装饰的用工、木作及家具豪华精致，但其建造费用大致占整体投资的15% ～ 20%。

看起来平淡无奇的水体，占据的投资比例是比较大的。水体构建中需要解决下渗、边缘塑造等问题。由于水波的不间断冲击，驳岸稳固是相当重要的课题，虽然这是一项隐蔽工程。另外，若水体超过了日常水位，需要跟进相应的排涝措施；若由外引水，则必须考虑引水工程的塑造，这些和园林面貌无关，却是必不可少的投入。为了避免下渗，每年还要实施清淤及池底加固，这些都是例行的修葺工作。这一部分的投资，大概占据总投资的 15% ～ 20%。

现代园林植物的种植和布局，大概占据总投资的 10% ～ 15%。但在古代，大型植物的栽植和转运相当困难，大树移植也缺乏必要的技术，新建园林使用的植物仍旧是人力可控的小型树苗。故园林植物这项开支在古代并非大项，大概占总投资的 3% ～ 5%，或者更低，甚至忽略不计。

置石是整个园林投资中的“王者”。因为开掘及运输园林置石已是巨大的开支，而江南古典私家园林以置石为主要观赏要素，不但大量采用，而且重视置石的堆叠，其技术工艺和人工开支巨大。这一部分大致占整体造价的 30% ～ 40%。

以上园林要素的堆叠也涉及人工的费用。另外没有计入的，还有园林购地、园林杂物购置、其他超额项目、人情消耗等开支。事实上，购买较大体量的土地，古人也需要支付原住民拆迁补偿。这些部分占比大致在全部费用的 10%。

另外，园林工程中还包括隐蔽工程，也就是那些不在明面上的项目，比如给水、排水、除湿、地下管线、基础预埋、整地等，旧时代的隐蔽工程项目较少，可是经济消耗也不容忽视，大致占总额的 5% ～ 10%。

园林中的各个要素也是重要的观赏物，内含园林的文化行为模式，不简单地以个人意志为转移。它以社会物质文明与精神文明为基础，涉及一个文化物化的过程。经济要素或经济力支援对园林营造活动有绝对的主导作用，资金和空间缺一不可；此外，还有社会的分工合作、社会生产力水平与行业的有效执行力。营造私园的施工方法、工程顺序、地区材料、资金保障、艺术表现的生产资料、营造工具和设备等，均与社会整体经济同步发展。

园林营造这种文化行为模式从最初形成至演化成熟并传承，其过程从未中断。其间除了社会经济支撑，也离不开国家机器在背后的强有力保障。园林营造的文化行为模式之所以跨越千年延续至今，还因为各个时代对园林及园林文化的重视和推崇。历朝几乎都由国家设置专门的行政机构和专职官员负责计划、采办材料、营建、监督、验收、维护。园林营造首先于皇室，是权力和财富的综合象征，然后才得以向下渗透至普通士大夫和商贾等阶层。

中国疆域广阔，自然环境呈现出多样性的特征，这为园林形式和园林营造提供了充足的材料和空间。旧时代的人们在自然环境中经历敬畏、恐惧和“受虐”，形成了独特的自然观——风水观念，将其应用于园林或建筑的选址、定筹、计划、建造等。江南古典私家园林建造的微观与宏观、局部与整体的空间语言表达，秉承更高一级的“风水”理念，即“师法自然”。自然界的地形、水体、植物、动物甚至气候条件等，都可以作为重要的园林要素，工匠运用各种手法将自然和人糅合协调，推向艺术与文化的理想境界。

第一节　地形塑造

地形是构成园林的骨架，是容易被观察也容易被忽视的园林要素。无论是江南古典私家园林，还是其他园林类型，对地形的利用与改造，都影响到园林的要素节奏、建筑布局、给排水工程和植物配植等，进而影响园林的景观效果和“小气候”。景观效果决定视觉方面的舒适度，而“小气候”影响观者身体的舒适度。

古典私家园林中涉及的地形景观，大概有平地、坡地、山地、谷地、丘陵、峰、峦、坞、坪、河、湖、池、沼、涧、溪、泉、瀑等。要选取并组织好这些地形要素，除了考虑审美需求外，还要考虑“玄学”，即被称为堪舆或风水的“地形操控之法”。它讲究“先知先觉以知一切”，强调对危机的预知和转化，是古人在长期适应环境的过程中为寻求理想的生存居住环境而总结的经验集合，常给人以心理安定之感。

风水对于私家园林的地形塑造很是重要。这其实源于一种经济自信，在旧时代亦为一种奢侈行为。“天人合一”的宇宙观强调人与自然的关系，这贯穿于中国文化的始终，渗透传统文化的各个领域。人们出于对自然的未知及本能的恐惧，对自然产生崇拜和敬畏之情，其实可以理解为人类承认并顺适自然、依赖自然，从而形成与自然相互协调的良好关系，即一种人为设定的理想状态。旧时代江南私家园林尤为重视“天人合一”，这也是私园营建所依据的哲学原则；在建筑布局、叠山理水、植物栽植方面，讲究“尊重自然、顺应自然，彰显自然的自生之美”，甚至“源于自然而高于自然”。古典私园在方寸之间描摹真实，强调的正是“天人合一”理念的实现。或者可以说，“天人合一”是一个目标，是造园的理想境界，要实现这一目标，需要靠“理形”“理气”等具体的做法。起初主要是讲究地貌形态，营造“风水宝地”。章法方面比如“百尺为形，千尺为势”“势可远观，形须近察”“形成势来”“驻远势以环形，聚巧形而展势”等。

比如苏州耦园左濒流水，右临道路，前有自然河流，后建藏书楼，楼后又有水体，园内东部以黄石大体量叠山，整园塑形成山水错落、相互抱拥、山护水绕之境，此情此景“生气凝聚而不散泄”，整体性强且均衡巧变。耦园东侧有城郭矮墙，墙体逶迤，伴生草木葱茏茂盛，形成了山水环抱的天然地形。据说其地形使得气凝不散，或许也形成了令人感觉安全的心理空间。不仅如此，耦园布局不依常法，重视园林建筑的朝向、位置，对置石、植物、水体等园林要素的体块及方向均做细心安排。其西花园根据阳大阴小的原理而定，主要建筑也对应易学方位进行布局。

地形塑造的目的是调节小环境微气候，除了通过地形，江南古典私家园林也借水体、植物等来微调气候，即所谓“理气”。如沧浪亭中植物丰茂，修竹间有小园路与住宅通连，而住宅三面均环水或有林木遮掩。日光或直射或被遮蔽，有节律地变化，使得空间也收缩自如，有多变之感。居室前植竹后畔水，水体反射光影，在轩户内外汇合，更显得虚幻不似凡间。苏州私园的园林建筑、山体水体多掩映于植物葱茏之中，植物随季节而变，其形姿、色彩、气味、声音均可成为景观，也可作为“软化材料”与其他要素组合，“槐阴当庭、插柳沿堤、栽梅绕屋、结茅竹里”，其安排不但合乎美学，亦能在风水讲究上达到“趋吉化煞”的目的，营造一个凝聚生气、环境优美、安适和谐的小型生境。

地形塑造对于现代工程技术而言是相当小的问题，但在古时，全凭肩挑手抬的人力塑造出地形变化，实在不易。古时工匠堆土造山形，再根据山形来梳理水之走向，将各种园林要素于竖向、立面达成理想配合；而且通常挖掘水池的土方并不会被浪费，而是直接用于堆塑山体，以实现经济消耗的最小化。

在江南古典私家园林中，地形塑造最重要的部分即营造水体和置石塑山，以下即有详述。

一、理水

水无色无味，但可以依据周围环境，水体内的植物、动物或微生物，水的深度与流动速度等，加上光线的物理作用，营造出千变万化的景观。水面可以映照出园中的所有事物；水面浪涌拍打岸边的置石会接连泛起水花和声响；在特定的温度条件下，池水蒸腾，造就水雾弥漫的效果。曼妙的水声还能够塑造出类似“蝉噪林愈静，鸟鸣山更幽”的意境。寄畅园中就有“八音涧”，是以水声成景的经典营造景观。“八音涧”引惠山泉水，在寄畅园中因假山地势形成溪流、池潭、小瀑等水景，时而汩汩，时而叮咚，时而哗哗，时而舒缓，时而婉转。若静心聆听水声，则有趣意盎然的意境。

水是古典园林的重要构成要素，说“无水不园林”也并不为过。要区分园林和花园，一个不成文的规则是有水体便是园林，无水体的则被称为花园。其中的水是指“活水”，即能入又能出的水，同时又有足够存量和足够阔的水面。

如今我们参观私家园林，任何时间园中的水体都有良好的景观效果，这完全依仗现代化的机械设备和城市的市政供给。但在旧时代，水量并不是一年四季都丰沛的，在枯水期，甚至是没有水的。园中的水是园主经济荣枯的参照物，毕竟大量的园林维护资金用于水体景观的保持。

明邹迪光于《愚公谷乘》一书中说：“园林之胜，惟是山与水二物。无论二者俱无，与有山无水，有水无山，不足称胜。”“水法”和“山法”是私园营造中两大重要项目。在江南古典私家园林中，水是私园的核心，以水组景是常法，甚至古代造园师有“定园先定水”的习惯，水几乎可以看作江南私园的灵魂所在。相比叠山而言，理水在受限的技术水平下，更依赖具体的自然条件。正所谓“置石掇山可造假山，而假水难造”。古人认为停滞不动的死水不吉祥，所以古典私园中的理水常常是设法引入周边溪流、河渠、湖泊、涌泉。为了增加水量，有些私园还在池底凿出若干水井。有了水源，再对水流进行引流、塑形等艺术加工及整理。理水手法无定式可以遵循，也最见造园者功夫高下，其中也最容易嗅到金钱的味道。

理水的核心是为了以小显大、再现自然，除须解决源流与水路等问题，还要尽可能地保持园中水体的清洁、流动与水流量的基本稳定。为了水体美观，常常还要和置石一并考虑。在各种技术能力有限的旧时代，要比较巧妙且艺术地完成相应的工程，是相当不容易的事情。

很多江南私园盛名于天下，正是因为水体之美。旧时代的江南造园家格外善于利用丰富的自然水网，利用地区高地下水位等优势，巧引地表水并善用地下水，形成了丰富的造园理水的手法，突出了水这一园林要素的景观特色，表现出自然中才有的江、河、湖、海、溪、瀑、潭、涧等风景面貌。江南私园的水体虽比帝王宫苑的水体狭小，但表意是相似的，均以自然水景为师。如怡老园、东庄、沧浪亭等，均为如此。

两宋时代始成的沧浪亭可作为典型代表。它引入园外水系，水道纤细则流成小溪，宽阔之处则聚水为湖，水体于是兼具河湖的形态。外围葑溪的水源从东南方向曲折入园，主流绕园形成较大水面，水流进入园内后积聚成小湖。依现代造园理论而言，此水面形成内聚型中心景观，使得各种视线及园林建筑也借以内向。大面积的水面拉大了园林空间与距离，为了避免景观单调，需增加园林要素的层次。较大体量的私园，由于水的设置，更提升了投资的数量级。沧浪亭由苏舜钦至韩世忠时期均延续了以自然河湖作为表里的理水格局，之后的园主则在此基础上继续造池叠山，逐渐形成了两山隔湖相峙的形态，这使得沧浪亭山水共盛且层次感愈加丰富。

沧浪亭可称为河湖皆有，其他私园则未必有此条件。明吴孟融营造东庄时借得河景，明王鏊修造怡老园时借助湖景。这二园理水的代价都比较小，仅局部整修水廓而已。理水的关键也在于因地制宜。除水面平整的河湖之外，自然界尚有流泉、悬瀑等水流方式，但江南城市水网地带地势落差普遍较小，塑造这一类水形难度较大，所以理水造景的首选仍是塘、湖。

借水是重要的理水方式。顾名思义，其水并非在私园中，而在园之外。江南地区的城市如苏州，是较为典型的水网呈棋盘状的城市格局，这也造就了数量众多的借水型园林。它们与那些借自然河湖水体理水造景的古典私园相似，不同的是，其借助的是旧时代人力通浚的城市水体，手法当然也是或引入或毗临。所营水景样式多样，包括且不限于江、河、湖、溪、涧、潭等。这一类私园大多身处街坊，其借水的关键，在于对园林与自然水体的临界面的巧妙利用，或引入自然水体作为水源，或直接借用临近水体的景观，此中精神，恰如“清风明月不消一文钱”。

苏州老城的街坊，最早可以追溯到战国时的“间里”，在隋唐时期也称“里坊”。唐代长洲、吴县“古坊六十所”，白居易还有“水道脉分棹鳞次，里闾棋布城册方”的诗句。至宋代，由于里坊制的经济效率低、沟通成本高，同时也不适用于水网结构，其最终解体，仅江南某些村落仍有保留，但这些原有的里坊仍沿用旧名，形成按照街巷分地段构成的民众居住区域，也就是大家常说的街坊。南宋《平江图》上标示出了 65 座跨街及跨水而建的“坊表”。在旧坊墙与坊门被拆除后，宋之后的民众便可临自然水道建设，于是有了“前街后河，河街围绕”的格局。苏州城内的居住片区由南北向河流与东西向街道隔断而成，而后再由南北向支流和东西向横水支流或小巷分隔成众多大小不一但相对规矩的矩形地块。这些横河、横巷之间的间隔多在 60 ～ 80 米，住宅多为五到七进。受自然条件限制，大中型私家园林常位于居宅两侧，开水道将街坊前后横向水流贯通引入园内，做成池沼或流水；小型园林则更为灵活，或分为南北两户，形制多为前宅后园，引水入园的方式也更典型，网师园等园林中即有类似的做法。因为旧时代的江南民居多为 1 ～ 2 层，对园林的赏析多为平面而非俯瞰，所以园林多位于建筑的一侧，园林一侧的围墙即外墙，较少处于建筑中庭的位置。

鉴于上述水网及路网的形态，私家园林的入水口多在西北乾位，再由东南巽位出园，这种理水之法也与所谓的住居风水理念一致。但如网师园、涉园，则在引城市水体入园造水景上有所变化。涉园“凿池引流，以通其中”，其“引流”方位在园林最东一侧，凿通东墙墙体下侧做水口引水入园，造池与假山环扣形成园林主景。这其实是受私园所处片区位置条件所限，因存在高低差，未能由园林北侧横河进水，故而转由东墙引水入园。由此可见，规模稍小的私家园林，理水之法受到地理条件限制，并不限于“西北入东南出”的定律，方式更为灵活。

除将私园之外的水源引入园中营造之外，亦有一些私园直接借水。比如耦园一方面引水入园，但同时又有效地借用私园三面环水的天然地形，“以楼环园，以水环楼”。从“景、声、影”全面地借得园外河道水街入景。“以水环园”的格局似乎将园林置放于河道之内，营造出了“通渠周流、渔坞映带、湾碕回互、石梁往来、可舟可觞”的城市水林之园。耦园当然不是个案，采用这一类手法的私园还有芳草园、石涧书隐等。此类私园所在的街坊多前临街而背畔河，私园沿着河道展开。河道或许宽阔，也可能稍窄，实际上紧临水乡的市井烟火，通常私园在便于观瞧域外的地点建造高阁，以获得较佳的水景和街景观赏视角。如耦园建造“听橹楼”角楼，其楼紧临的河段有开阔水面，还有拱桥、柳树、花竹等园外景色。又如北宋隐圃：“圃之南端有小溪，溪水碧绿，游鱼可见，岸边竹树成荫。溪上结宇十多楹，名溪馆。”又有苏家园：“园西北滨河，河北尽植杨柳，因名‘杨柳岸’。”足见循借城市河道建园理水的私家园林或临或引或借，手法极其自由。

由于近代城市建设的需要，昔日的旧水道被变更或填埋，地表水体中断或消失，使得原借水的私家园林来水不继，同时另有数量较多的私家园林选址本身就周边无水或用地过紧，以致不便引入园外地表水。在这种情况下，园主干脆于池底凿井或挖掘沟渠，用地下水解决水源问题。该法虽非造园上选，却易行且耗资较少，而且不受外部环境限制，所以被普遍应用，清代中晚期达到最多。

时至今日，苏州及杭州城内的现代园林的水体亦多用此法。据苏州市园林管理局修志办公室编纂的各个江南古典私家园林志稿中记载的各园修缮情况得知，怡园水体中部池底有两口水井，拙政园、畅园、鹤园、狮子林、壶园、听枫园等私家园林水池内也都开掘了数量多且有一定深度的水井。这些园林中也有一些是既与城市河道连通，同时又凿井引水的，网师园即为典型代表。其园东南及西北各有人工水系与园外天然水系勾连，园林的西北设有可与外部河道往来舟船的水门。由于这种人工水体的维护工程较大，所以到光绪年间李鸿裔作为网师园园主时，他废除了水门且将水道封闭，园林只能借助内部水井的地下水维持水系。

事实上不论何处的私园做出何种努力，在枯水期，园中水系仍有可能完全干涸。因为在当时的技术条件下，无法从根本上解决池水下渗、蒸发的问题，也无法解决季节性导致的园外水体水位线下移的问题。无论上述何种来水方式，均涉及对其“源流”的表现，一般有水工技术上的“水源”与艺术表达方面的“水源”两类。不少本与城市地面水系相连的园林，在与城市水体的联系不幸断绝后，通常会在园墙水道与园外水体接头处（园林水体进水处和“断头”处），人为造出叠石或其他景观，对水的来源与去流有所表达，造成“水流无尽”的假象。比如拙政园“海棠春坞”及留园“活泼泼地”等，用水榭作为水体的结束点。水榭台基内凹进或外向悬挑，使得水面延伸到建筑的下部，看上去水流未尽。有些私园也会造出假的溪口、石矶、湾头，令所谓的池面看似水广波延、源头不尽；或者在尽端处种植亲水植物，栽竹育林，使水流掩映在花木葱茏之下，形成池水无边的心理印象，此即艺术表现的“源流”。

私家园林对超脱世界的追求与对市井生活的依赖，这两者其实是矛盾的，“鱼和熊掌”兼而得之的背后，是强大雄厚的经济实力。私园大多选址于古城闹市区，一方面城市的繁华给园主提供了物质生活上的便利，另一方面其拥挤的街巷又对私园产生了诸多限制，使其造景讲求以小见大，所谓“一峰则太华千寻，一勺则江湖万里”[1]。

江南私家园林占地规模的局限性和文化物态表现的含蓄性，客观上要求私园在较小空间内尽可能展现无限的自然，使人在私园中仿若置身于名山大川。因此在造景方面，私园采用了比较多的对比手法，如“以丛草为林，以虫蚁为兽，以土砾凸者为丘，凹者为壑”[2]。恰同盘中置石，

[1] 引自（明）文震亨《长物志》。
[2] 引自（清）沈复《浮生六记·闲情记趣》。

有意将水侧的植物、石材、建筑等的体量相对做小，以衬托出水面宽大。比如网师园的“一步桥”，虽然一步即可跨过水体，但正因为有此袖珍小桥的衬托，方尽显水面之宽阔。私家园林中常常利用通过水面一侧曲折的假山或光线稍暗的复廊，营造“豁然开朗”之感，衬托出整体景观的宽阔与明亮。

所谓“水不在深，妙于曲折[1]”。江南古典私家园林水景的营造还讲究“曲径通幽”。“曲”也是某种不得已或折中地扩大空间效果的造园方法，加之沿岸置石形成参差曲折无法一览无余的水岸线，水旁如果再配以吸引视线的建筑及植物，可营造出有效延展视线的效果，从而凸显水景的连绵不绝。当景致空间给人“欲隐还露”的感觉，即会引发人的遐想，景因水“曲”而“幽”。这种空间与情感之间的连通使人们下意识地探索景中有情的奥义。园中曲折的水景、园路和山脚亦促亦缓、亦合亦张，这些富于变幻的园林要素，以“一勺之力”达成了以少成多、以小见大的景观及美学效果。

私家园林的水体布局一般分为两种，一种是集中布局，另一种是分散布置。前者通常在中小型私园中出现，特点是把水体作为整个园林或庭院的中心，边缘多采用置石，建造成自由曲折的水岸，而水体四周通常布置园林建筑，使水体态势更向内聚。分散理水则是将水“化整为零”但相互通连，营造无穷无尽、藏幽深邃的观感。分散理水可以打造多个景观中心，分别营造小型景域，形成多个各自独立的空间。比如南京瞻园、苏州拙政园。瞻园由三块相互连通的小水面构成了三个各自成景的中心。第一块水面曲折多变，第二块水面开阔明朗，第三块水面相对狭小，但由建筑围合，营造出宁静深邃之感。拙政园中的水域分散，回环萦绕，园中狭长的水体纵贯全园，香洲前的水体回环，穿梭于廊桥，见山楼前水面开阔。分散理水的手法主要见于大型的皇家园林，江南私家园林毕竟限于有限的空间，但也能够借此表现出磅礴的气势。

江南古典私家园林意欲于有限空间中营造无限的景致和情愫，用

[1] 引自陈从周《说园》。

语言来形容相对无力，辅以数据更能凸显私园要素之间的比例与尺度关系。比如《园冶》中的“约十亩之基，须开池者三……余七分之地，为垒土者四”，园林水域面积要占全园面积的三成，余下七成中的四成叠石塑山，剩下的则是园路、房屋、植物等。现存的江南古典私家园林亦可以验证这种比例，如艺圃的水面占全园面积的29%，狮子林中的水面占全园面积的32%。另外，水中植物的栽植面积与水面的搭配亦需比例适当。较阔的水面上常种植睡莲、荷花，将植物合理布局，可衬托出水面辽阔，因此，园主会人为控制其生长规模，如将荷花、睡莲等先种植于瓷盆中，再将瓷盆置于池内，其茎部受容器限制，很难随意蔓延。小型水域则常不种植水植，而是豢养鱼类，比如网师园的“涵碧泉”。私园水体与其四面的建筑物，其尺度比例及风格亦有相当关系。体量高大的建筑旁如果水体面积过小，建筑会对水体产生压迫之感，水体也不会美观。狮子林中有“不系舟”，图景效果即是如此，水体面积本来狭小，水旁却还建造了较大体量的石舫，对水面造成较强的视觉压迫，使水面显得局促，成了园景中的一处“败笔”。

古代理水之术的玄妙之处在于，古人在不具备现代测量仪器的条件下，是如何在空地上确定并规划水体位置的。我猜想是否存在一种“围堰测绘法”，具体操作就是在目标地块四周堆土，往其间适当注水，以水面为标准，由各个测量点垂直向下测量标高而反推地形。如果地块的落差较大，无需使水没过全部地块，只根据需要测绘其地块的一部分，用石灰标记水岸线，然后恰当地缩进土坝，再注水测绘即可。每次注水的水深控制在人方便测量的范围内；测定完成之后只要放水撤坝，清理场地，恢复原有的样子，一张比较精细的地形图就产生了。一般来说，数字越大的点即地势越低，反之越高。开凿水体当然要选择地势低的点和局部的面，高处则可以安置建筑或掇山，这样一来，避免了地势问题导致的返工，工程量相对较小。当然，这一方法并不一定真实存在，只是在假设了多种可能之后，这种方法的可行性是最高的。

有无水体是区分园林与花园的标准。为何古人如此看重水呢？除了水本身是生活必需品之外，哲学先贤们也给出了答案。老子说：“以其不争，故天下莫能与之争，此乃效法水德也。”上善若水、海纳百川、以柔克刚广为人知。在我看来，水既有“守拙”之美，又有“齐心”之魄，还有“坚忍”之性。水是万物之源，如何夸赞都不为过，但水不仅不张扬，反而“和其光，同其尘”，哪儿低往哪儿流，哪里洼在哪里聚，甚至愈深邃愈安静。此等宁静达观，是人性难以企及。水的凝聚力极强，一旦融为一体，就荣辱与共、生死相依，汇聚即成江海，乘风便起波涛。水至柔，却柔而有骨，百转千回而向海，日复一日以穿石，令人肃然起敬。此外，水博大且灵活，通达而广济天下，虽无常形却怀无限生机。水面还似镜面，清澈透明，无限公平；临水照人，亦能促人自省。老子说水“善利万物而不争”，孔子说水“逝者如斯夫！不舍昼夜”，重视外物象征意义的旧时文人，如此重视作为园林要素的水亦在情理之中。

二、掇山

和世界其他园林类型相比较，以土和自然石料堆筑成山体景观，仅存在于以中国为主的东亚地区，因而具有较为特殊的文化意义。在起重设施并不发达的旧时代，石作假山的营造技术多由特定的工匠群体掌握，专人传承，尤其在明代后期，已形成地区性垄断。土山的营造，涉及材料、坡度控制，以及预防滑坡等特殊技术。就石山的营造来说，对石与石之间受力的考量、塑造形态等是典型的技术壁垒。长期以来，石作假山产生了诸多流派和风格，在园林景观营造中占据重要的地位，土山营建则始终处于从属地位，甚至转变为开掘水体的附属工程。现存最能代表中国古典园林特色的假山大多存在于江南地区的私家园林之中；假山营造的理论和技术，是古典园林特别是江南私家园林营造理论和技术的主要组成部分，甚至是核心内容。

人们皆知愚公移山之难，在生产力水平较低的农业时代，移山的困难显而易见。移山困难，掇山亦是；平地积山是一个高耗费的项目，不论是人力还是资金。

掇山特指在江南古典私家园林之中，以石材的天然形态为基础，采用人工堆叠的方式搭建景观构筑物，包括以假山构成的花池、云步台阶、水池驳岸、特置景石等。无论是模拟真山大壑，或是截取一角，假山均是在小尺度内造设峰峦叠嶂。掇山技术如其他民间手工技艺一样，一直以口传心授的方式，通过师承关系在相对小的范围内传承，其间虽也诞生了如计成和李渔这样的大师，将建造经验总结成书，但所记叙的多为造山的总体技艺，对技术细节较少涉及。历经数百年的演变，掇山业已形成多个风格迥异的流派，因为各派处理的石材不同，其技术亦多有不同，也即他们的记述常常仅为一家之言。虽然现存有如《园冶》之类名篇中确有具体篇幅涉及掇山技术，且被今人奉为经典，但在当时，的确是计成总结前人的经验及其自身造园技艺的一家之言[1]。所以业内断言《园冶》对清代园林产生影响较少，现代的园林学者动辄提及《园冶》，更多在于陈植先生之后。

除《园冶》和《闲情偶记》对假山多有记述之外，假山营造技术较少见于文字记述，几乎全凭山匠[2]师徒口传心授。数百年间历经朝代更迭，战乱动荡，其技艺未曾失传，不断成熟并发展，这也从另一个角度说明私家园林的营造事实上贯穿整个历史，从未停息。如此，假山营造技艺已被提升至文化、审美及彰显身份地位的高度。

“源于自然而高于自然”一贯被认为是中国古典园林营造最重要的特点。假山是人工与自然的中间态，因其构筑材料是天然石块，而其组合手法完全由人为操作。建成的山、谷、峦、崖是浓缩的自然山川景观意象，经人为抽象和概括而成；可以说，掇山是中国私家园林景观特色集中体现精妙之处。无论是模拟真山巨壑，还是截山断水，假山的至高境界是以小尺度创造峰峦叠嶂、洞壑峭拔的山水形象，是对天然山岳的

[1] 《园冶》成书于明末，入清之后因为阮大铖作序而一度被列为禁书，历经清代二百余年，该书几乎从中国民间消失。今天我们看到的陈植注释本，基于的是他在民国初年从日本引入的版本。

[2] 擅长堆叠假山的工匠。宋周密《癸辛杂识》前集一章的“假山”中有：“前世叠石为山，未见显著者。至宣和，艮岳始兴大役，连舻辇致，不遗余力，其大峰特秀者，不特侯封，或赐金带，且各图为谱。然工人特出于吴兴，谓之山匠。”

规律提炼和概括，名句“搜尽奇峰打底稿”正是假山营造的核心思想。

江南地区的私家园林历经战火和人为破坏，大多在20世纪50年代之后重修或重建[1]。这些恢复的园林，其建筑物有文献作为复制依据，且有专业工匠参与，因而在重建或重修之后大抵再现了原貌，但假山在损毁之后常常原貌无存，而现代的工匠在进行修复时并不确知假山始建的样式或者流派风格，因而难以推知其原貌。幸而早期修复的假山有老一辈专家的指导，加上现代化起重设备的辅助，修复的假山虽然不一定与原貌完全相符，但在意象方面已尽可能接近。20世纪80年代之后的一段时间里，公共园林大量兴建，由于资金的问题，无法购置真石，改以用粗铁筋搭筑，然后外用水泥塑形，如此制造出数量较多的一类假山，其中不乏神形俱佳者，当然也有不少粗制滥造的作品。假山是园林中开支比较大的要素；就规模较小的江南私家园林而言，假山质量的好坏，对全园的景观确实有着比较重要的影响。

江南私家园林掇山的动机，一种说法为炫富，二为归遁，三是赏石之风。体量巨大且奇形怪状的置石，占据了园林空间的很大部分，这也让西方人感到迷惑。之所以形成这样的传统，可能因为中国人对石有特殊的感受，这种感受类似于西方人的“崇拜”，是一种热爱与敬畏。所谓“圣人含道映物，贤者澄怀味象，至于山水，质有而趣灵……夫圣人以神法道，而贤者通；山水以形媚道，而仁者乐，不亦几乎？”[2]；还有“岩峭岭稠叠，洲萦渚连绵。白云抱幽石，绿筱媚清涟”[3]。山水审美与诗画相融，成就了江南古典私家园林以诗情画意为核心的意境表达方式。

中国旧时建筑主要以木结构为主体，砖石技术并不发达，主要的原因在于黏结材料的问题始终未能有效地解决。石灰和黄泥这样的材料

---

[1] 江南地区古典私家园林几乎无园不石，因而假山遗存量较大。但江南地区历经元、明、清三代频繁战争，特别是清末太平天国的征战中心正是江南园林分布最为集中的南京、扬州、苏州与上海等地，因此园林遭到极大破坏。今天所见的古园林遗址，大多重修于清同治年间以后，清中叶以前完整的园林遗存几不可寻。

[2] 引自（南朝宋）宗炳《画山水序》。

[3] 引自（南朝宋）谢灵运《过始宁墅》。

在外形规整的低矮砖砌上使用情况较好，但对于外形并不规整的自然石料，其缺陷就较为明显，所以在旧时代的假山建造中，黏结材料只起辅助作用，大多不能受力，必须模仿木作的榫卯结构来实现咬合固定。这种工艺的难处不言而喻，首先在于凿洞，石头本身的硬度非常；二在于榫卯和合；三在于石头的重量。倘若石材外形浑圆，几乎不可能用于假山建造，若石块体量巨大，又难以掇叠。旧时的假山小巧，且常应用于盆景组景，并非用于园林。

《清明上河图》中张择端所绘的假山是以片石层层掇叠而成，这可能说明在北宋末年造园所用石料已就地取材且因材施艺。这解决了南方湖石较为昂贵且供应量有限的问题，而类似花石的各类石材（包括太湖石、英石、灵璧石等）则可能因为受到皇帝喜爱而为皇家所垄断。此情此景下，能在私家园林之中以各类普通的石材完成叠石景观，并仍能为公众接受并赏识，其叠石技艺应已相当成熟。这也从侧面说明虽然花石极难得到，但花石的应用已深入人心，成为园景审美的一种标准；而无论以何种石材掇叠，讲究的均是类似花石的外形灵动、体量轻盈。宋代为了保证园林叠石坚固持久，叠石的基本技术仍然是砖石砌筑技术。从这一时期的画作中可以看到，叠石本身形象变化丰富，但与周边的植物和建筑并未形成互相呼应或交错布置的景观，叠石本身也没有植物攀附的情况，这说明起码到北宋末年，更为复杂的与建筑和植物种植等紧密结合的叠石方式还未被一般工匠所掌握，更不用说在叠石上构筑建筑了。

《园冶》中“掇山”一节共列出假山的多种式样：书房山、园山、楼山、厅山、阁山、池山、峭壁山、内室山。书中对这些不同的假山式样分别予以论述，还对假山的一些细部形态，如峰、峦、岩、洞、涧、曲水和瀑布作了专门表述。计成说“园山”有两种状况：“而就厅前三峰，楼面一壁而已。是以散漫理之，可得佳境也。”即其时于小庭园中叠山，多在厅前叠起小山，小山上有三峰（主峰、次峰和配峰），或者在楼对面的白墙之前掇一小山，与白墙相映成景，似在白墙之上的画作。不过计成认为理想的佳作是在庭园之中散置奇石，更具自然野趣。这三种形式的假山在目前的江南私园之中均很常见。

计成在论及“厅山”时写道：“人皆厅前掇山，环堵中耸起高高三峰排列于前，殊为可笑。加之以亭。”此处专指厅前掇山又在山上建亭的情形。这是非常重要的技术进步。在黏结技术并无重要突破的情况下，明清时期的起重技术已经得以改善，并且木工的榫卯技术已经应用到“石作”之中。计成列出他认为较为高明的做法：“或有嘉树，稍点玲珑石块；不然，墙中嵌理壁岩，或顶植卉木垂萝，似有深境也。”这种做法与前述“散漫理之”的置石和楼面一壁的假山均较为相似，只是散漫置石需有嘉树配合，嵌壁掇石应植卉木垂萝，方能营造山林的深远意境。“楼面掇山，宜最高才入妙，高者恐逼于前，不若远之，更有深意”（“楼山”），“阁皆四敞也，宜于山侧，坦而可上，便以登眺，何必梯之”（“阁山”），说的是楼前掇山应尽可能高，同时应注意山的位置，应距离建筑稍远一些，以免给人以逼仄之感，而且楼阁应建于假山一侧，可借山石登阁，也就不必再建楼梯了。

对于“书房山”，计成列出了三种方式：其一为“凡掇小山，或依嘉树卉木，聚散而理”；其二是“或悬岩峻壁，各有别致”；其三，也就是“最宜者”，“以山石为池，俯于窗下，似得濠濮间想”。与前文的园山对照，其一与园山的“有嘉树而稍点玲珑石块”的做法并无本质差别，只是点石在此意化为掇小山而已。之所以如此，也许是文人“心在儒外”的一种幻境愿望。其二的“悬岩峻壁”与厅山的嵌理壁岩几乎一致，只是更强调奇险意味，这似乎与古代文人在山野险绝之处参机悟道的理想和战战兢兢的士大夫心态吻合。最后以“濠濮间想”为意境的山石才是计成最为推崇的书房山形式，也是其后私家园林之中靠近建筑营造假山的常见做法。

对于“池山”，计成只简单阐述，但也明确指出“池上理山，园中第一胜也”。他说：“就水点其步石，从巅架以飞梁。洞穴潜藏，穿岩径水，峰峦缥缈，漏月招云。”从遗存至今的明代假山看，山体临水一侧以步石起脚、上接绝壁的做法几乎成为定式。而且这类假山大多体量较大，因而其山体空间较为复杂，山上峰也较为多变，不一定都有飞梁高架，但多有洞壑。因而计成此说可能是对当时情况的总结。这样的池山形态在清代继续发展，许多杰出的假山作品都采用这种形式。

“峭壁山者，靠壁理也”，说的是依靠园墙而掇叠的假山形式。“借以粉壁为纸，以石为绘也”，这种以白壁为纸、以石为笔的峭壁山与前文所述的“墙中嵌理壁岩”的厅山并无太大区别，只是峭壁山更强调仿古人笔意，再配合圆窗，造成框景的画面效果。或许峭壁山并不是一类单独的假山形式，而是在靠白墙叠山时应特别注意的一种叠山手法。

在类似太湖石、黄石、灵璧石等这样本身形态变化较多的天然石料应用于园林营造之前，园林之中石景的形态比较简单，无论是构石为山，还是土山渐台，均是比较简单的叠山形式——堆叠。不过也正是因为技术简陋，先前的掇山在体量上都比较大，而且能够造出洞岩之类的景观。

我们从五代至北宋的大量绘画中可以发现，自然形态的水体被人工砌筑驳岸所取代（以彩色石块铺砌平直的池岸），以前这类景观通常只在唐代佛教壁画中出现。自唐以后，园中的奇石无一例外地被置于非常醒目的位置，并且为了强调此石此山的珍贵性，会被置以石座或被围合于栏杆之中，结果是无论石本身的体量如何，其理所当然地成为园林的景观核心（视觉焦点）。

宋代宫苑艮岳的假山景观主要利用太湖石拼掇而成，《艮岳记》中记载其有紫石之崖、祈真之嶝、罗汉岩、排衙石等观赏点。“若在重山大壑、幽谷深崖之底，不知京邑空旷坦荡而平夷也”，宋徽宗赵佶的描写中难免有夸张的成分，却也道出艮岳的景观营造更多以自然意趣为主旨这一事实。也正是从这时候开始，出现了完全以自然山水意境为标准营造的园林景观，从笔记中所反映的情况看，当时已经形成了从总体布局到具体景点的完整的意境体系。

对比木结构技术，中国古建筑中砖石结构技术的发展相对滞后，宋代以后砌筑开始使用石灰与泥浆的混合物，其黏结力和材料自身的强度难以与天然混凝土相提并论。到了明清时期，砖石砌体常只用石灰，或掺入其他材料的石灰。就木结构而言，榫卯结构最直接且最经济地弥补了黏结材料的固有缺陷。经过元代时的技术探索，榫卯结构促成了假山技术在明清两代的显著提升。

较高质量的湖石，也就是行家所谓的“水石”，多产于太湖近岸的岸底泥中，需由工匠憋气下水，于缺氧环境中开采，而且太湖石密度较高，坚硬致密，将一整块湖石从母岩体上凿下，要求工匠有很好的体力，并需借助较好的工具才有可能完成。凡太湖石，以透漏者佳，并以块大者美，但吊装、搬动或运输在承重技术较差的时代十分不易。石料沉重且石形奇特，稍不注意就极易损坏。为保护石材不受损失，工匠用泥浆封堵石料窝洞，并在石料外满敷黄泥，运抵后冲洗，再还以本色。石料无论大小，均堆在工程现场，由匠人直接拣选，以类似搭积木的方式层层掇叠，所堆之石，不但要大小合宜、石纹自然，还要在石料交接之处开凿榫卯，使其凹凸吻合，放置平稳，如此将假山掇叠成型之后，不需用任何黏结材料，整座假山全借自重平衡亦能屹立不倒，在此基础上还要营造出峰峦叠嶂的效果，并有崖、壁、洞壑等景观。个体工匠非长年的专业磨炼几不可成。

中国营造学社于20世纪30年代出版《哲匠录》，其中“叠山”一类记述了自汉代至清代多位与叠山活动相关的“模范生”，既有著名工匠戈裕良、叶洮、计成等，也有主导过假山营造但本身并不直接从事该工作的杨广、李德裕、米万钟等，旨在说明假山的营造并非单纯的匠作，亦非完全的艺术创作，而是二者结合的结果。处理较困难的建筑要素，需要多人通力合作，这里面必然涉及比较复杂的社会角色分配。叠石的从业群体常以地区分类，比如“金华帮”，这支形成于清末的叠石工匠群体，多来自浙江金华地区。陈从周在《说园》中谈道，“从前叠山，有苏帮、宁帮、扬帮、金华帮、上海帮（即后出，为宁苏之混合体）”，“浙中叠山重技而少艺，以洞见长，山类皆孤立”。今天所见的狮子林假山，即是由金华帮工匠修复的实例。扬州派叠山因其多用小料拼掇，多不求石纹合拼浑然一体，而是追求峰岭险峻、高大雄伟的总体气势。假山多中空，外部以包镶之法追求山形的变化，而且多造洞壑、崖涧，以奇争胜；所用石料种类多样，因而多类似个园四季假山的做法。计成在《园冶》中说：“世之兴造，专主鸠匠，独不闻三分匠、七分主人之谚乎？

非主人也，能主之人也。”他认为，“三分工匠七分主人”，“能主之人”（即主持营造的人，虽身份各异，但多为名流雅士）在造园中占有重要的位置。为了得到市场的承认和接纳，掇山工匠必须遵从“能主之人”的意见进行工程操作，而同时能为这些“能主之人”所推崇，也使工匠形成良好的市场口碑。“能主之人”本身审美取向的稳定和规律性决定了工匠操作规律的形成和发展。

掇山是园林营造中最为昂贵的一个项目，石料的开掘、运输、起重、叠造，都需要庞大的开支。可以说，掇山和理水是私家园林昂贵的核心。在宋初、元初及明末至清初时期，掇山石都较为质朴，结构也较简单。随着财富集中和各朝代进入到奢靡阶段，造山手法倾向于繁缛和奢华，这种倾向至清末达到极致。晚清时，假山石料的供应已出现短缺的问题，并且日趋严重。这一方面造成了奇货可居的局面，另外一方面也为古典私家园林的终结做好了物质方面的准备。更早的园林多以自然山水为蓝本，仿效真山真水而成园，因而占地广阔；园中堆土为山，林木茂盛，但园景变化少，景观疏朗旷达。自从湖石之类的奇石进入园林，特别是出现了湖石假山之后，园林得以在方寸之间“移天缩地”，仿效自然万象。有时仅仅以奇石特置成景也可表意传情，体味自然变化之道。基于此，园林向着小型化、精致化的方向发展。原先的帝王家燕，飞入“平常百姓家”。可以说，掇山促成了私家园林的发展，成就了江南私家园林。它极大地丰富了园林的造园手法和景观要素，也使得士人更多地参与造园的工作，将造园作为他们的一种艺术创作，进而使得江南私家园林成为真正意义上的文人园，与其他中国造型艺术形式比肩而存。

第二节　植物配植

江南古典私家园林的植物配植看似随意，其实有章法可循，其目的是能够模拟出自然的神采。不过，身处于当下的我们只能使用现代园林植物配植的相关原则去评判江南古典私家园林的历史状态，以读懂江南古典私家园林的原本面貌。

国人对园林植物的认识，实际经历了一个漫长的过程。因为缺少证据，不能断言早先的情况，我猜测，对不同植物种类进行配合，以群组形态予以关注，可能是宋代之后的事。

宋时的园林已开始追求诗情画意的景观，在植物要素方面仍重视猎奇收珍。《九国志》中记录有广陵王钱元璙的私园："元璙治苏州，颇以园池花木为意，创南园、东圃及诸别第，奇卉异木，名品千万。"此前，白居易的《白蘋洲五亭记》中已有"介三园阅百卉者，谓之集芳亭"之句。运用植物营造和间隔空间的手法开始活跃于造园的舞台，园林植物栽植技术也随之显著进步，甚至已有商人有意识地开始从异地引种或驯化异地植物物种。

宋时江南私家园林的植物蕴意及配植提升了人们对诗性赋值的探求，如沧浪亭的"前竹后水，水之阳又竹，无穷极；澄川翠干，光影会合于轩户之间"，其"前竹后水"的植物与水体景观配置被认为是沧浪亭为世人称道的关键。植物要素的重要性于是被园主充分认识，这也极大推动了园艺技术的发展，园林可选植物种类与植物群组的配合亦更加丰富，开始出现了针对植物自身形态，配合季相、色彩、肌理搭配的艺术尝试，景观风格趋向雅致疏朗的中国画画风。同时植物经过"形、象、意"的层层解读之后，被赋予丰富的文化寓意和象征意义，反映出特别的审美意趣和思想意识。可以说，此时的园林植物已经不再是单纯的自然之物，而成为人文精神的象征，甚至成为具备文化标识意义的符号。

所谓静赏有诗情。明朱承爵在其《存余堂诗话》中写"作诗之妙，全在意境融砌，出音声之外，乃得真味"，提出了"意境"美学。"意境"也逐渐开始作为判断园林作品是否合格的标准。当时的士人将自己的私园作为艺术品雕琢打磨，植物配植亦暗含诗性。比如拙政园听雨轩，主要栽植芭蕉、竹、荷，配合落雨，当水滴敲打在叶面上时，"听雨"的意境油然而生。听雨轩当然并非在中庭遍植芭蕉，其栽植的位置和数量是按照"意境"而定的，如中国画手法中的"写意"。

古人栽植花木的审美习惯来自历史积累，借鉴前人咏颂自然的诗词意境是方法之一。正如明陆绍珩在《醉古堂剑扫》中谈到“栽花种草全凭诗格取裁”。《园冶》说“开林须酌有因”，植物是时有变化的自然生命，景观也会因此多变。苏州怡园的南雪亭取杜甫《又雪》中“南雪不到地，青崖沾未消”的诗意，金粟亭匾“云外筑婆娑”则撷辛弃疾《水调歌头·万事一杯酒》之句。园主往往通过诗文题名，表露自己的人格理想、情结操守，诸如“听松风处”“松籁阁”“万壑松风”“四时潇洒亭”“锄月轩”“岁寒居”等。自娱自乐的精神在江南古典私家园林中无处不在，这其实就是所谓的诗性。

坐观时的视角虽小，但眼前图卷的画意却默然而出，其中的植物配植如绘画章法。园林植物配植的诗性充满人文内涵，植物造景则受到传统中国画的显著影响。诗情和画意共同发力，塑造出江南古典私家园林景观的整体意象。“写意”强调“情势”与“神似”，不在意是否逼真，如此，则成就了江南私园的“芥子纳须弥”。植物配植方面则体现为淡雅清新，以少胜多，据小演大，使游观之人如观黄公望的《富春山居图》，“佳山妙水，层出不穷”。文震亨称“草木不可繁杂，随处植之，取其四时不断，皆入图画”。植物以雅致、稀奇、古拙、色韵、香幽为上选，如此被认为富有画性，如苏州邓尉山司徒庙中“清奇古怪，画意横生”的四株古树。人们品赏梅花也有“横斜、疏瘦、老枝盘虬”之说，实际上亦是以赏画的标准来品鉴梅花。

江南古典私家园林的植物配植讲究写意，其实也是为了避免植物的自然生长失序。私园植物较少丛植，大多以散植为主。如拙政园“海棠春坞”小院仅植四株海棠，不过为了突出主题，其庭院内的铺装也为海棠花的纹样。画论中常会论及花草树木的画法，此美学形式直接影响了私家园林的植物配植。王维的《山水诀》中说“平地楼台，偏宜高柳映人家；名山寺观，雅称奇杉衬楼阁”，《山水论》中也有“山籍树而为衣，树籍山而为骨。树不可繁，要见山之秀丽；山不可乱，须显树之精神”之句。此外还有黄公望著《写山水诀》：“小树大树，一偃一仰，向背浓淡，各不可相犯。繁处间疏处，须要得中。”以上均从画论的高度详述了植物栽植与美的关系，描述了植物配植的形式之美，即正是传统的中国画，指导并影响了江南古典私园的植物配植手法。

文人对待私园，大致是以“山水为地上文章”来谋划营建，从囊括真山大壑、深岫幽谷，到以小见大、拳石勺水，园林所追求的，是山水画与山水诗的意境融合，对自然风景的写意摹绘，如此，便构成似有深境的园林世界。

明清时代，江南古典私家园林的植物配植模式与技术已趋成熟，重视遵循植物本身的特性来进行配植，也诞生了不少园艺学专著，如《长物志》《园冶》《花镜》等。这些专著都或多或少地涉及了植物配植艺术手法及原则，具备了相当的现代意义；造园师不仅注意到个体植物的形态、色彩，也更加注重植物组合的意境创设。

一、园林植物的选植与寓意

植物配植在园林中起到的艺术功能，与它们承载的传统文化意蕴、哲学观和审美观是分不开的。人们通常借助植物形象暗示性地表述某种意趣或理想，诸如石榴代表“多子多福”，紫荆象征“兄弟和睦”，芝麻代表“节节高升”，竹子有“虚心”的涵义，玉兰和海棠共植则表示“玉棠富贵”，等等。中国传统植物配植的一个特点即是善用“比兴”，赋予植物一定的象征寓意。这在其他国家的文化中也常见，比如近代流行于欧洲的“花语”。比较直观的例子，还有榉树的谐音为“举”，寓意“中举”，所以有些地区的人们喜欢在自家门前种植榉树，而在后门处种植朴树，即“前榉后朴”（前举后仆）。此外，梅花寓意吉祥，所以无论是日常装饰图案还是庭院种植，人们大多喜欢梅花；再有，柏木被广泛认为能够辟邪，因此柏树在“故人安歇之地”多有种植，以避免恶坏之物侵扰。这种植物被赋予寓意的风尚经过了相当长时间的积淀，除了对植物如此，人们对各种颜色鲜艳的石材、特殊的动物，也都会赋予寓意。

《花镜》中描述了植物的四季景观：“梅呈人艳，柳破金芽，海棠红媚，兰瑞芳夸，梨梢月浸，桃浪风斜……岂非三春乐事乎？”植物的春态，年年类似，并不因为人的意志而发生变化，也并未迎合人的喜好，而是人的心理对它充满渴望。园林中的植物景观，无论是雪里梅、池中荷，还是香飘桂，都丰富和慰藉了人的内心世界，人们也因此把植物拟人化，赋予它们艳、魅、芳、幽等拟人的特性。留园中有“闻木樨香”，其出自《五灯会元》的禅语。传黄庭坚信佛但总不能开悟，曾求教于僧人晦堂，他指点说：禅道如同木樨花香，虽不可见，但上下四方无不弥漫，所以为无隐；禅道无隐，全在体味之中。据说黄庭坚听后随即顿悟了。若仔细体味其言，再身处闻木樨香轩，是否会感觉在充满花香的小小庭院之中仿佛穿越了时空，体会到自然的律动呢？现实的琐碎会让人日渐麻木，而植物却能使人在时节与空间的变化之中感知无限。

在园林造景中，选用并配植那些含有文化深意的园植，是“自觉化民”的需要，也是“文化消费”的需要。江南古典私家园林不但是文人士大夫住居的场所，也是同阶层的嗜雅之所。园中的一草一木除暗示园主的文化取向及热衷程度之外，亦可能被当作诗词歌赋题咏的素材。南朝宋谢惠连的《松赞》说“松惟灵木，拟心云端。迹绝玉除，形寄青峦。子欲我知，求之岁寒”，这样的描述将园主的气质总结为君子本应具备的顽强性格——如松柏的耐寒之德。在园内种植松柏就可以得到这样的恭维，园主自然心情舒畅。有些园林主人喜欢种竹，竹几乎是古人钟情的植物种类，江南古典私家园林多种竹，“无竹之园者几不可寻”。除此之外，兰花、荷花、桂花、菊花、枇杷等也为古人喜爱且多用的植物。

“美善等同”是儒学对美的总体性持守，较早见于《国语·楚语上》中伍举对美的论述：“臣闻国君服宠以为美，安民以为乐，听德以为聪，致远以为明。不闻其以土木之崇高、彤镂为美……夫美也者，上下、内外、小大、远近皆无害焉，故曰美。”这是中国人对美的早期定义，也是早期的美善等同理论。孔子对美善同义论也有论述，《论语·八佾》中说“子谓《韶》尽美矣，又尽善也，谓《武》尽美矣，未尽善也”，孔子以德评价美的这种思想，成为日后人们将植物“比德”的萌芽。事实上，中国的辽阔土地上无物不比德，道德是头等大事，功能则是次要的，有比德而可以升阶为美者，而纯粹的美丽不如说是妖孽。后人既然不能舍弃妖娆娇艳动人的花卉，自然就要将之拟人化，与德行相联系。以人性和德行拟物逐渐发展为一种文化和审美传统，喜爱任何东西都可以升华至情感与理想追求的层面，因此园林植物也被称为“植雅”。

古人的“玩”，其实是一种心理追求，它主张从伦理道德（仁善）的角度来体验山水花木的自然美，花草树木、鸟兽鱼虫之所以能引起欣赏者的共情，在于它们的外在形态及神情能表现出人类熟悉的那些美好意蕴。这些感触与人的本性、经济实力发生同构、对位与共鸣，也即有与人喜好的品质或能力相似的形态、性质、精神的植物更容易获得审美主体的人（君子）的青睐，人们将其“比德”，从园林植物欣赏中感受人格美。例如松柏的“岁寒，然后知松柏之后凋也”，“岁不寒无以知松柏，事不难无以知君子”，松、柏的耐低温特性很自然地被比照君子应该具备的不畏权威的坚韧性格。在“以儒化民”的文化基调中，文人欣赏或定义植物具备刚直美、高洁美、雅逸美、潇洒美，而植物被赋予的这些文化内涵构成传统的审美情愫。

江南古典私家园林的园主都依据自己的喜好来配植植物，特别是那些在名利场中不甚如意的文士，免不了会选取既适合于观赏、吟诵，又能够表明自己不服输的宏浩志向的植物，配植在园中恰当的位置，依照植物时序季相变化，四时八节地邀约志同道合的朋友。在他们的眼中，梅即是具备“标格清逸”的精神属性的园林植物。身处严寒而开出傲人的颜色，散发淡雅的香气，与他们“同病相怜”。“梅以韵胜，以格高”，“性姿素朴，仪容古雅”，正由于梅花具有这种卓尔不群的精神属性，才被他们钟情至此。以此推想，赏梅本身就蕴含格外超尘、不与世俗妥协的况味。

佛、道、儒三家均阐释“天人合一”，无外乎是强调人与自然须建立亲密且和谐的关系。这种思想体现在园林植物配植方面即为追求本色之美，尊重自然，彰显植物的姿、色、香等自然面貌，因此古典园林几乎从不将植物修剪成几何形状。园主或造园师当然也会对有些植物进行人为干预，使之矮化、老化或扭曲化，但目的并不在于显示人工的造型痕迹，而是模拟一种人的意志中的自然，这和西方园林中的植物塑形有显著不同。

抱负未得实现的旧时文人，一般会被认为钟爱田园隐逸的生活，但所谓的“归隐”未必是生活常态。古人并没有我们想象的那样独立和失群，归隐只是一种短期的生活方式。它蕴含一种生存理想，透露出的“不合作”“不顺从”成为同志者之间惺惺相惜的信号。私家园林即常常作为园主的归隐之所——“出（出仕）在厅堂，归（归隐）则亭廊”。这种自娱自乐形式的归隐，其真实意义不言自明。江南古典私园常被看作“大隐隐于市”的表现方式，甚至化作园主的精神载体，表达一种“不与俗世同流”的情绪。在其中，园主还借助园林植物以表述其隐士的心志，比如王献臣“不得志”后斥重资建造拙政园，“拙政”是他对自己不善于摆弄政治的一个评价，其中的远香堂则表现他不服输的一种倔强劲。他用荷花自喻，彰显自己“出淤泥而不染”、不同流合污的调性，期望声名可如荷花香气一般清香远布。

园林植物配植讲究“艺与道合”，这是任何时代的园林人都力图遵循的原则。“艺”指配植艺术，“道”则代表文化涵养和哲理思考。植物景观配植除须遵循科学性、美学性以外，亦应表达出园主希望表达的文化追求与哲理探讨。如此一来，植物配植不仅具有自然之美，也具有更广阔的外延美，成为兼具生命和情感的超然之物。正如《园冶》“借景”篇中所说：“然物情所逗，目寄心期，似意在笔先，庶几描写之尽哉。”

当植物被赋予人性化，人们就不可避免地在配植植物时选择那些被大家普遍接受的植物，如“岁寒三友”“四君子”等。但其实我国的植物种质资源丰富异常，且新品种不断被开发出现，仅高等植物就有 3 万余种，其中木本植物 8000 余种。但古典园林尤其是江南私家园林中的园林植物，其种类仅 200 种左右。据笔者调查，在作为样本的苏州 24 座私家园林中（留园、拙政园、网师园、狮子林、环秀山庄、沧浪亭等），各园均有重复栽植的植物，如罗汉松、海棠、玉兰、桂花、水杉等，重复率高达 94%；而重复率达 50% 以上的植物有 70 余种。由此可见，在园林植物品种的选择上物种偏少，局限性较强，相似性较高。

二、园林植物种类与种植方式

园林植物相比置石、建筑这些“硬物”，更倾向于作为“旁饰”而存在。它不像景石、文玩等可以传世，也无法把玩，主要用作景观配置。观赏植物栽培的园艺技术在唐代中后期有飞跃性进步，人们引种驯化、移栽异地花木，培育出许多珍稀品种。李德裕在《平泉山居草木记》中记述了自家园林的植物种类，除洛阳一带常见的花木，还引种了数量较多的外来植物：“天台之金松、琪树（具体植物种不详），稽山之海棠、榧、桧，剡溪之红桂、厚朴，海峤之香柽、木兰，天目之青神、凤集，钟山之月桂、青飕（具体植物种不详）、杨梅，曲房之山桂、温树，金陵之珠柏、栾荆（即牡荆）、杜鹃，茆山之山桃、侧柏、南烛，宜春之柳、柏、红豆、山樱，蓝田之栗、梨、龙柏。其水物之美者，荷有苹洲之重台莲，芙蓉湖之白莲，茅山东溪之芳荪……己未岁，又得番禺之山茶，宛陵之紫丁香，会稽之百叶木芙蓉、百叶蔷薇，永嘉之紫桂、簇蝶，天台之海石楠，桂林之俱郍卫……是岁，又得钟陵之同心木芙蓉，剡中之真红桂，稽山之四时杜鹃、相思、紫苑、贞桐、山茗、重台蔷薇、黄槿，东阳之牡桂、紫石楠……”植物种多得几乎可以形容其为植物园。《洛阳名园记》中“李氏仁丰园”记录有：“李卫公（即李德裕）有平泉花木，记百余种耳。今洛阳良工巧匠批红判白，接以它木，与造化争妙，故岁岁益奇……故洛阳园圃花木有至千种者。”由此可见，植物栽培技术的发展造就了园林植物的多样化。

通常来说，异地迁植的物种可能难以适应本地的气候和土壤条件，因此需要特别的供养技术，消耗相应的人力及工费。这些植物也常常被称作“奇花异草”。根据现存的古园笔记、重修记、地方志、历代名家著作，如《江南园林论》《江南园林志》《花镜》《花经》《群芳谱》《长物志》《采芳随笔》《植物名实图考》《广群芳谱》等，江南古典私家园林中应用较多的植物品种主要涉及 5 个纲 61 个科。当然，这些植物仍旧存留于现在的江南园林中。

不同的植物具有不同的生态习性，也有不同的与其他园林要素配合造景的图景关系，承载着人们不同的审美感受和选择偏好。如《长物志》中说“松、柏古虽并称，然最高贵者，必以松为首……斋中宜植一株，下用文石为台，或太湖石为栏俱可。水仙、兰蕙、萱草之属，杂莳其下”。现在的人普遍忌讳在庭院中种植松科植物，特别是针形叶的松，人们一般取意“万古长青”，多将其种植在陵园、墓道等地。而从上面引用的文字中，我们可以想见文震亨时代的园林风貌，松下有造型的石头，石下可能还配植几种草本植物，其审美意趣令人赏心悦目。

江南私园植物不同的种植方式也自然影响植物与水体要素和建筑要素的搭配。不同水岸需采取相异的植物种植策略，比如断立面悬崖形的石岸适宜列植乔木或灌木；若是缓坡状的水岸线，则常常种植草本植物或花卉，如用芦苇、低矮草本植物塑造成草坡，使得园林景观充溢自然野趣。

旧时代江南私家园林常用的裸子植物多为银杏、松类、柏类、杉类等。银杏在中国古代已经广泛种植，其为落叶乔木，叶片呈扇形，极富观赏价值，且价格不菲。银杏在私家园林配植中常常孤植，形态稍差者也有丛植或混种于色叶乔木之中，亦有对植于天井两侧或列植于开阔地。松柏类植物多为常绿，园林中常用的主要有白皮松、罗汉松、马尾松、黑松等。其中马尾松树形高大挺括，叶色浑厚苍翠，常作为园景树。白皮松在旧时属于珍稀树种，其叶色苍翠，树皮斑驳，部分为白色，姿态优美挺拔，常孤植于小型私园或小庭院、廊道墙脚处，取其苍虬之姿，形似龙蛇。黑松拙而古奇，常孤植或丛植在庭前与假山之间、道旁或山涧。柏类植物的应用亦较多，因为生长速度很慢，所以能够有效打造景观意象，常用的种类如桧柏，其树姿庄严，多丛植成林或孤植。特别需要说明的是，如果在古典私家园林中看到水杉，即便其粗大高壮，也一定不是古已有之，而是最近几十年内种植的，因为水杉在旧时还尚未被发现。

江南古典私家园林中植物配植的多数种是双子叶植物，大致涉及49个科。蔷薇科的植物最为常见。蔷薇科的植物尤其符合中国传统的景观特征：春季开盛花，其叶并不过分郁密，夏季提供疏影，秋季叶片变色，冬季无叶观枝。木樨科的桂树喜阳、喜温暖湿润，不耐寒旱，秋季开花有浓香，但因为其常绿阴郁，不常作为孤植的庭荫树，而常对植于高厅之前，称“双桂（贵）当庭”。因为桂花的香味独一无二，自古便为人所爱。桂树下常配植南天竹、茶花、蜡梅等。江南古典私园中以桂树为主题的景点很多，如“小山丛桂轩”等。待桂树生长得足够高大之后，树下的其他植物常被清理，以形成可以在夏季享受树荫的小空间。

旧时园林中树下或者常被草体占领，或者用碎石密布铺装。旧时代清除杂草并不容易，我们现在习以为常的草坪及其草种是舶来之物，古代并无此景观，植物下部广泛生长的实际上是田间杂草。另外，园林中配植的禾本科“大草”植物多为竹类，如楠竹、雷竹、紫竹、斑竹、观音竹、金丝竹等。竹在文人心中的地位不必赘述。《园冶》中多次提及“竹坞寻幽”“移竹当窗”“屋绕梅余种竹”等以竹为主景植物的造园技法。竹在我国的文化传统中常代表虚心与气节，士人不爱竹者少见。不过，竹林下方几乎任何植物都长不好，竹的根鞭对其他植物的根有绞杀性；竹叶覆盖性强，会夺取其他植物的采光。猜想古人喜竹，其实也喜竹下难生其他植物这一特征。

要知道，现在我们看到的这些园林植物，并非旧时代古典私家园林中的那些原有植物。当时的植物种少得多，种植方式相对固定，具体种植什么也遵循当时的流行性因素。当然，古人在园林中配植植物是以植物本身的生长习性、体态特征和适用情况为基础，比如《花镜》中谈到植物的生长习性：“草木之宜寒宜暖、宜高宜下者，天地虽能生之，不能使之各得其所，赖种植时位置之有方耳。”

孤植的一个显著功能是提供树荫。古人乐于利用庭院中的绿荫乘凉、读书、下棋，这样的活动也带有归隐和避世的意味。一般来说，形体高大且树姿优美的植物才孤植，现存的江南私家园林中可见罗汉松、紫薇孤植于空窗、粉墙、洞门之外，形成“窗虚花影玲珑”“粉墙花弄影”等景致。兼具优良的自然特征和古意韵相且富有文化意趣的园林植物常常受到园主和造园师的青睐，比如拙政园的紫藤和网师园的古柏，都是园林孤植植物的“标准教材”。

丛植则通常由 2 ～ 9 株乔木高低组合而成，有时亦加入大小合适的灌木。需要注意的是，古代的植物配植并不像现代园林特别讲究丛植的层级配置，常要求树下清爽，无其他植物。如果需安置美石，也必然成群，和丛植的植物相匹配。江南古典私园的丛植一方面体现植物的群体美，另一方面也重视园植的个体变化，通常会打造高低错落的林际线，或集中或错落地表现季相色彩变化，强调景深，以实现分割空间的功能。要指出的是，旧时代的植物育苗水平及商品化均比较落后，植物一般由专门的匠人甚至园主从野外选移，丛植时强调在景观上能够相互承接，有连有断，符合画意。

还有一种扩大了的丛植方式，即群植，也就是群落式的栽植方式，一般植物数量在 20 ～ 30 株。传统的江南古典私家园林中，较少使用群植，一来园林本身的面积有限，限制了植物群植能够传达的景观效果，二来能够群植的单种植物种类较少。单种植物配置成林的景观形式相对在现代园林建设中更为常见，多排列成规矩的阵形，以表现稳定、统一的后现代风格。规矩的阵形在自然界中当然并不存在，是一种纯粹的人工景观，较容易打造雄浑的气势，这种审美追求在江南古典私家园林中并不被强调。江南古典私园中的植物群植，典型的如沧浪亭的竹林、怡园的梅林、拙政园的松林等，都强调自然古朴；也有使用多种植物群植的例子，通常以整体姿态展现并配合地形变化，比如拙政园中部的群植，落叶阔叶与常绿阔叶交混，高低搭配，冬季亦不显萧条，春夏秋季则会形成色彩的参差变化。

江南古典私家园林的水面种植常被称作“点植”。常见的水生植物包括荷花、睡莲、菱角、菖蒲、水葱、芦苇、泽泻、蕉草，还有慈姑、大薸和千屈菜等。荷花和睡莲是江南古典私家园林中最常见的水生植物，它们栽植历史较长，生衍出很多培育品种，其景观效果和在江南地区的广泛应用无须赘述。

江南古典私园中常见对植，即两株植物形成对称或对峙的关系。对植蕴含一种政治宗法气质，在构图上也更显严肃。对植的植物常设置在私家园林居宅区的庭院、厅堂前入口处，可以是同种植物，也可以是不同种植物。较小的私家园林极少使用对植，因为这种景观构图会明显使人感觉紧张，产生压迫感。为了开阔视野，对植在小庭院之中常用盆栽植物来代替。其实，也可以根据对植来判断园林建筑的重要性，具有绝对家族话语权的建筑前面才常伴有对植的植物。通常来说，对植的植物种类也暗合主人的欣赏意趣，比如玉兰堂前对植玉兰，长青轩前有白皮松对植，十八曼陀罗花馆堂前对植山茶花，等等。园主大多特别注重言志的细节，如果留心观察，会觉得颇为有趣。

列植是很新的植物配植方式，常用于线性通道的两侧，最常见的应是滨水沿岸。私家园林中不常见列植手法，因为并不需要其引导之意。列植在公共园林中较为常见，如寺观园林或青楼园林。私家园林中的典型例子则是拙政园，绿漪亭水边列植柳树与碧桃，再以竹林相配，整体色彩和形态呈现出丰富的层次。

《花境》中有云“有佳卉而无位置，犹玉堂之列牧竖”。私园常根据不同的情形营造出各异的景观。如园路一侧常密植竹类，使人生出探幽的意趣，“先入深壑，竹阴转密，日影不漏……松筠夹道，逶迤而入，编竹为扉”；水边则多用耐水植物，“有溪一湾……植桃其岸，傍有一泉，尤清澄可鉴，中涵竹色，因以‘蓄翠’题焉”[1]。古典私园以建筑为宅园主体，建筑贯穿全园且分隔空间，传统建筑空间的转换可能会显单调且突兀，于是使用植物予以配合，或遮挡或突出，以满足视觉审美的需要。明汪道昆的《曲水园记》中记载：“沿堤西行，堤北修竹百个，堤南折，不尽五十步距，池西堤上树七梧桐，有美荫……池南驰道广二轨，修什之。道左树文杏，皆临池。右树丛桂，葺桂枝为薄蔽……由藏书四达，皆三室，是为十二楼。前临步栏，曲水如带，沃野如列籍，当户屦前，林木蔽亏如步障。其西为青莲阁，绮疏如蔚蓝。东阁梅华入牖中，春至，以先登最……四门洞开，由迎风北户以西，树梧，不十岁而拱……亭北树木芍药，当药栏下半规为曲池……台东穿薄而入，得‘玉兰亭’，亭西树玉兰，东荣累奇石。”园林建造在转换空间的同时，也非

[1] 引自（明）江元祚《横山草堂记》。

常注重细节以实现情境的转换，使园庭内外的过渡富有情趣和诗意。

三、植物的群落特征

以下是基于对拙政园、沈园、留园、绮园四所园林的实地调研展开的植物群落特征研究。

本研究主要涉及植物群落学[1]，在四所园林中分别选择5处样地进行研究。以“Z”代表拙政园样地，以“S”代表沈园样地，以“L”代表留园样地，以“Q”代表绮园样地。样地面积基本为10米 ×10米。实验地块外形并非完美的正方形，不规则样地也通过测量保证其面积为100平方米。实验过程中较详细地记录样地上植物群落的种类、数量、地径、胸径、冠幅、株高等信息，在统计和计算的基础上，对植物群落进行了设定指标分析。所涉及的公式如下。

乔木经济重要值 = 相对多度 + 相对频度 + 相对显著度

式中，相对多度 = 该种的所有株数 / 样点测定所有株数之和；相对频度 = 该种的频度 / 所有种的频度之和；相对显著度 = 该种所有植株的断面积（胸断面积）之和 / 所有种植株的断面积之和。

灌木经济重要值 = 相对盖度 + 相对多度

式中，相对盖度 = 某个种的盖度 / 所有种的总盖度。

频度（f）= 某物种出现的样本数 / 样本总数

密度（D）= 群落中各层次所有物种的个体数 / 样地面积

郁闭度（C）= 乔木层树冠的垂直投影之和 / 样地面积

物种丰富度指数（R）=（S-1）/ln$N$[2]

---

[1] 本节研究受到曹俊卓、王小德、罗旋所作《浙江古典私家园林植物造景调查分析》的启发，在此对该文三位作者表示感谢。

[2] 物种丰富度指标常应用于测定某一空间内不同的物种数量，表示其生物的丰富程度，目前较常使用的是Margalef 指数。本式中N为个体总数，S为生态系统中物种数目。刘晓红，李校，彭志杰．生物多样性计算方法的探讨 [J]. 河北林果研究，2008,(02):166-168.

$$\text{Simpson 指数}（D）=1-\Sigma P_i^2$$ [1]

$$\text{Pielou 指数}（E）=1-H/H_{max}$$ [2]

根据植物群落特征，对样地内的植物群落特征进行分层，确定每一层的主要树种，得出各个样地的主体层次结构。同层植物用“+”来表示，非同层之间的植物用“，”来分隔，植物群落的构成概况见表 5-1。

表 5-1　园林样地植物构成

样地名称	群落组成（乔木 / 小乔木，灌木，地被）
拙政园样地（Z1）	鸡爪槭 + 红枫，火棘 + 胡颓子 + 南天竹 + 云南黄馨 + 小叶黄杨，麦冬
拙政园样地（Z2）	梅花 + 红枫，火棘 + 无刺枸骨 + 云南黄馨，麦冬 + 红花酢浆草
拙政园样地（Z3）	红枫 + 梅花 + 桂花，南天竹 + 山茶 + 云南黄馨，麦冬
拙政园样地（Z4）	梅花 + 罗汉松，南天竹 + 云南黄馨 + 紫竹，麦冬 + 红花酢浆草 + 常春藤
拙政园样地（Z5）	梅花 + 罗汉松，火棘 + 南天竹 + 山茶 + 云南黄馨，沿阶草 + 常春藤 + 薜荔
沈园样地 1（S1）	香樟 + 柘树 + 朴树，山茶 + 野蔷薇 + 刚竹 + 小蜡 + 云南黄馨，麦冬 + 络石 + 薜荔 + 井栏边草
沈园样地 2（S2）	香樟 + 朴树 + 乌桕 + 梧桐 + 黄杨，蜡梅 + 阔叶十大功劳 + 八角金盘 + 洒金东瀛珊瑚，麦冬
沈园样地 3（S3）	银杏 + 女贞 + 紫叶李，八角金盘 + 方竹，阔叶麦冬
沈园样地 4（S4）	乌桕 + 桂花，八角金盘 + 洒金东瀛珊瑚 + 野蔷薇，麦冬 + 红花酢浆草
沈园样地 5（S5）	香樟 + 枫香 + 梧桐 + 柘树，小叶黄杨 + 野蔷薇 + 刚竹，络石 + 阔叶麦冬
留园样地 1（L1）	龙爪槐 + 银杏 + 枇杷 + 紫薇，石榴 + 蜡梅 + 含笑 + 八角金盘 + 金钟花 + 洒金东瀛珊瑚 + 苦竹，花叶玉簪 + 蛇莓

[1]　辛普森多样性指数（Simpson index）描述从一个群落中连续两次抽样所得到的个体数属于同一种的概率，本式中 P_i 表示整个生态系统总体中第 i 种个体的比例。张夫道等．中国土壤生物演变及安全评价 [M]．北京：中国农业出版社，2006:50.

[2]　Pielou 指数即物种均匀度指数，又称物种的相对密度。物种数目越多，多样性越丰富；物种数目相同时，每个物种的个体数越平均，则多样性越丰富。本式中 H 为实际观察到的物种多样性，H_{max} 为最大的物种多样性。周波，王宝青．动物生物学 [M]．北京：中国农业大学出版社，2014:351.

续表

样地名称	群落组成（乔木 / 小乔木，灌木，地被）
留园样地 2（L2）	梅花 + 鸡爪槭 + 红枫 + 桑树，蜡梅 + 棣棠 + 毛杜鹃，井栏边草 + 石蒜 + 蛇莓
留园样地 3（L3）	香樟 + 垂柳 + 银叶柳 + 榉树 + 桂花，南天竹 + 含笑 + 棣棠 + 木槿 + 金钟花 + 洒金东瀛珊瑚，玉簪 + 蛇莓
留园样地 4（L4）	白皮松 + 垂丝海棠 + 梅花 + 鸡爪槭 + 槐树 + 桂花，龟甲冬青 + 夏鹃 + 毛杜鹃，沿阶草 + 井栏边草 + 红花酢浆草 + 蛇莓
留园样地 5（L5）	罗汉松，羽毛枫 + 南天竹 + 蜡梅 + 菲白竹 + 黄金间碧竹 + 夏鹃，沿阶草 + 爬山虎 + 白三叶 + 蛇莓
绮园样地 1（Q1）	垂柳 + 朴树 + 女贞，海桐 + 琼花 + 孝顺竹，麦冬 + 粉花酢浆草 + 络石
绮园样地 2（Q2）	白玉兰 + 桂花，麦冬 + 红花酢浆草 + 凹叶景天 + 络石
绮园样地 3（Q3）	罗汉松 + 香樟 + 柘树，海桐 + 琼花 + 野蔷薇 + 孝顺竹，异叶爬山虎 + 积雪草
绮园样地 4（Q4）	三角枫 + 鸡爪槭 + 朴树 + 女贞，红花酢浆草 + 积雪草
绮园样地 5（Q5）	朴树 + 桂花 + 柘树 + 罗汉松，海桐，红花酢浆草

在拙政园、留园、沈园、绮园四园统计的园林植物共有 70 科 107 属 181 种，20 块研究样地涉及的园植有 52 科 87 属 105 种，植物物种丰富，图卷性强。其中拙政园样地有 22 科 27 属 38 种，分别占 42.3%、31.0%、36.2%；沈园样地有 24 科 27 属 35 种，分别占 46.2%、31.0%、33.3%；留园样地有 20 科 29 属 33 种，分别占 38.5%、33.3%、31.4%；绮园样地有 17 科 22 属 25 种，分别占 32.7%、25.3%、23.8%（见表 5-2），由此可见拙政园中园林植物种类最为丰富。

表 5-2　园林样地植物组成

样地	科名（属数目，种数目）
拙政园 Z1-Z5	樟科(1, 1) 虎耳草科(2, 2) 小檗科(1, 1) 冬青科(1, 1) 禾本科(1, 1) 桑科（1, 1）豆科（1, 1）罗汉松科（1, 1）黄杨科（1, 1）木樨科（2, 2）百合科(1, 1) 芸香科(1, 1) 石榴科(1, 1) 五加科(1, 1) 槭树科(1, 2) 山茶科(1, 1) 松科(1, 1) 胡颓子科(1, 1) 木槿科(1, 1) 玄参科(1, 1) 悬铃木科（1, 1）酢浆草科（1, 1）

续表

样地	科名（属数目，种数目）
沈园 S1-S5	柏科（1,2）银杏科（1,1）锦葵科（1,1）冬青科（1,1）杨柳科（1,2）蜡梅科（1,1）杜鹃花科（1,2）木兰科（1,1）槭树科（1,3）木樨科（2,2）禾本科（3,3）罗汉松科（1,1）毛茛科（5,5）凤尾蕨科（1,1）桑科（1,1）山茱萸科（1,1）酢浆草科（1,1）石榴科（1,1）石蒜科（1,1）柿树科（1,1）五加科（1,1）榆科（1,1）樟科（1,1）梧桐科（1,1）
留园 L1-L5	柏科（1,1）藤黄科（1,1）山茱萸科（1,1）山茶科（1,1）梧桐科（1,1）夹竹桃科（1,1）金缕梅科（1,1）禾本科（2,2）蜡梅科（1,1）蔷薇科（2,2）木樨科（3,4）黄杨科（1,2）桑科（2,2）五加科（1,1）小檗科（1,1）榆科（1,1）凤尾蕨科（1,1）樟科（1,1）苏铁科（1,2）杉科（1,1）
绮园 Q1-Q5	苏铁科（1,1）杉科（1,2）毛茛科（1,1）禾本科（1,1）景天科（1,1）虎耳草科（1,1）杜仲科（1,1）木兰科（1,1）桃金娘科（2,2）柿树科（1,2）葡萄科（1,1）棕榈科（2,2）桑科（1,1）忍冬科（1,1）茄科（1,1）榆科（1,1）樟科（1,1）

植物种经济重要值反映该种在整个研究的树种配置结构中的优势度以及与其他植物种和周围环境的相互关系，重要的植物通常价格也比较高，这种植物种植的数量决定了私园的投资。各园样地群落中出现的植物种按其经济重要值由高向低的顺序分列，前十名的植物种见表 5-3。由经济重要值排序可知，四所私园的植物组成种差异较为显著，不同私园的园林植物结构的优势种各有不同。拙政园优势度最高的植物是季相性比较突出的荷花，经济重要值为 1.52；沈园优势度最高者为鸡爪槭，经济重要值为 1.17；留园经济优势度最高的是桂花，经济重要值为 0.92；绮园优势度最高的为海桐（这种植物在旧时代可能还未被利用），经济重要值为 1.11。这种配置也大致体现了各园在树种选择上的明确特点。从树种经济重要值的整体情况来看，私园的前十名中都包含桂花，香樟和鸡爪槭在三个私园中出现，月季、杜鹃、垂柳、枫香在两个私园中出现，由此可以认为，这七种植物在江南古典私家园林植物群落中所占的经济优势度具有普遍性质。这些植物也是江南地区的乡土树种，用它们进行造景，经济最优。同时，经济重要程度和应用频度高度吻合。

表 5-3 园林样地植物种重要值前十名

重要值排序	拙政园（Z）		沈园（S）		留园（L）		绮园（Q）	
	树种	重要值	树种	重要值	树种	重要值	树种	重要值
1	荷花	1.52	鸡爪槭	1.17	桂花	0.92	海桐	1.11
2	茶花	1.15	桂花	0.75	紫薇	0.73	女贞	0.55
3	杜鹃	0.58	红梅	0.52	悬铃木	0.52	琼花	0.50
4	垂柳	0.57	梧桐	0.32	国槐	0.41	朴树	0.46
5	枫香	0.55	乌桕	0.28	八角金盘	0.35	月季	0.34
6	罗汉松	0.50	柘树	0.25	白皮松	0.31	垂柳	0.29
7	桂花	0.45	月季	0.22	黑松	0.24	香樟	0.25
8	垂丝海棠	0.32	香樟	0.20	香樟	0.21	鸡爪槭	0.21
9	鸡爪槭	0.25	蜡梅	0.17	龙爪槐	0.19	桂花	0.16
10	水杉	0.13	杜鹃	0.14	羽毛枫	0.06	枫香	0.12

表 5-3 中，各私家园林中植物的重要性呈现出明显的头部效应。

每个植种的使用频度反映了该植种在私园中的应用情况，也反映了植物景观的多样性水平。不同园林样地内植物种应用频度的比较结果（见表 5-4）显示，拙政园应用频度最高是荷花、茶花、杜鹃；沈园应用频度最高的是鸡爪槭、桂花、红梅；留园应用频度最高的是桂花和紫薇；绮园应用频度最高的是海桐与女贞。

各园样地植物应用的情况各有不同程度的侧重，但是从四所私园整体植物应用来看，每个植种的应用频度差异仍旧较大（见表 5-5），出现这种情况主要因为两点：第一，私家园林庭院的主题限定了园林植物的选择，其空间限制亦对植物配植提出了要求；第二，私家园林植物群落是比较典型的人工植物群落，不论在植物选择方面还是植物的生长方面都受到人为养护的限制，终究是某种非自然态。

表 5-4　园林样地植物种的应用频度

频度排序	拙政园（Z）		沈园（S）		留园（L）		绮园（Q）	
	树种	频度	树种	频度	树种	频度	树种	频度
1	荷花	0.78	鸡爪槭	0.72	桂花	0.61	海桐	0.63
2	茶花	0.63	桂花	0.45	紫薇	0.55	女贞	0.62
3	杜鹃	0.61	红梅	0.44	悬铃木	0.42	琼花	0.46
4	垂柳	0.55	梧桐	0.42	国槐	0.35	朴树	0.43
5	枫香	0.43	乌桕	0.39	八角金盘	0.27	月季	0.32
6	罗汉松	0.37	柘树	0.35	白皮松	0.24	垂柳	0.28
7	桂花	0.30	月季	0.21	黑松	0.22	香樟	0.25
8	垂丝海棠	0.22	香樟	0.19	香樟	0.20	鸡爪槭	0.22
9	鸡爪槭	0.20	蜡梅	0.15	龙爪槐	0.14	桂花	0.21
10	水杉	0.16	杜鹃	0.13	羽毛枫	0.12	枫香	0.20

表 5-5　园林样地乔木和灌木的应用频度

频度	乔木	灌木
$f \leqslant 0.1$	油松、雪松、白皮松、黑松、金钱松、马尾松、黄杨、乌桕、梧桐、银杏、水杉、紫叶李、垂丝海棠、桃树、紫叶桃、枇杷、白玉兰、枫杨、国槐、榉树、龙爪槐、垂柳、悬铃木、桑树、紫薇、枇杷、柘树	火棘、石榴、小蜡、月季、海桐、大花六道木、茶梅、茶花、五针松、锦绣杜鹃、夏鹃、棣棠、木槿、大叶黄杨、雀舌黄杨、全缘枸骨、含笑、毛杜鹃、琼花、金丝桃、女贞、龟甲冬青、胡颓子、阔叶十大功劳、锦熟黄杨、木香、大叶栀子、铺地柏、无刺枸骨、蔷薇、羽毛枫
$0.1 < f \leqslant 0.2$	杨树、鸡爪槭、罗汉松、枫香、女贞、朴树、榆树、杏树、刺槐	圆柏、八角金盘、南天竹、蜡梅、洒金珊瑚
$0.2 < f \leqslant 0.3$	梅花、桂花、香樟	云南黄馨

由植物群落密度统计可看出（见表5-6），乔木层密度在0.010～0.039株/米^{2}之间的有7个样地，在0.040～0.069株/米^{2}之间的有10个样地，在0.070～0.089株/米^{2}之间的有3个样地。灌木层密度在0.100～0.499株/米^{2}之间的有8个样地，在0.500～0.799

株 / 米 ^{2} 之间的有 10 个样地，0.800 株 / 米 ^{2} 以上的有 2 个样地；灌木层密度水平以 0.500 ～ 0.799 株 / 米 ^{2} 的样地最多。灌木在旧时代并不是园林的主角，景观目的仅为点缀，古人也并不会使用绿篱植物，由此可见，目前的私家园林植被均已经过改造。私园样地中乔木大多点种，树下辅以数株灌木或灌木群，因此灌木层密度大于乔木层密度。植物群落郁闭度水平亦见表 5-6，郁闭度在 0.10 ～ 0.49 之间的有 5 个样地，在 0.50 ～ 0.69 之间的有 10 个样地，在 0.70 ～ 0.79 之间的有 3 个样地，2 个样地的郁闭度达到 0.80 以上；最低的是 Z1 样地，郁闭度只有 0.19。由此可以认为，古典私家园林植物群落是一种特殊的人工植物群落，其郁闭度水平自由无限制，其造景重点应是满足主题景观的配置需求和园主的个人需求。

表 5-6　园林样地植物群落密度与郁闭度

样地	乔木层密度（株 / 米 ^{2}）	灌木层密度（株 / 米 ^{2}）	郁闭度	样地	乔木层密度（株 / 米 ^{2}）	灌木层密度（株 / 米 ^{2}）	郁闭度
Z1	0.021	0.523	0.19	L1	0.037	0.360	0.53
Z2	0.035	0.512	0.46	L2	0.084	0.601	0.83
Z3	0.041	0.415	0.52	L3	0.033	0.321	0.51
Z4	0.036	0.452	0.31	L4	0.052	0.505	0.65
Z5	0.033	0.561	0.51	L5	0.055	0.734	0.62
S1	0.061	0.715	0.38	Q1	0.044	0.638	0.63
S2	0.068	0.796	0.72	Q2	0.054	0.101	0.54
S3	0.067	0.823	0.89	Q3	0.045	0.503	0.61
S4	0.071	0.324	0.70	Q4	0.081	0.200	0.73
S5	0.023	0.878	0.21	Q5	0.043	0.247	0.50

根据植物群落中乔木胸径的分布情况，可将胸径划分为 5 个等级，分别为≤ 10 厘米；10 ～ 20 厘米；20 ～ 30 厘米；30 ～ 40 厘米；≥ 40 厘米。如表 5-7 所示，拙政园植物群落内有乔木 23 株，≤ 10 厘米的有 14 株，占总体的 61%，无大于 40 厘米的乔木；沈园植物群落内有 28 株乔木，≤ 10 厘米的有 5 株，占总体的 18%，≥ 40 厘米的有 6 株；留园植

物群落内有 33 株乔木，≤ 10 厘米的有 20 株，占总体的 61%，≥ 40cm 的有 1 株；绮园植物群落内有乔木 29 株，≤ 10 厘米的有 11 株，占总体的 38%，≥ 40 厘米的有 1 株。总体上拙政园和留园内小乔木占大多数（植物历史断代比较新[1]），沈园（植物历史断代比较早）乔木水平比较平均，绮园（植物历史断代最早）以大乔木和中等乔木为主。

表 5-7　园林样地乔木胸径分布

样地	≤ 10 厘米（株）	10 ～ 20 厘米（株）	20 ～ 30 厘米（株）	30 ～ 40 厘米（株）	≥ 40 厘米（株）
拙政园（Z）	14	8	0	1	0
沈园（S）	5	8	7	2	6
留园（L）	20	8	3	1	1
绮园（Q）	11	5	6	6	1

按垂直结构分析，调查样地乔木有 34 种 161 株、灌木 55 种 128 株、草本地被 16 种。乔木种类少于灌木、地被种类的有 6 个样地，分别为 Z2、Z3、Z4、S1、S2、L2；乔木种类多于灌木、地被种类的有 5 个样地，分别为 Z1、S3、S4、L3、Q5；乔灌草种类比相近的有 9 个样地，分别为 Z5、S5、L1、L4、L5、Q1、Q2、Q3、Q4。由此可见，拙政园内植物群落的垂直结构变化度较小，其植物实际年份较短；绮园植物群落的垂直结构相对一般；沈园和留园的植物群落垂直结构更为多样化，其植物历史更为悠久。样地中乔木层高度大多为 3 ～ 15 米，高于 15 米的约 7 株，灌木层高度总体为 0.4 ～ 3 米，地被植物高度总体上低于 0.3 米，三个层次的景观分隔明显，园内游赏视线比较清晰。各样地乔木、灌木和草本种类比例与乔木灌木数量比例见表 5-8。

表 5-8　各样地乔木、灌木和草本种类比例与乔木灌木数量比例

样地	乔灌草种类比	乔灌数量比	样地	乔灌草种类比	乔灌数量比
Z1	1：0.5：0.9	1：3.6	L1	1：1.2：1.3	1：1.25

[1]　用植物胸径来判断植物历史长度其实并不公允，因为不同种植物的生长速度不同，但大多数人仅从胸径的粗细程度来判断植物的年龄。鉴于此，所以只用括号内文字表示。

续表

样地	乔灌草种类比	乔灌数量比	样地	乔灌草种类比	乔灌数量比
Z2	1 : 1.8 : 1.4	1 : 3.0	L2	1 : 2.3 : 1.7	1 : 3.1
Z3	1 : 2.3 : 1.6	1 : 1.4	L3	1 : 0.9 : 0.8	1 ∶ 2
Z4	1 : 1.6 : 2.1	1 : 3.8	L4	1 : 1.3 : 1.4	1 ∶ 1.75
Z5	1 : 1 : 1.2	1 : 2	L5	1 ∶ 0.9 ∶ 0.9	1 ∶ 1.2
S1	1 : 1.4 : 2.2	1 : 2.5	Q1	1 ∶ 0.9 ∶ 1.1	1 ∶ 0.9
S2	1 : 1.6 : 1.5	1 : 3	Q2	1 ∶ 1.3 ∶ 1.2	1 ∶ 1
S3	1 : 0.7 : 0.8	1 : 2.4	Q3	1 ∶ 1.3 ∶ 1.3	1 ∶ 1.2
S4	1 : 0.6 : 1.6	1 : 1.5	Q4	1 ∶ 1 ∶ 1.1	1 ∶ 1
S5	1 : 1.2 : 1.1	1 : 2	Q5	1 ∶ 0.3 ∶ 0.9	1 ∶ 2.2

物种多样性不仅反映群落中物种的丰富程度，也能暗示园林植物的历史远近，还能反映不同自然地理条件与群落的相互关系，以及群落稳定性与动态，是群落组织结构的重要特征。在所有的调查地块中，乔木层和灌木层是植物群落的主体，草本层多数只起点缀作用。物种的丰富度反映了群落中物种的多少，是从物种的数量上反映物种多样性的指标；Simpson 指数是物种数和物种个体数之间的关系，反映了植物群落的物种多样性；Pielou 指数则是对植物群落均匀度的反映（见表 5-9）。

表 5-9　各园林样地植物群落物种多样性指数

样地名称	乔木层			灌木层		
	物种丰富度	Simpson 指数	Pielou 指数	物种丰富度	Simpson 指数	Pielou 指数
Z1	2	0.65	0.9	5	0.79	0.94
Z2	3	0.54	1	4	0.64	0.93
Z3	3	0.59	0.81	3	0.55	0.93
Z4	2.4	0.56	1.2	5	0.51	0.66
Z5	2	0.37	0.55	4	0.62	0.88
Z 均值	2.48	0.542	0.892	4.2	0.622	0.868

续表

样地名称	乔木层			灌木层		
	物种丰富度	Simpson指数	Pielou指数	物种丰富度	Simpson指数	Pielou指数
S1	5	0.75	0.89	7	0.88	0.89
S2	4	0.70	0.90	4	0.41	0.59
S3	5	0.72	0.95	6	0.89	1.5
S4	6	0.89	0.92	4	0.40	0.75
S5	3	0.56	0.88	7	0.79	2
S 均值	4.6	0.724	0.908	5.6	0.674	1.146
L1	2	0.58	0.87	3	0.74	0.91
L2	3	0.33	0.72	2	0.55	0.96
L3	3	0.63	0.82	4	0.72	0.96
L4	3	0.57	0.81	1	0.79	0.95
L5	2	0.51	0.76	2	0.74	0.58
L 均值	2.6	0.524	0.796	2.4	0.708	0.872
Q1	5	0.74	0.99	5	0.85	1.03
Q2	4	0.77	0.87	6	0.82	0.94
Q3	2	0.76	0.97	4	0.55	1.02
Q4	5	0.46	0.85	4	0.66	0.82
Q5	5	0.85	1.01	3	0.69	0.98
Q 均值	4.2	0.716	0.938	4.4	0.714	0.958

如表 5-9 显示，乔木层的整体水平数据中，物种丰富度为 2 的有 5 个样地，丰富度为 3 的有 6 个样地，丰富度为 4 的有 2 个样地，丰富度 ≥ 5 的有 6 个样地。Simpson 指数＜ 0.5 的有 3 个样地，≥ 0.5 且＜ 0.7 的有 9 个样地，≥ 0.7 且＜ 0.9 的有 8 个样地。Pielou 指数＜ 0.5 的有 0 个样地，≥ 0.5 且＜ 0.7 的有 1 个样地，≥ 0.7 且＜ 0.9 的有 10 个样地，≥ 0.9 的有 9 个样地。由此可见，目标古典私家园林植物群落乔木层的丰富度较为均匀；Simpson 指数多在 0.5 ～ 0.9 之间，较为丰富；Pielou 指数多≥ 0.7，比较均匀。各园植物群落物种多样性方面，乔木层的均

值比较结果如下：植物群落物种的丰富度排序为沈园（4.6）＞绮园（4.2）＞留园（2.6）＞拙政园（2.48）；Simpson 指数排序为沈园（0.724）＞绮园（0.716）＞拙政园（0.542）＞留园（0.524）；Pielou 指数排序为绮园（0.938）＞沈园（0.908）＞拙政园（0.892）＞留园（0.796）。需要注意的是，存在一个有趣的现象，即物种丰富度均值较低的园林，更被大众所喜爱，日入园游客数更高。也就是说，行业内的人认同的植物丰富度等指标，可能并不为民众所认可或察觉。当然也不排除更多因素的干扰，比如拙政园和留园的名气确实大于另外两者。要进一步验证这一点，应扩大样本数量深入研究。

就灌木层整体水平来说，丰富度≤2 的有 3 个样地，丰富度≥3 且≤4 的有 10 个样地，丰富度≥5 的有 7 个样地。Simpson 指数＜0.5 的有 2 个样地，≥0.5 且＜0.7 的有 8 个样地，≥0.7 的有 10 个样地。Pielou 指数＜0.5 的有 0 个样地，≥0.5 且＜0.7 的有 3 个样地，≥0.7 且＜0.9 的有 4 个样地，≥0.9 的有 13 个样地。由此可知，目标江南古典私家园林样地植物群落灌木层的丰富度一般集中在 3 ～ 5；Simpson 指数一般为 0.5 ～ 0.8，较为丰富；Pielou 指数普遍高于 0.9，均匀性较好。各园植物群落物种多样性方面，灌木层的均值比较结果如下：植物群落物种的丰富度排序为沈园（5.6）＞绮园（4.4）＞拙政园（4.2）＞留园（2.4）；Simpson 指数排序为绮园（0.714）＞留园（0.708）＞沈园（0.674）＞拙政园（0.622）；Pielou 指数排序为沈园（1.146）＞绮园（0.958）＞留园（0.872）＞拙政园（0.868）。

植物的景观丰富度还表现在植物本身的季相变化上，包括其叶色的季节变化和花期的变化，呈现出某种时序性。各园样地内植物种类及季相信息见表 5-10，调查地块中的常绿植物共有 34 种 153 株，落叶植物共有 41 种 161 株，常色叶植物共有 7 种 42 株，可观花植物共有 18 种 203 株。总体上各园的常绿植物在种类和数量上略小于落叶植物。落叶树种的景观时序性更强，明显呈现四种时态：春季花色妖娆，夏季叶密成荫，秋季叶红遍地，冬季枯木寒林。观花植物在拙政园种类最繁盛。调查群落中的色叶树种主要为落叶（秋色叶）植物种，如银杏、乌桕、梧桐、水杉、垂丝海棠、白玉兰、枫香、国槐、榉树、龙爪槐、悬铃木、桑树、朴树、石榴、鸡爪槭，四所园林秋色叶树种均较丰富，秋季景观美不胜收。

表 5-10　各园林样地植物种类及季相信息

样地	常绿		落叶		观花			观叶		
	种类	数量（株）	种类	数量（株）	种类	数量（株）	观赏时间	种类	数量（株）	观赏时间
Z1—Z5	15	41	22	41	7	42	四季	5	12	春秋
S1—S5	17	59	35	50	19	102	四季	7	15	春秋
L1—L5	14	91	18	43	8	30	四季	6	21	春秋
Q1—Q5	10	32	20	33	11	32	春秋	5	16	春秋

经调查统计，四所私家园林的植物种类差异并不大，但每所私园均有优势植物种。不同庭院内树种应用的频度亦不相同，拙政园应用频度最高的是荷花、垂柳等；沈园应用频度比较高的有鸡爪槭、桂花和梅花；留园和绮园各种植物的应用都比较平均。

经过仔细的踏勘，我们依据植物的实际生长情况，得出以下两点结论。①现在的江南私家园林中，真正历史悠久的古植（树龄超过 100 年）并不多，大概占统计乔木（树龄在 20 年以上）的 2.26%，各种植物树龄的中位数为 52 年。如此可以验证出一个事实，那就是现在我们在江南古典私家园林中看到的绝大部分植物均为 20 世纪 60 年代之后重新种植，植物种类受到当时苗木市场水平及种类的限制，由此可以推断，目前绝大部分私园作品亦为新中国成立后重修，或许并不是昔日的模样。②就植物选种及表现的景观而言，目前江南私家园林的植物图景主要反映的是 20 世纪 60 年代之后园林师们的设计主张，当然他们受到旧时代造园师及传统造园经验的影响较大，因此修复的样式更为传统，表现出比较强烈的时代气息。

四、植物的艺术功能

江南古典私家园林中建筑的占地比例普遍较大，且整体私园越小，建筑占比越大，植物对于园林建筑和其他园林要素并非简单的遮挡和衬托，而是造景、装饰和软化。古人运用灵活多变的植物配植以配合不同的建筑立面，取得了良好的景观效果。

植物配植与墙面的配合可以理解为以白墙为纸，以植物为墨、为彩“作画”。此外，古人还乐于欣赏植物映在白墙上的婆娑光影，特别是加入光线变量和季相变化。比如鸡爪槭，春季叶片嫩绿，秋天则变为红色，与白墙相配成美丽的画卷；加之光照不同，引发丰富的变化，白墙、清影产生无限意趣，这种景观在江南古典私家园林中随处可见。与墙面配合的植物，除了配植在墙边以外，还有一些攀附在墙面。吴冠中先生说：“苏州留园有布满三面墙壁的巨大爬山虎，当早春尚未发叶时，看那茎枝纵横伸展，线纹沉浮如游龙，野趣惑人，真是大自然难得的艺术创造。”[1]

江南古典私家园林中的很多建筑以植物命名，后代的园林修复工作也坚持补栽相应的植物，比如拙政园的远香堂即以荷花而得名，倚玉轩则得名于竹——“倚槛碧玉万竿长”，梧竹幽居亭则以梧桐与竹相配，取自“梧竹致清，宜深院孤亭”。

植物除了和建筑这种硬质景观配合以外，也配合叠山艺术，且植物在形体方面亦要与山形相配，以使得体量较小的山林生出乡野气氛，造出山岭起伏的气势。对于石少土多的山体，则强调运用地被植物、低矮乔木及灌木，限制植物比例，以增强或削弱山势，构图讲究以小见大。为显示山体峭拔，乔木多稀，如在山顶种植乔木并搭配灌木，可增加景深，显得山体更为高耸。而对于石山，石壁上多植黑松、朴树等，它们多树小而嶙峋，姿态多变，弯折虬曲，加之披垂的薜荔、藤蔓，可制造出山谷深远的景观。

园林植物具有掩映的功能，能掩映围墙、岸际等建筑构件，将它

[1] 吴先生将薜荔错认为爬墙虎。

们隐藏于藤萝、疏林、花草之间，这种处理方式不仅使园色平添自然活泼，更扩大了空间感。

植物的空间分隔作用和建筑不同，后者的分隔较为生硬，古人并不喜欢这一种较为现代的方式。古典私家园林的建筑的空间分隔作用相比现代建筑更弱，但仍旧缺乏植物的分隔作用所具有的模糊性和可穿越性。植物分隔显得似断非断、形断意连，建筑空间看似相互独立，又有实质性的关联，而且所用植物营造出绿调的边际线，景色彼此随形。

以植物作为私园或局部庭院的主题，也是江南古典私家园林的常见现象。园主常用名木古树打造主题景观，用来表明内心的志向。比如网师园的看松读画轩以古松柏为主题，表明园主的人生态度；还有留园的“古木交柯”等。不同的植物景观可以表达不同的语境情愫，这些意义同时和时代紧密结合，随着园主的际遇和心境变化而变。

园林植物还具备色彩功能与声响功能。植物的诸多色彩丰富了江南古典私家园林固有的素色体系。江南古典私园的色调是园主丰富内心的内敛形态，是其外在和内在的集结体。植物本身的季相更替更使得江南古典私园内景色宜人，每时每刻赋予园林以生气。借助植物“发声”，则可以营造特殊的景致和氛围，是一种独特的艺术手法。比如“移竹当窗，借听潇湘夜雨”“扶疏万竿，引风弹琴”，利用自然风吹过竹林、松林发声，聆听风声的美妙声韵。

水体置石驳岸的植物造景在现代园林中已成一个单独的门类。在驳岸配植植物，可见植物和水中倒影相接，增加了实与虚的趣韵。景水对话是江南园林植物造景的特色之一，无论月夜、清晨、夏暑，植物倒映在水中，会构成令人赏心悦目的画卷。如前文所述，水面的镜面效果不但扩展了私园的画面空间，而且丰富了园林的色彩。水面上如果点植荷花、睡莲、菱角等水生植物，同岸上的垂柳相互照映，水尽之处再用细竹、桃林遮掩，形成看似不可穷尽的浓荫，营造一种蜿蜒无穷之势，这也是江南古典私园理水的常用手法。

江南古典私园内部园路多蜿蜒曲折，毕竟休闲无须讲究“通勤效率”，“曲径通幽”更为可贵。中国旧时建筑低矮，也注定需要自然式的园林与之配合。江南古典私园用植物配植的多种变化，如疏密、错落、遮蔽等手法，既得以拓展空间，遮掩园林要素的尽端，又于园路的折转之地造就了“柳暗花明又一村”或“豁然开朗”的效果。

陈从周先生说：“不知中国画理，无以言中国园林。”江南古典私园植物造景的艺术手法，和传统画论及诗性表达密切相通。《林泉高致》中有云：“山以水为血脉，以草木为毛发，故山得水而活，得草木而华。”有了植物元素，私园整体及细节即拥有了华润之美。江南古典私家园林的审美追求与其时的绘画艺术密不可分，这一方面也因为园主及造园师常具画家身份。如文震亨，他既是造园家、博物家，同时也是画家。而计成在少年时，即已凭善山水画而闻名。张家骥说：“千百年来山水画家对自然山水长期观察，加以概括，提炼出来的创作原理，以及某些具体的技巧和手法，被吸收并创造性地运用到造园艺术中。”[1]“似者得其形、遗其气，真者气质俱盛。”中国文人山水画是主观情愫与客观形式的有机结合，园林这种实物追求的不只是所建构山水图式方面的形似，而是形神兼备，这对造园师的艺术造诣与文化水准均有着较高的要求。他们投身其中，造出“正标侧杪，势以能透而生；叶底花间，影以善漏而豁”的美妙效果。

旧时的园林植物配植讲究植物的姿态，强调各有不同，富于变化，因形置位。明代龚贤在《龚安节先生画诀》中说：两株一丛的要一俯一仰，三株一丛的要分主宾，四株一丛的则株距要有差异。这种绘画理论也是园林植物造景理论，不但讲究从视觉方面符合画意，而且尊重植物的生长习性。如留园绿荫轩旁只种植枫杨，高大的植株将小巧的轩馆半掩半遮，营造出幽静的画面感。中国绘画理论的写意手法强调以小见大，借有限空间展现无限意境；也强调自在灵活，师法自然而灵活多变。通晓画论、熟稔诗词的园主及造园师更能够营建出融贯诗情画意、青山绿水的园林。江南古典私园中还有一些景观点，是直接按照脍炙人

[1] 张家骥．中国造园史［M］．太原：山西人民出版社，1986:9.

口的诗句来实施植物造景的，比如怡园的南雪亭，取用杜甫“南雪不到地，青崖霑未消”的名句，其亭周围种植梅花，春时落英缤纷，有些花瓣落附于石峰之上，而对应的梅林中点植月季，恰如其分地印证诗意。拙政园的嘉实亭以梅为主景，取意黄庭坚的“江梅有佳实，结根桃李场”[1]。沧浪亭的翠玲珑以竹为主题，源于苏舜钦的“日光穿竹翠玲珑”，院内配植成片的雷竹和淡竹，即便烈日当空，日光亦被竹叶过滤，似无数光丝穿过竹枝投射于地面，正合诗意的幽静淡雅。网师园的小山丛桂轩以桂花为主题，取“桂树丛生兮山之幽，偃蹇连蜷兮枝相缭”的诗意。沧浪亭的清香馆取意于李商隐的“殷勤莫使清香透，牢合金鱼锁桂丛”，由于其所处的环境较为闭锁，其北面种植桂花以贴合诗意。

明清时期的江南私家园林已经随客观原因精简化和集萃化，随着造园面积的缩小，植物配植表现为“贵精不贵多”。为了能表现四时景色，植物种类应有保证，但单种使用量少，再结合中国画的“经营位置”。如网师园的殿春簃，有白皮松（一株）、桂花（一株）、紫藤（一根）、芍药（数丛），以及少量夹竹桃、竹、梅、芭蕉，营造出完整的季相变化效果。也在这一时期，江南古典私家园林在小型花台、盆栽和盆景的应用方面有所发展，进一步实现了以“芥子”容纳山林景观风貌的追求。《园冶》“东渡”日本之后，对日本的影响深远，其庭院植物种类少，但在植物选配上则精心安排，“意贵乎远，境贵乎深”。沈复在《闲情记趣》中说“以丛草为林，以虫蚁为兽，以土砾凸者为丘，凹者为壑”，强调了文人雅士对“壶中天地”“袖里乾坤”“芥子可纳须弥”的热衷。文人乐于在园中“聚拳石、环斗水”，植物观赏则从大尺度向单株转化，一石一水、一花一木便能代表自然之景。

所谓“露浅而藏深，为忌浅露而求得意境之深邃”，高大的楼阁和亭榭常有意藏于偏僻幽深之处，或隐于树梢之间。比如环秀山庄，位于宅后的小园仅一屋一亭，倘若坦露则索然无趣，但由参天乔木及嶙峋怪石将它们藏于树影与山石之后，则产生幽邃深远之感。又如拙政园西园

---

[1] 现在的嘉实亭主景已非红梅，而是综合种植形成了新的立面景观。枇杷由于生长速度很快，已成为新的主景植物。

的与谁同坐轩，其前荷香廊影，背有茂林作为背景，而仅从树梢或缝隙露出檐角，含蓄地暗示有亭。顺着对岸走廊观察，从不同的角度观之，会发现其被植物遮挡的情势随移步而变，有移步换景的效果，是对“多方胜境，咫尺山林”的生动诠释。造园师运用园林植物掩映，有效地扩大了园林景深，这类手法在江南古典私园中几乎随处可见。

第三节 园林建筑

江南古典私家园林建筑要素通常与自然及社会环境相结合，私园一般地处城市内河道纵横、水路交通便利之地，民居建筑也大多临水而建，天然水系相当于现代意义上的路，是充分利用且紧密结合了自然地形的典范。即便是富裕大户建造居室，也常需依据环境特点与条件，配合具体地形，组织形式自在且多变的建筑形态。园林建筑则不拘泥于形态和朝向，每一种类型伴随地块的不同而适应出灵活的样式，因此江南古典私园呈现出“类同而各不相同”的景观句法。

一、建筑的象征意义

古代王权对建筑的各种形制和建制有着严格的界定，各类建筑的规模、尺度、建材以及建筑装饰、纹饰和色彩均有成套的层级规定，所有人务必遵守，不得逾矩，即便稍有变化，也只能在可以解释的范围之内。比如有关色彩，宋代时有“凡民庶家，不得施五色文采为饰”的规定，明代又有“庶民庐舍不许饰彩色”的规定。

在层级社会的整体语境中，所有建筑景观句法均被规束在“礼”的规范和观念之内，经济是次要选项。江南古典私园看似“关起门来自成一统”，但私园内主次建筑，在尺度、用料、色彩等方面均可区分出大小、高低、华朴、繁简、明暗，能够明确地表现出地位和层级秩序，主要建筑方整规矩、轴线性强、体量较大，形成严肃庄重的格调，次要建筑则相对灵活轻盈、富于变化，比如苏州留园的五峰仙馆与揖峰轩。古典私园建筑将伦理道德观念转化为物质存在，十分具有时代特征。

江南古典私家园林的建筑是园主日常生活和享乐的场所，因此反映得更多的是财富阶层的生活和意识。这些财富阶层的审美需求成为江南地区古典园林建筑手法意义表达的中心。私园建筑围合成一片“壶中天地”，在其中创设等同于宏大自然的人工环境，虽然范围有所限制，但布置却可以极尽奢华。现代人参观江南古典私家园林时会产生一个明显的误解，认为当时的园主目的是要在喧闹的城市中营造出隐居的氛围，刻意“目闭耳塞”，实现“简朴”的生活，以“磨练”自己的心志，如此则生出园主穷困生活轻简的误解。江南古典私园的园主的确有不少是官场失意的官员，但这并不代表他们的生活开销处于较低水平。

私园的人文属性决定了其含蓄的气质，这也是园林建筑手法在传情达意方面的艺术特色。含蓄的本意是处处加以遮掩，不讲究行为效率，不需要和盘托出，运用隐晦、暧昧的艺术手法调动观者共情，使其深入探寻方能感受主题和意蕴。这其实也是扩展意境的手法，使得园林建筑更具“弦外之音”。人伦纲常、气节操守、风雅韵事均是园林建筑象征的主要题材，再沁入儒、道、释三家精华，于细微之处反映建筑的教育意义。其各种大小木作装饰用“象形”“谐音”“寓意”的“文字叙事”手法，创造出具象且丰富的图案。就江南古典园林建筑而言，文化信息无疑是物态之外的第二语言，比物质信息更容易进入人的精神世界。

私园建筑也传达了等级观念，折射出封建政治与伦理制度下等级制的叙事方式，也是古代国人等级观物化的表现。其至少包含两大方面的内容：一是主张天人合一、天人感应，进而推导出层级威严，将等级观念神秘化、神圣化和合理化；二是主张伦理纲常、忠君孝亲，是对封建专制统治秩序的维护与坚持。传统伦理哲学渗透到了江南私家园林建筑的精神领域，在建筑细节中被广泛表达。

现代人已经习惯了当今的建筑叙事文法，自然对古典私园建筑表现的布局较为陌生，那些能够达意同时也较为常见的装饰图案——传统园林建筑上雕刻的伦理道德故事图案，大概已经远离人们的生活，比如常见的“三顾茅庐”“郭子仪拜寿”“文王访贤”等戏文图案。传统建筑其实是可以“读”的建筑，这也使其成为道德传播的重要渠道。比如苏州春在楼前厅门窗隔扇内侧刻“二十四孝”、前厅包头梁上雕刻“三国演义”、前厅大梁刻“唐王李世民”图，另有东西厢房的书斋和花篮厅雕刻有“题金山寺”“闭户读书”等“二十八贤”故事。这些符合儒家传统的理想人格和价值取向，所谓外王、内圣、孝子、贤明的故事，组成建筑装饰里具有教育意义的传统图案。

上述图案的教育对象也包括园主的后代。古代知识分子认为自己若要得到社会及宗族的认可，必须进入官场并参与治理与决策，但科举之路艰辛，需要数十年如一日的寒窗苦读，为了鼓励晚辈刻苦攻读，不忘初衷，教诲需每时每刻每地每处传达到位。前述春在楼书房的半窗及长窗绦环板上刻绘有“随月读书”“少年登科”“与圣贤对”“悬梁刺股”等图案。

所有自然之物都可以被精炼为符号化的图案引入日常生活，如此，人的世俗生活也就升华为神幻的组成部分。如云纹，将其雕刻在建筑梁架或屋脊之上，表达了人们向往建筑高耸入云天、营造天上人间的愿望。

在江南古典私家园林建筑的象征语汇中，还有些动植物的题材。例如狮子（施子）、鱼（余）、鹿（禄）、蝠（福），其名称特有的谐音包含吉祥之意。此外还有以枫香（秋季变色的掌形叶片植物均被古人认作枫香）象征鸿运，枫叶不仅在秋天变为红色，而且“枫”与“封”同音，所以有“受封”的寓意；又如莲与“廉”谐音，人们以莲花比喻为官清廉，将绿莲与白鹭组成的画面命名为“一路清廉”。

故事类题材也较为多见，在以图案描绘的故事情节中，通常包含着园主的道德意愿。江南古典私园中故事类题材的建筑图案大致可分为三类：第一类是古代贤圣事迹，如“三顾茅庐”“七擒七放”“耕读渔樵”“文王访贤”“空城计”“桃园三结义”等；第二类是戏文题材，如“西厢记”“三国演义”“牡丹亭”“水浒传”等；第三类是民俗传说，如“群仙拜寿”“八仙过海”“蟠桃会”等。

本人并不认同江南古典私家园林是园主隐逸归所这一观点，但确实有相当多的学者秉持如下观点，即私园就是古代士大夫抛开功名利禄，寄身于山林之间、游心于泉石之上的“诗意的栖居”。这一观点其实忽略了古代官场的结构与官员存在形式的多样。“归隐”事实上是知识分子的想象，已经入仕的士人本无所谓“归隐”，正所谓“一朝入朝，终身为臣”。不过，旧时代的知识分子确实一贯有隐逸的情怀，《论语》中的“道不行，乘桴浮于海”开辟了归隐的先河。以往也确有一些文人士大夫因为处境困顿而选择逃避，其中复杂的动因或许和既往的传统一起成就了江南古典私园文化中特有的隐逸意味。这种隐隐的痛楚和幽幽的哀怨，大概也存有某种“有”宽慰“无”的故意。

江南古典私园建筑也有性格收敛、超脱，对人生起伏和世态炎凉淡而观之的句法。有对日常生活的入微体味，也有鲜明的个性标志；有纯粹的物质性，也有相当的功利性体现。“自我”“尊己”的生命观存在的同时，儒家的“无我”又否定了个人价值，在此情境下，其建筑句法也表现出旧时代知识分子的“分裂性”。

江南古典私家园林本来便发根于皇家贵族园林，总免不了受皇家园林的启发。私家园林的园主在“造山理水得配天地”中寄付自身的政治理想，将院门锁闭，“本院天下，自己独自一统”，私园建筑小巧便全然不在话下，“半亩园林大半房”也不影响观瞻。利用山光水色与亭台楼阁的交融，把自然美和物质美融为一体，园主不出门便可感受山林的自然之趣。虽然他们拥有相当的财富，但因其遁世的思想，未能点燃旧时代创新的火种。

江南古典私园建筑与自然环境的物境关系内敛而含蓄，高度依据环境的特点与具体要求，自由组织并灵活应变，强调人与自然的相互妥协，这种风格并未赢得西方人的喜爱，却深深打动了同为儒文化圈的邻邦日本、朝韩半岛和越南。

“义生文外，秘响旁通，伏采潜发”，人们观察并概括具体的形象，提炼并简化成建筑语汇中抽象的图案，使建筑富于内涵。这其实也透露出旧时代人们审美折中的潜在意识。

二、私园建筑的术和数

江南古典私家园林里的建筑和同时代的其他建筑其实并无显著不同。古代国人几乎对所有的事物，比如房屋、礼器、衣物、食物等都采用较为灵活的“通用式设计”。祭祀祖先的食物，摆过拜过之后，仍会端上人的饭桌；旧时代的衣服并不讲究所谓“贴身”，不会因为胖或瘦就特别不合穿；特别是建筑，并不会存在难以改换的问题，住宅即便改成佛寺也并无不妥。很多乡间的小寺小观，正堂供奉的佛像和人等高，并不影响人们虔诚信奉。再有，旧时代的官衙和官员的宅第也并无二致。在前工业时代，制定出一些标准的样式，供大家选择采用，是在“总体式样”不够丰富的时期保证高效的必然选择。只有这样，才能保证所有人穿着合体，居住舒适。

中国传统建筑多采用木质结构，一方面，封建时代并不充分尊重私产，所谓“普天之下，莫非王土”，私产被查抄被收没是平常之事，木构造的建筑最契合这一无奈又无法抗拒的事实。木结构建筑的便利性在于：①就地取材，来源方便，修复成本较低；②价格较低，可重复使用；③即便腐朽，材料也可作为柴薪，毫不浪费；④方便维修，可以局部撤换；⑤材料特性温暖，和人体感觉相匹配；⑥整体造价较其他材料最省；等等。

“通用式”木构建筑可以说是历史的选择，而在发展的过程中，木构建筑也逐渐分出层级，对应不同的社会阶层和经济水平。平民多居住在以杉木等杂木作为受力柱、梁等的木质房屋里，墙体则由土、草秆及细木制作的土坯构成，建造材料及家具均就地取材，“极尽便宜之能事”。杉木生长极快，且材料通直，但因为密度低、含淀粉成分高，容易腐烂，承重力差，不过价格极低，保护得当亦可支撑近半个世纪，差不多是一代人的生存时间。最上等的民居结构相似，只是使用的建筑材料上乘，建筑木构件可能使用紫檀等高级木料，各种小木作及细作均有雕刻，房内家具也都采用硬木，内部还有繁复的装饰。就功能而言，上等建筑其实也并无特别之处，虽然保存时间长，但也避免不了潮湿和虫蛀的问题，需要不断维护甚至更新。苏州现存的古典私家园林中，使用极好材料的园林建筑并不多，可能是因为均经过破败荒僻的时期，已经朽坏更替过。现在的名贵木材很多已经论“克”售卖，古典木构造建筑的维修成本高昂，甚至修不如造。

相比木构建筑，石构建筑被限制在使用类型有限的范围内，如宗教或皇权。木结构的经济性一旦取得优势，石构造便很难再获得与之相称的地位，石建造技术裹足不前，运用亦受到局限。因这种“路径依赖”而生的，还有人们对石建筑的认知的固化，这种限制常常超出了技术和经济的影响程度。

秦时中国人已经发明并使用砖，这种通过泥和火烧造而成、可以代替石材的建筑材料，虽然比石材更容易加工，但造价却不容小觑，以至于最初大多只用在宫殿建筑和皇家陵墓上，直至明代中期之后，少部分农家才有机会使用。其实，很多农家即便使用，也不过用在门和窗的两侧而已（以减少雨水渗入）。

房屋是人的刚性需求，每个人都需要有住房。单层建筑的平铺，常常被称作“数”的增加；而层的堆叠，则被称作“量”方面的增加。木构建筑在量方面的技术，在古代已经取得了很好的成绩，但“罢黜百家，独尊儒术”之后，这种量的堆叠对人伦秩序提出了挑战，岁数大而腿脚不方便的宗族长者居住在什么层级上比较合适就成为一个问题，况且层数过高则造价成倍增加。平铺结构“数”的增加却能够很方便地解决这个问题。其纵向的“量”的增加，在经济较为发达的江南地区，已经完成了自觉的经济成本核算过程，那就是大多数江南建筑采用两层的形式：下面一层可以住人，也可以堆放农业生产工具；上面一层亦可居住，或堆叠农产品收获、柴草等有干燥需求的物品。在价格方面，建造三层及三层以上房屋的必要性逐渐丧失，价格高昂大大地抑制了人们建高的需求。我曾在金华市横店镇官桥村见到一处三层木构民居遗存，其宗谱中毫不客气地给出“奢而无用”的批语。

江南古典私家园林的建筑是“数”的增加。由三个建筑组成的“冂”形被称为“一进”或“一院”，“数”的增加即在平面上犹如蜈蚣式的纵向的重复，通常为奇数，形成摊饼式层级递进的“多进式”院落。通常人们把平面纵向式推进的式样叫作“进”，而纵向与横向发展成摊饼式样的被称为“院”或“天井”。金华市东阳卢宅，其纵深达320米的九进，占地面积6500平方米，共计125间，排布井然的同时结构并不复杂。江南古典私家园林中的建筑在平面上和前述的中国多进式住宅并无差别，除了方正的建筑以外，门、廊、台、楼、厅这些附属建筑也分列其中，各有各的位置，承担各自的功能。和普通住宅不同的是，古典私园中有园林的部分，而那一部分中的建筑，亭、台、楼、阁、榭、舫、桥、厅、洞门、斋等，平面基底可以多变，是中国建筑自由化发展的一种方式。这些建筑基于园主的审美情怀，常常表现出区别于起居建筑“坐北朝南”的正统朝向，而是统一“向心”，这个“心”有可能仅是有铺装的空地，也可能是由奇石布置成的仿自然驳岸的水体。如果将园林这一部分去除，园主的正常生活似乎并不会受到影响，但是无疑的，其“诗性”“画意”的那一部分“虚”的生活便无存了。

数字在建筑语汇中常有特殊的象征意义。单数为阳，双数为阴，所谓“天一、地二、天三、地四、天五、地六、天七、地八、天九、地十”，因此中国建筑的间数一般为单数，表明建筑为生人使用。私园中最主要的厅堂常为五间，暗合“中”的意义，象征园林中心。建筑台阶层数则常为偶数，以符合其“阴”性。另有传统建筑营造时使用的测量工具——“鲁班尺”，此尺划分为八格，写有“财、病、离、义、官、劫、害、吉”，不只测长度，亦测凶吉，可作为数字象征意义运用的实证。

数字象征相对于形象象征和谐音象征更为间接和隐晦，它的达意效果常常要求一定的知识积淀，或者是经专人解读方能达意，很难被简单理解或共情。江南古典私园在室内装饰、园林铺地、建筑花窗、屋顶檐脊、建筑绘画等建筑语汇中比较多地使用这一类数字象征。厅堂的登堂阶如果做成三阶，则寓意“连升三级”。这些数字几乎无处不在地暗示出园主的理想与执念。

“数”在中国古代更多的是向“术”的方向而非“管理”的方向发展。

“数目字管理”（黄仁宇）之所以具有推动社会前进的巨力，在于它真实可信，而且可以促进信息的采集、归纳、计算、分析、流传、储存，提升数据效率和决策速度，降低人力成本，增进算力分工的发展，进而提高社会经济运行的效率。旧时之所以不断出现税务统计困难的问题，一般被认为在于数学的相对落后。当要说明较大数据时，中国方块文字中表达数字的文字远远比横向书写的阿拉伯数字复杂。数学的相对低水平，造成了中国古代财税统计方面的困难。不过，黄仁宇先生对这个问题的理解并不完全正确，中国古代财会制度相对落后的核心症结仍在于旧的制度。

就数字的象征意义而言，古代国人十分善于做这样的工作，可是挖掘、开拓数字技术（会计技术）却相对止步不前，所以常常一到数学方面便采用模糊计算的方法。建筑的尺度并不大，使用的材料也有限，所谓小范围的计数并不困难，当阅读《营造法式》时，我们很容易理解并掌握古代匠人的工作及目标的尺度，可是当我们阅读《食货志》时，或者埋头在故纸堆里寻找旧时园林的造价记录、用工情况和日常开支等情况时，就一头雾水了，不能不说这是一种遗憾。

三、布局和组合

既然中国的建筑主要是在“数”的方向上累积，则动辄就会以“群”的形式出现。中国人对建筑的群体组合形态可谓情有独钟，其中亦含有伦理意义上的必然，所以在规划布局方面，中国人特别重视建筑群的轴线组合，在意保持方正及朝向，执着于建筑的层级构成。中国的任何传统建筑，无论群体或单体，也无论整体或局部，都十分注重尺度和体量，以匹配建筑主人的身份地位。在民间，即便是普通人，也讲究建筑空间秩序。

中国古代建筑的群体组合有比较清楚的规律性，同时也呈现出地域特色。中国建筑的基本单元几乎都是由三四个建筑共同组成一个“冂”或“口”字形，所有的复杂建筑组合均是这些单元的多次重复，“中空”

的部分就天然地形成“庭院”。宫城庭院的大小受到“单进”建筑面阔的影响，面阔大则庭院相应也大，两侧厢房为了适应这种大面阔的政治建筑而成数量很多的“间”。江南古典私家园林则是由几个“冂”字组成纵状的几“进”，其他面由游廊构成，在圈成的空地上挖土构池、堆土成山，造成园林。这种建筑形式较为典型的例子是留园。

上述建筑群体的组合大多采用合院的形式，即可能由围墙、走廊等将各个房屋围合成相对封闭的庭院，中间自然形成天井。庭院是建筑群体组合可大可小、或大或小的中心，是被四周房屋及构筑物包围的中部空地。一般来说，其面积越大，参与围合的建筑越多而墙体越少，则说明园主的经济实力越是雄厚。园主和造园师乐于在其中组织复杂的建筑空间，用游廊营造出连绵无尽的效果，或在各种拐角处营造障景，以造出曲径通幽之感。以此为中心，若家庭增丁添口，便采取横向和纵向上增加基本单元的扩展方式，于是，从整体上来看，呈现重重院落平行或相套的样式，即所谓“庭院深深深几许”。如此一来，要观赏整个私园的面貌，必须穿过一间间房，踏入一个个院（天井），一段段地感受其空间，体会从公共空间到私密空间的节律变化。私园中的院落大小由建筑面阔决定，园中院的布置通常比较简单，常见的形式是两侧各有一个半六角形或矩形的花池，花池中种植高大通直的乔木，树下种植简单草本植物，园中院的大小暗示出该围院房屋居住者的家庭地位。古代家庭伦理一般不做“平均主义”，重要的人居住敞屋大房，地位卑微的人居住在罅隙小屋，甚至有几分“各居其位，各务其政，各安天命”的意思。有时私园中的院也可以从院的两侧狭道穿过，而非从屋侧穿行。一院院、一步步的景色各不相同，需要全部贯穿，方能尽数赏完，在边走边看中体会移步换景，如此想来，走遍一所私园还真是一件辛苦事。

建筑空间组织的序列化，传达出森严的等级意义。不同建筑类型之间的组合及它们之间的关系，在古典私园中含有隐晦的象征意义，这一点也颇可玩味。如网师园，可大致划为宅居（东部）、主园、内园三大块，宅居依中轴线布置，表明其最为重要，再细分为大门—轿厅—大厅—撷秀楼，庭院依次为二重，再由空廊逐一连接。体量上亦是以大厅为主，其他建筑在高度上次于它，以展现对中心的敬畏，表露出明确的层级意象。

强化中心建筑的建筑群体组合形式在古代流布于全国，其时的社会秩序权威有时并不是人本身，所有建筑向心，反映了社会意识形态中握权者占据的绝对地位。建筑保持一致的朝向，是意识形态统一性在物象上的表达。江南古典私园中，日常建筑群落构图当然是常规构图，符合伦理，园林部分的建筑亦有讲究。我们发现私家园林的两种形式，表现出截然不同的内部面貌。一种是主要建筑坐北朝南，其主要视觉面为“院”，其内园林建筑多是采用方形或正多边形基底的园亭，即便长方形基底的园林建筑，其轴线也必然和主建筑轴线同向；另外一种则利用多进次建筑的共有侧山墙作为园林庭院的主要域面，再由回廊或院墙圈合起来，组成的园林样式则大多不依照统一轴线，每个园林建筑的自有轴线指向院内最重要的园林建筑，或者干脆都指向水体中心点，犹如众星捧月，各个建筑的基底形状也无所谓方正。前者是对伦理秩序的跟从与践行，后者更体现出园主内心的秩序，也即家庭尊严道义、纲常秩序是他的需要，内心世界的灵活疏阔亦是他的需要。

江南古典私园中的园林建筑大多轻盈灵巧，随宜营景，“花间隐榭，水际安亭”。尤其是较小的私园，它们大多在总体布局方面并无严格的中轴线，因地制宜而富于变化，其迂回曲折的空间律动，核心是在有限空间造出无限步行之所。在园林建筑和构筑物的总体布局中，总会有一个重心，也可能是全园立意的根源。比如拙政园的远香堂，此为中部园林的主体，其面阔三间，四面厅，同时四面环以回廊，落地长花窗，可坐观四面图景。远香堂北面塘中垒土为山，其高度较远香堂略高，太阳东出及至上午，光线照于山体南坡，明亮灿烂，坐于远香堂，正好观赏这一清新画卷；而在下午至太阳西落，不但山体遮住西晒日光，而且有水面漫射光线于山体南坡，较上午图景更为绚烂。远香堂建筑前水体辅以黄石，池水分为南北两个部分，山南水面阔而遍植荷花，山北溪涧清流。塘中假山有主次两座，以水峡相隔；雪香云蔚亭、待霜亭于山上与远香堂对景相望，假山的西侧有半岛建荷风四面亭。这些园景依靠半岛西北角三曲桥和南面五曲桥相连。远香堂东侧也有一座半土垒半黄石假山，其上建绣绮亭，这座假山与远香堂南面黄石假山成为对景，穿插交互。远香堂建筑群的每个园林建筑或依山或傍水，呈现阴阳相和的态势，而且均紧密地围绕远香堂。从平面图上不难发现，它们甚至是刻意朝向远香堂布置，而远香堂则是这组建筑群的中心。

江南古典私家园林建筑和其他园林要素的一个特殊语言是“影”，而影的成因是“光”。中国人很早就注意到可以利用光影造景，当光和影介入园林建筑中，我们能进一步体味园林之妙。园林建筑曲线柔美舒缓，沐浴在线性的自然光下，自然而然散发出含蓄的风韵，伸缩变化的建筑阴影、花窗透影、人影、云影、月影、树影、花影、竹影、水影、山影……共同组成层次与质感丰富的图卷，展现出传统的内敛美。木结构建筑和极大化采光的日常生活，也塑造出园中人柔顺、变通、灵活、内敛的气质。

为了满足居者对光照的需求，朝向院落的建筑一侧往往采用开放的样式，隔断从檐梁直通房间地面槛木，均采用瘦长可开启的门窗，当门扇全部打开，室内毫无光线死角，室内空间与院落融为一体。江南地区年日照时间较长，夏季偏长且热感明显，多采用较小院落、增加檐廊（半内廊）的宽度及缩减天井的宽度以减轻灼热感，如此建筑形式和花窗相结合，使得夏季炙热的阳光经过折射后方入室内，一方面丰富了建筑的空间层次，另一方面形成律动的光影效果。江南古典私园建筑于细节方面也表现出善用光影的特征，常见的例子是屋檐远远出挑，或修造檐廊丰富人的活动空间，并增益室内的采光效果。檐廊在院落中形成四周环绕的“影空间”和“遮雨空间”，这种半开放空间是“公”与“私”、“内”与“外”、室内和院落之间的良好过渡。于是内室—檐廊—庭院即形成黑—灰—白的三层次空间，这样，当建筑形成群体时，黑白灰会形成有机的节奏，使得院落空间布局的内涵更为丰富、有趣味。

光影在建筑空间中的对比及梯度变化，使人形成对空间深度的感知。光影的方向、强弱、虚实、色彩发生变化，都会使人对空间生发出不同的情感。空间中的明暗程度与空间实体共同作用形成“空间密度”，这种密度界面之间的距离由光线的强弱决定。明亮是虚，即小密度；暗则代表高密度。不同密度空间相互挤压和渗透，整个园林因此律动起来。人们天然喜欢明亮排斥黑暗，为了突出"豁然开朗"之感，私园每每会安排较为狭仄的"黑暗区"。

江南古典私园的造景手法之一"镜借"也得益于光影的物理现象，利用水面的镜面效果实现空间扩大的视觉效果。水面的园林建筑群映像可以看作"虚空"的部分，并非实体，地面上的园林建筑和植物可触碰、可嗅闻，是真实的实体，但若反过来看呢？正如庄子对梦的探问，"虚"并不一定是真的"虚"，而是精神境界中的"实"。如此，再看水面上的倒映，就有了我们本身才是虚空幻境的感悟，实在的园林建筑方是"空中楼阁""天上人间"。这也从另一个侧面解释了江南古典私家园林中为何大多有水体：水体扩展了园林建筑的视觉效应，也拓宽了园主的精神空间维度和界域。

造园师并不单单给园主设计建造院落和房子，当然也不是把院子布置成花园这么简单，而是能够把花园转变成园林，给人提供精神层面的享受；或者最简单地说是给人提供浩无边际的想象，这种想象不但能抚慰当时的园主，亦能让数百年之后的我们感同身受。江南私园在复杂程度方面并不高，却能扩大至无限的文化想象和心灵畅游。文化是园林建筑凝聚成群的核心动力，可以说，负责建造的只是工匠，而能"摆光弄影"的人才能被称为"园林师"。

第四节　园林动物

一、历史

在旧时代的园林中，动物也可能被作为一种园林要素。园林中的动物，笼统地可分为豢养种和外来种，前者的特点有：①需要人的照顾；②寿命较短；③需要持续的经济投入。外来种虽然可能没有上述问题，但其中可能有害兽，或为人所不喜。在园林中豢养动物历史悠久，大致可分为三个时期：魏晋南北朝和秦汉及此前的狩猎和苑囿豢养时期；唐及两宋的观赏围圈豢养时期；元明清的小型动物及禽鸟类观赏豢养时期。其过程亦可总结出三个明显的特征：一是随时代的演进，大型、凶猛的食肉动物豢养记录逐渐渐少直至消失，即便有也只出现在皇家园林中；二是园林动物的体型逐渐小型化直至昆虫；三是动物逐渐被赋予越来越多的文化意义、符号意义，甚至演化为图形符号，即便是凶猛的食肉动物，也演化出庇佑、辟邪等特征。动物作为园林要素的诸多不便，导致形成了上述的第三点特征，因此很多江南古典私家园林中动物元素化身为雕刻、置石仿形等，以至于在归类时不能将之归于"动物要素"，甚至现代的园林理论也不再包含园林动物要素一说。

《史记》《汉书》《三辅黄图》《西京杂记》等在记录了秦汉时期建筑、宫苑概况的同时，也记载了一些园林中的动物，但不足为据的原因在于这些著作均非园林专著，偶尔记录园林的目的也并非描绘园林本身。魏晋隋唐时有各家诗者谈及自然山水，但对饲养动物的记述甚少，或仅限于名称。至于比较专门的园林著作，涉及动物的不多。比如宋代范成大于《吴郡志》中谈及26处园林作品，记录仅述及居住、园林情况，并无关于动物的内容。明文震亨在《长物志》中论及园林禽鱼，为较早且较全面记录园林动物的作品，但其所记载的动物仅限于禽、鱼两类中的少数品种，未涉及兽类、虫类。计成的《园冶》几乎涵盖所有园林话题，但仅有关于鱼的一节和若干一笔带过的记述。清初李渔《一家言》中关于造园的阐述也无动物之影。清顾震涛在《吴门表隐》中记录西园（苏州戒幢律寺）放生池中有巨鼋，仅作为来之不易的奇兽，没有其他动物的记述。周瘦鹃《苏州游踪》在记述园林盆景时提到鸳鸯。苏州园林管理局编著的《苏州园林》对园林要素进行了说明，未将动物作为园林要素，虽然也提到了动物可作为景观点。曹林娣在《苏州园林匾额楹联鉴赏》中对苏州园林的匾额楹联进行剖析，提到了其中出现了比较多的动物要素，但只限于匾额、楹联之中的意义，仅可当作动物作为一种要素的证明。除此之外，徐文涛《苏州园林纵览》中有苏州园林的

"动植物配置"一节，对禽鸟、水族及较少走兽种类做了介绍，在此方面成为众多园林著述中的孤品。

相对于植物，动物的问题多且细碎，但动物给人的感触比植物更多却也是事实。陈淏子的意见较为直接，他在《花镜》中说："兽之种类甚多，但野性狠心，皆非可驯之物，无足供园林玩好。虎、豹、犀、象，惟有驱而远之。"不过，未在经典园林著作中找到动物相关的阐释，并不代表中国古代私家园林中并无或不重视动物元素。动物的生命周期大多短于豢养它们的人，园林要素讲究能够传于后世，如此看来，唯独动物不具备这种特征。由于动物寿命短暂，且对人格外依赖，主人常常倾注大量的情感而无关乎动物的珍稀程度，这种情感叙述更见诸抒发情感类的笔记，而不在博物志中。

动物作为园林要素理应发端于中国早期先民的狩猎活动。远古时代的人们与鸟兽为伍，茹毛饮血，即便进入农业时代，狩猎仍然是经常性活动。从远古岩画中即可看到丰富的动物形象，虎豹、豺狼、野马、野猪、羚羊、鹿类、鼠类、野兔等已经和先民的生活发生了紧密联系。长期的狩猎活动使人们逐渐认识并掌握了动物的生活规律，从而使狩猎活动更明确、有范围。人们先是有意识地把已捕获而暂时并无经济价值的雏兽圈育于一定范围内，为防止其逃跑，于其四周设置壕堑、林丛、网罟、樊篱等障碍物，这或许成为中国古代园林的早期形态——囿。所谓"囿，所以域养禽兽也"，园林动物是这一时期园林的主要要素。早期园林动物的主要用途是狩猎、敬神、观赏、食用。《说文解字》中有："囿，养禽兽也"；《周礼》中记道"囿人：掌囿游之兽禁，牧百兽"，也说明囿的作用主要是放牧百兽，以供狩猎游乐。《史记·殷本纪》中记载：殷纣王曾广益宫室，收狗马奇物于其中；又扩建鹿台、沙丘苑台等苑囿，放养各类野兽蜚鸟。秦汉时期，囿发展到极致，可谓集天下奇花异草、珍禽怪兽和明珠宝器于其中。上林苑是专供皇帝观赏游猎的御苑，苑中蓄养海内外各地朝奉的奇禽异兽。《博物志》中讲述汉武帝时曾有匈奴人献来"状如黄狗"的猛兽，据说长安方圆四十里的鸡犬惊惧均不敢啼吠，运达上林苑之后，它骑于虎头之上，猛虎亦惊惧敬畏不敢稍动。《汉书·西域传》中说，汉武帝时，从西域（中东地区）、南海（越南地区）进贡而来的贡品中，“明珠、文甲、通犀、翠羽之珍，盈于后宫，蒲梢、龙文、鱼目、汗血之马，充于黄门，巨象、狮子、猛犬、大雀之群，食于外囿。殊方异物，四面而至”。据学者研究，汉唐时期原产非洲、西亚、马来西亚、印度、伊朗的各种动物均作为贡品进入皇家园林。汉成帝曾诏令右扶风郡“发民入南山，西自褒斜，东至弘农，南驱汉中，张罗网罝罘，捕熊罴豪猪，虎豹狖玃，狐兔麋鹿，载以槛车，输长杨射熊馆”。除了集中的猛兽观赏区，还有对人相对温和的鱼鸟观、犬台观、走马观、观象观、白鹿观、燕升观等动物观赏区，反映了秦汉时代皇家园林“动物园”般的景象。

皇家流行赏猎之风，同一时期私家园林畜养动物亦不输皇家。西汉梁孝王苑中奇果异树，珍禽怪兽，靡不毕备。见于记载的就有落猿岩、栖龙岫、雁池、鹤洲等专门的动物驯养区。富商袁广汉亦嗜好园林动物，多购奇禽怪兽委积园中，计有白鹦鹉、紫鸳鸯、牦牛、青兕等。

动物最初作为园林要素的原因在于，能够拥有活态的并驾驭难以捕获、制服和豢养的凶猛禽兽，这事情本身就能震慑普通人并建立权力感，同时又能彰显经济实力，其根本是出于政治统治和震慑臣民的需要，是皇权的象征物，增添了皇帝本人的神秘性和皇权神授的合理性。

魏晋南北朝时期，人们退而崇尚自然无为、返璞归真的哲理。面对生存压力，民众追求无为而治，怀抱众生平等之理想，希望如同飞禽走兽徜徉于自然。比之皇家和世家园林，私园更显天然野趣。《洛阳伽蓝记》载：景明寺“有三池，萑蒲菱藕，水物生焉。或黄甲紫鳞，出没于蘩藻；或青凫白雁，浮沉于绿水”。《水经注》中有述说北魏洛阳华林园中景阳山的文字：“岩嶂峻险，云台风观，缨峦带阜。游观者升降阿阁，出入虹陛，望之状凫没鸾举矣。其中引水飞皋，倾澜瀑布，或枉渚声溜，潺潺不断。竹柏荫于层石，绣薄丛于泉侧，微飚暂拂，则芳溢于六空，实为神居也。”文字记录写意且富有诗性。

魏晋南北朝时期的私园如西晋时期有名的石崇“金谷园”中也豢养动物，“前临清渠，百木几于万株，流水周于舍下，有观阁池沼，多养鱼鸟。家素习技，颇有秦赵之声，出则以游目弋钓为事"，"金田十顷，羊二百口，鸡、猪、鹅、鸭之类，莫不毕备"。[1] 石崇修建金谷园，是将其作为退休之后安享山林之乐的场所。他在园林中建造了"观"和"楼阁"这一类起居性建筑，还种植了不少柏木，在建造章法上比较类似明清时期的江南古典私家园林，只是体量更大。据说由于园林中人工开凿的池沼与园外河渠相通，使得"金谷涧水穿错萦流"于居室建筑物之间，形成河道可驶船、岸畔可垂钓的景观。

隋炀帝建洛阳西苑皇家园林，号令各州郡进献珍禽异兽，于是有"草木鸟兽，繁息茂盛，桃蹊李径，翠阴交合，金猿青鹿，动辄成群"的盛状。唐长安禁苑中植物葱郁，当时气候比较热，其地池沼、河塘水网比较稠密，地下水颇为丰富，四季候鸟往来络绎，于是皇家专设垂钓鱼鳖、放养鹰鸭、驯育骡马及虎豹的场所，以供贵族狩猎之用。《新唐书·礼乐志》中记载："玄宗又尝以马百匹，盛饰分左右，施三重榻，舞倾杯数十曲……每千秋节，舞于勤政楼下。后赐宴设酺，亦会勤政楼……太常卿引雅乐，每部数十人，间以胡夷之技，内闲厩使引戏马，五坊使引象、犀，入场拜舞。宫人数百衣锦绣衣，出帷中，击雷鼓，奏小破阵乐，岁以为常。"但自这个时期之后，各种文字对凶猛动物的记载逐渐少了，当然这并不代表皇权减弱，而是社会文化、人伦关系、经济水平、政治手段丰富以后，再使用原始震慑的效果已经不如从前。

宋代皇家园林延福宫中，设有专门观赏动物的场所。《宋史》卷八十五志三十八记载："凿圆池为海，跨海为二亭，架石梁以升山，亭曰飞华。横度之四百尺有奇，纵数之二百六十有七尺。又疏泉为湖，湖中作堤以接亭，堤中作梁以通湖，梁之上又为茅亭、鹤庄、鹿寨、孔翠诸栅，蹄尾动数千。"足见动物数量之多，令人惊叹。宋徽宗时期的艮岳放养的珍禽奇兽数量巨大，其雁池于园中最大，"池水清泚涟漪，凫雁浮泳水面，栖息石间，不可胜计"。园林中放养的珍禽奇兽动辄"动

[1] 引自（晋）石崇《思归引序》《金谷诗序》。

以亿计”，大鹿就有数千头，且雇用专人养护。园内还有受过特训的鸟兽，能在宋徽宗游幸时成群结队“接驾”，称为“万岁山珍禽”。后来金兵围困汴梁导致粮草短缺，钦宗命令宰杀十万余只山禽水鸟得肉，进而再宰近千头鹿分给将士。这也暗示艮岳园林中的动物之多，大概空前绝后。

北宋之后的园林动物，一方面其种类扩大到昆虫，另一方面，人与鸟兽虫鱼共情，达到人兽亲和的玩赏层次。

明清时期的园林中应已不具备大型凶禽猛兽栖息出没的条件，《园冶》中仅有的养鱼专题即可从侧面提供佐证。其他著作在论述选择园林动物时，对于人无危害的讨巧鸟兽多有溢美之词，表明追求和谐平和的意愿。如“悠悠烟水，澹澹云山，泛泛渔舟，闲闲鸥鸟”，“好鸟要朋，群麋偕侣”，“养鹿堪游，种鱼可捕”，等等。

清初陈淏子在《花镜》中写了比较多的园林动物，可明确地看出文人对园林动物的取舍好恶，“所录之禽，非取其羽毛丰美，即取其音声姣好；非取其鸷悍善斗，即取其游泳绿波，所以祥如彩凤，恶似鸱枭，皆所不载”。关于园林动物，他喜欢且推崇的禽鸟有孔雀、鹦鹉、燕、鹤、百舌、八哥等。至于兽类，他认为“兽之种类甚多，但野性狠心，皆非可驯之物，无足供园林玩好”，其所推崇者，惟鹿、兔、猴、犬、猫和松鼠而已。此外，他还认为，昆虫于园林来说必不可少，“花开叶底，若非蝶舞蜂忙，终鲜生趣。至于反舌无声，秋风萧瑟之际，若无蝉噪夕阳，蛩吟晓夜，园林寂寞，秋兴何来”，“有色嘉鱼，任其穿萍戏藻；善鸣蛙鼓，听其朝吟暮噪，是水乡中一段活泼之趣，园林所不可少者也”。陈淏子于《花镜》中将“养禽鸟法”“养兽畜法”“养鳞介法”“养昆虫法”四节作为“附录”合编，并在附录开篇开宗明义：“集群芳而载及鸟兽昆虫何也？枝头好鸟，林下文禽，皆足以鼓吹名园，针砭俗耳。”在他看来，倘若“名园”没有动物造景，那么名园就算不上有“名”，不过是一般的“俗”园而已。他的这种在现在看来亦颇有见地的言论，在当时应该算得上“标新立异”了。

明清两代的人们也普遍认同这样的道理，即并非所有的动物都适宜在私园中豢养。乾隆说“鸟似有情依客语，鹿知无害向人亲”，这是他在避暑山庄欣赏动物时有感而发。其讲述的道理，无非是园林适宜选择那些性情温驯、乖巧听话，兼具寓意且外形优美的动物品种。

蓄养观赏动物使园林景观大为丰富，但也不能过于繁杂，《瞎城秦园》中有言：“此园（秦园）真有四时不谢之花，朝夕百鸟争鸣，活尽天机，豁人心目。若论此园中所蓄，惟鹤、猴、白兔、金鸡、松鼠、鹦鹉、八哥、金鱼、鸳鸯而已。”江南古典私园类似秦园，多数园林只是豢养有限的几种。如沧浪亭钓鱼台的“行到观鱼处，澄澄洗我心”，大致只是观赏池鱼。留园有濠濮亭，也主要观赏池鱼，使人生发出“觉鸟兽禽鱼，自来亲人”的情感。此种以池鱼、鸭、鸳鸯、鹤类为主要园林动物要素的景点在江南古典私园中十分常见，其他更多的相对不依赖于人的动物，那些野生、客居、迁徙而偶尔入园的动物，大概只作为不经意的增色性景观。计成说“悠悠烟水，澹澹云山，泛泛渔舟，闲闲鸥鸟”，即在私园中运用少量的动物，营造天高、云淡、海阔、万兽自在的原真自然，以表达园主的审美意趣和文化追求。

江南地区本就多水，“或借濠濮之上，入想观鱼”，此以“鱼乐”为主题和渔隐、渔翁自比的景观点在现存江南私园中亦常见，如上海豫园鱼乐榭、无锡寄畅园知鱼槛、嘉兴烟雨楼鱼乐国等，甚至网师园直接以园名表现渔隐的情怀。不仅如此，舫、旱船等特有的园林建筑亦均有分布，园林中各种楹联匾额中“鱼”亦频现。只要临水，观鱼则自然而然，在“鱼乐”的同时“乐鱼”的审美思想是其不变的主题。

前文述及，即便在皇家园林宫苑中，猛兽的品种和数量也都逐渐收缩。这亦在于任何猛兽均存在伤人的可能性，不但会影响园林的安全性，而且也势必占据比较多的空间。为了避免禽兽可能造成的真实侵害，又避免缺乏禽兽而失趣，很多私家园林采用折中的方法，用奇木、异石模拟或形意各种凶猛动物的形象，令人触物生情，激发联想。似乎是伴随着江南古典私家园林的写意化，园林动物也跟着被写意化了。

俗话说“借物喻德”，和园林植物类似，园主亦借园林动物映衬园主的道德品行。比如孔雀，借其比喻品德高尚。对于孔雀，旧时代的士大夫认为其有“九德”——“忠、信、敬、刚、柔、和、固、贞、顺”；而且被盛赞为“行则有仪，飞则有次，动不失法”。锦鸡也是私园中常用的动物，人常称锦鸡有“五德”，《韩诗外传》释曰：头戴冠是文，足搏距是武，敌在前敢斗是勇，见食相呼是仁，守夜不失是信。

至于江南古典私家园林中园林动物的来源，最初主要是捕获的野生动物。有捕获，自然也有放生。放生本来是放归自然的意思，大量的寺观园林的动物就来源于信徒的放生。在中国民间，放生被认为是善行，寺庙常设“放生池”。其中假山、亭台、草木各种园林要素齐全，一方面供人休闲游弋，品读思考佛理，另一方面为动物提供栖息之所。江南某些地区僧院还会专门举办放生的法会，曰“放生会”。“自古名山僧占多”，佛教僧侣喜欢在青山绿水间筑庵建庙，并非只是为了清修的良好环境，也旨在“倚傍千万众生”。

事实上只要找对方向，我国古代文献中不乏对园林动物的记录，比如清代李元撰《蠕范》，详述虫、鸟、兽四百余种，其中包括园林中应用的动物一百余种，几乎可以看作我国古代对园林动物的认识专论。另有更早一些的《闵中海错疏》，成书于明万历年间，但该作品并未实际提及园林，只讲述适合园林的三十余种淡水鱼，清代有些园林家在笔记中提到该书时说“辨别名类，一览了然，颇有益于多识”。但是从动物养育技术方面看，这一部分仍是语焉不详，不得不说是一个遗憾。

现代的公共园林中较少有园林动物，有的无非如下品种——自然的鸟类、人工养育的鱼类、自然的昆虫等，较有观赏价值同时需人工饲养的动物种类较少。主要原因在于动物的管理较植物的管理更难，涉及的工种更多，责任人较难确定，经济消耗也更大。江南古典私家园林因为是私人财产，更具备豢养园林动物的条件。有些动物有比较高的额外经济价值，园主会进一步利用，比如食用、药用或游戏。另外还有一些通勤和负重方面的动物（马、驴等力畜），日常所需必不可少。更进一步的，猫可以捕鼠而狗可以看家护院，古代的私园园主更有条件和需求来豢养动物是不容忽视的事实。

江南古典私家园林在表现形式上，还会以奇木、怪石、铺装、木作雕刻、楹联和诗歌等创设各种动物姿态，令人视之而生发联想。如扬州的九狮山、寄畅园的九狮台，网师园冷泉亭中有景石似飞鹰。以形求意，以象达形，或者以意求“意”，以实现动物形象在人内心和情感上的深化。随着中国园林文化语言的深入发展和艺术的写意化，明清时期的江南古典私家园林动物也被写意化，同各种文化符号和图案化符号一道传达层次更多、涉及面更广、挖掘性更深的园林文化意境。

园林动物从来没有与中国古典园林发生过分离，即使在明清园林动物要素相对衰落的时期，很多私园仍饲养观赏鱼或招引吉兽祥鸟，以追求祥和天成的境界。试想，如果动物与私园完全分离，则山中无兽、林中无鸟、夜无虫鸣、水中无鱼，这样的私家园林势必枯燥无趣；而草木茂盛、园景灵秀的园林，也必然招引鸟兽聚集。园林追求反映自然的本真状态，动物无疑使生态平衡自然而然地得以呈现，如此，动物在私园中的存在即具备了积极性。

二、观赏特性

园林中可以应用的动物，种类丰富且形态各异。比如鹤，“大喉以吐故，修颈以纳新”，鹤一贯被人们称为“仙鹤”，言其“飘逸潇洒，能飞善走，飞则直冲云天，落则飘然而至，颈长灵活，可以曲戏四顾”。再比如孔雀，其色彩绚丽，走姿美妙，诗云“孔雀东南飞，五里一徘徊”，这是一种迷离却具人性化的美感。又比如鹿，四肢纤细优美，奔跑时轻盈迅速，大眼大耳，性情温驯，身体布满浅色梅斑，美丽动人。

动物常带有绚丽的色彩，这些色彩是其他园林要素所未有的，也最具艺术感染力，不同的园林动物能为园林添色增彩。若论近距离观赏，则鸟类与鱼类的色彩较为卓著：如鹤，“有白、有黄、有玄、亦有灰苍色者，但世所尚皆白鹤”；金鱼，“鱼之名色极广……名色有金盔、金鞍、锦被，及印红头……”；孔雀，“尾多变色，或红或黄，如云霞无定”；鸳鸯，“羽毛杏黄色，其有文采……黑翅黑尾，白头红掌”；等等。

动物绚丽多变的色彩，着实令人目不暇接，喜爱备至。

动物还为园林增添了醒目而独特的声音效果，所谓“蝉噪林愈静，鸟鸣山更幽”，动物的鸣叫和响动为园林提升了声响美。《花镜》中有“鼎沸笙歌，不若枝头娇鸟”之句，鸟类是天生的乐者，我国民间早有曲目《百鸟朝凤》《空山鸟语》《平沙落雁》等，宛如将人置于众鸟之中，使人陶醉于天籁。

所谓“五蝠捧寿”“喜鹊枝头报春来”，动物之美也包括它们被人赋予的象征意义。人们热衷在动物身上增添人格化的精神属性，以展现和追求理想情愫。比如，古人认定鹤代表情操高洁，便有林和靖的“梅妻鹤子”；又比如借马表达个人之志，便有“老骥伏枥，志在千里”；等等。借助园林动物的形象、名称或动作行为，表达某种道德追求，是古代士人及江南古典私园园主的常用手法，他们以动物明志，借此表述人生追求及人世道德。比如古典私园室内常饰有鹰的图案、雕刻或绘画，以表现园主志在千里、心胸高远。

园林动物还可与私园的季相变化景观结合起来。当谈到园林季相景观时，人们自然会想到植物要素的景象变化，却很少联想到动物也会有类似的景观作用。如果说植物配植的季相变化在园林中具备静态特征，那么园林动物则具备动态特征。能够表现冬春交替景观的动物很多，如鸭、雁、燕、蜂、蝶等。鸭是常见的家禽，人们虽不视其为罕物，但在江南人士眼中，它为知春的动物，所谓“竹外桃花三两枝，春江水暖鸭先知”（苏轼《惠崇春江晚景》）；“十里陂塘春鸭闹，一川桑柘晚烟平”（元好问《被檄夜赴邓州幕府》）。类似的报春之鸟还有黄鹂和燕子。如“街东街西翠幄成，池南池北绿钱生。幽人独来带残酒，偶听黄鹂第一声”（苏轼《寿阳岸下》）；“紫燕双双掠水飞。廉纤小雨未成泥。篱边开尽野蔷薇”（蔡伸《浣溪沙》）。江南的早春清冷，并不乏绿色，但只要出现蜜蜂和蝶类，就预示着春季真正开始，如“残冬未放春交割，早有黄蜂紫蝶来”（杨万里《腊里立春蜂蝶辈出》）；“蛱蝶飞来过墙去，却疑春色在邻家”（王驾《雨晴》）。陈淏子在《花镜》中也说，蛱蝶“出没于园林，翩跹于庭畔；暖烟则沉蕙径，微雨则宿花房；两两三三，不招而自至。蘧蘧栩栩，不扑而自亲。诚微物之得趣者也”。

动物比较活跃的季节是夏季，有些动物特别能够体现夏季这一季节的特点，甚至可以说，正是因为有了这些动物，夏季才更是夏季。比较显著的有蛙、蝉、萤火虫等。陈淏子在《花镜》中说：“一蛙鸣，百蛙皆鸣，其声甚壮，名‘蛙鼓’，至秋则无声。”古人知道蛙类有益，因此也喜欢它们的鸣叫。蝉声只盛夏才有，《花镜》中即有“朗吟高噪，庶不寂寞园林也”之句。萤火虫是夏季夜晚的神秘客，其忽明忽暗是特有的景致，充满奇趣。有诗曰：“萤火出深碧，池荷闻暗香”（王士祯《息斋夜宿即事怀故园》）。《花镜》中也有描述：“日暗夜明，群飞天半，犹若小星。……放萤火数斛，光明似月，亦好嬉之过也。”

能够体现秋季季相景观的动物也有很多，但秋季园林植物景观表现更为出众，大有盖过动物景观的势头。秋季特别的园林动物有蟋蟀、金钟儿、纺织娘、雁等。蟋蟀在夏季当然也鸣叫，但因为蟋蟀比较耐寒，能够在较为寒冷的深秋仍旧鸣叫，所以得到了人们的格外关注，认为它的叫声最能点染秋季的氛围。所谓“蟋蟀数声雨，芭蕉一寺秋”（真山民《道逢过军投宿山寺》）；又有“万物各有时，蟋蟀以秋鸣”（陆游《杂兴》）；还有“蟋蟀吟秋户，凉风起暮山”（方维仪《旅夜闻寇》）。金钟儿的样子比较像促织，也似蚂蚱，陈淏子在《花镜》中描述说“身黑而长，锐前丰后，其尾皆歧。以跃为飞，以翼鼓鸣。其声则磴稜稜，如小钟……秋夜闻之，犹如鼓吹”。北去南归的大雁可能并不在园林中逗留，可是在这个格外有“诗性”的季节，在园林中仰头看到或一字形或人字形的雁阵，无疑会生出“时过”“岁难”和“乡思”的感慨。园林景观中尚有借景之说，此时的雁也应归于动物的借景一类。所谓“岂若云中雁，秋时塞外归”（王褒《咏雁》）；“寒砧万户月如水，老雁一声霜满天”（萨都剌《过广陵驿》）；“南月惊乌，西风破雁，又是秋满平湖”（程垓《满庭芳》）。秋去冬来的自然之形，即便是江南地区，也不可避免进入萧瑟之际，时间对于所有人事皆无情，“千金难买寸光阴”的感慨使得生活无忧的私园园主也黯然神伤。

隆冬时节，万木萧索，万籁无声，大多动物冬眠蛰居，始流行于明代中叶的冬蟋蟀，大致可以填补园主冬季的空白。取一柄小葫芦，去掉上半截或开洞，再制作盖子，于盖上开凿数个小孔作为透气孔，挑秋季捕捉的善于鸣叫的蟋蟀关于其中，将葫芦贴身带着，以人的体温助它度过严冬。蟋蟀偶然鸣叫，不知者会惊奇于声从何来，而虫主则暗自得意。园林里还会有各种不畏严寒的野生动物出没，如黄鼬、刺猬或麻雀等，皑皑白雪之后，雪地上会出现它们的足迹。

园林动物也可作为园林景观编织的线索。景观的组织，当然最好既有让游人细细品味静赏的静态景观，又有增加园林动态生机的野趣景观，静动结合。园林建筑、构筑物、植物、地形、水体和置石均属于静态景观，在安静中期盼动，是人普遍的心理期待，如“荒田寂寂无人声，水边跳鱼翻水响”（张耒《海州道中》）。在江南古典私家园林中，常常可以得见“年去年来来去忙，春寒烟暝渡潇湘。低飞绿岸和梅雨，乱入红楼拣杏梁。闲几砚中窥水浅，落花径里得泥香。千言万语无人会，又逐流莺过短墙”（郑谷《燕》）这样的景观，其烟暝、绿岸、低飞、乱入、梅雨、杏梁、红楼、落花、流莺，组成动态且充满生机的图卷。动物的动态景观，弥补了园林以静为主的不足。

园林动物还可以有效丰富园主或游客在江南古典私家园林中的活动。当然静态的园林要素也并非完全静止，在阳光的作用下，影子呈现出规律的变化，植物的叶片在风的作用下会自由地摆动，但这种静物之动，终不能代替动物的动感。旧时代的私家园林甚至可能是候鸟迁飞的临时停靠点，进入园林的各种本地动物更是数不胜数，也因此大大丰富了园林活动。比如垂钓。钓鱼决然不在乎鱼而在于“钓”本身，“唱晚渔歌傍石矶，空中任鸟带云飞。羡鱼结网何须计，备有长竿坠钓肥”（康熙《石矶观鱼》）。沧浪亭专门设有钓鱼台供园主垂钓，或许园主并不曾真正垂钓，毕竟垂钓本身带有“志寻伯乐，愿者上钩”的意味。除此之外，有些江南古典私园甚至开展带有赌博性质的动物斗赛活动，这在江南并不鲜见，如斗鸡、斗蟋蟀、斗犬等。参加者不外乎圈内相熟的同嗜者，而赌博常常会带来难以预测的悲剧性后果，有时候私园也会被作为赌注。

如今我们在江南古典私家园林中已难以寻觅园林动物的身影，章采烈先生说“动物本是中国园林构成要素之一，一谈中国园林构成要素，只谈山景、水景、建筑和花木四大要素，避而不谈或漏而不谈动物造景要素”，在他看来，“乃是一大倒退，有必要继承中国园林的固有传统，将它重新列入中国园林构成的要素之一，并将其创造性地发扬和运用”。[1] 本人倒觉得一方面社会环境发生了根本性的变化，另一方面还有很多技术问题尚待解决，这件事可以缓上一缓。

第五节　文化要素

文化要素是某种经济力的表达，感知文化要素同样也是对经济能力的综合考量。在旧时代，私家园林中的文化要素其实具备一定的排他性。

江南私园的文化要素需要访客慷慨地投入时间，才能深入地欣赏它们，旅行团式的仓皇游览完全不可及。有人用相机记录，企图返家之后仔细复习，可是相片受到景框的限制，无法呈现全部环境信息，难以让人形成身临其境之感，这种欣赏私园的方式和管中窥豹等同。的确，观赏私园必须有阳光、自然风、植物的芳香、建筑腐朽的气味、燕子轻划过天空、植物的疏影摇曳等环境的配合，身临其境，再仔细阅读匾额、楹联、屏风上的文字，即“身并于云，耳属于泉，目光于林，手缁于碑，足练于坪，鼻慧于空香，而思虑冲于高深”[2]。江南古典私家园林的文化要素，当然不只是文字化的牌匾、楹联、挂书，还包括那些无形的意象，比如植物的文化象征、建筑布局的意义等。

旧时代，文人士大夫将世间万物归于“形而上”的道和“形而下”的器，文人自认为高于普通农民一等，负有“文以载道”的社会职责。园林是技术性的，所以江南私园几乎到处都有规矩条框的过渡装饰，同时

[1]　章采烈．论中国园林的动物造景艺术（下）[J]．古建园林技术，1999(02):38-43.
[2]　引自（明）谭元春《南岳记余四则》。

也过分堆砌文化意义。前者是所谓的“匠”，后者是更重要的“意”。文人直接或间接地参与造园活动应该是不争的事实，园主尤其参与了实际的造园劳动。计成在《园冶•兴造论》中描述了造园者的决定性作用，说“第园筑之主，犹须什九，而用匠什一，何也？园林巧于因借，精在体宜，愈非匠作可为，亦非主人所能自主者，须求得人，当要节用”。园主或设计者的品位高下、修养学识，决定了园林的良莠，否则会“匪得其人，兼之惜费，则前工并弃……何传于世”。不过话说回来，园林的存废和文化的关系并不紧密，倒是和园主的经济实力休戚相关。

艺术无需有形的物就能传达相应的信息，无需言说亦能达意方为高级境界。园林是表现美感的集合物，无需再用文字赘述，私园中的匾额或楹联，并不是“真美”“真好看”这一类比较肤浅的表达，而主要表达景外之事，或雅或俗，亦庄亦谐，集教化、启迪、言志、咏物、抒情、娱乐于一体。文字是对私园某一具体场景的内涵和外延的文化阐述，容易被大多数匆忙游览的旅客忽视，但确实是私园重要的组成部分。

江南古典私园主张“景无情不发，情无景不生”，旨在借自然山水的物态形式美，将文字感知升华至诗性画意的层次。中国文人追求的意境常寄情于自然物中，情生于境，且又超然于物态之外，给感受者丰富的余味，或者借由情感游离出广阔的遐想余地。比如拙政园的“蝉噪林愈静，鸟鸣山更幽”（拙政园雪香云蔚亭的楹联），和“僧敲月下门”的情境相似。艺圃朝爽亭的楹联“漫步沐朝阳，满园春光堪入画；登临迎爽气，一池秋水总宜诗”虽然直白表意，但观者或被点醒，免不了再回头更加细致地观望此景，寻找此景此时的如画美感。留园五峰仙馆的楹联“历宦海四朝身，且住为佳，休辜负清风明月；借他乡一厘地，因寄所托，任安排奇石名花”，此为园主明白地告诉观者，其为何建园及其初衷；倘若没有写出来，在观赏游园之时，没有谁会理解到其中况味。与之同趣的是沧浪亭明道堂的楹联“百花潭烟水同清，年来画本重摹，香火因缘，合以少陵配长史；万里流风波太险，此处缁尘可濯，林泉自在，从知招隐胜游仙”，这其实是旧时代文人述说“出世”的志向。

楹联可以啰唆，但字数也不能太多，毕竟柱的长度和宽幅有限。字数决定了字体的大小和排列方式，建筑也需要大小适宜的楹联字体与之形配，一条细细的字链一方面不足以在视觉上支撑建筑的体量，另一方面也减弱了楹联传达信息的有效性。

匾额的字数更为有限，五个已经算多，所以需要在语言上特别锤炼，即用最简单精粹的几个字尽可能传达无限的意义。匾额在有限的字数内实现了几乎无限的达意能力，比如表达色彩的，“绣绮亭”“绿荫”“浮翠阁”“翠玲珑”“兰雪堂”“涵青亭”“储霞楼”“远翠阁”；欣赏风姿的，“竹外一枝轩”“宜两亭”“四时潇洒亭”“与谁同坐轩”“佳晴喜雨快雪之亭”“恰杭”“暗香疏影楼”“雪香云蔚亭”；聆听天籁的，“明瑟楼”“听雨轩”“留听阁”“玉延亭”“松风水阁”“梧竹幽居”“舒啸亭”；观赏物影的，“倒影楼”“柳阴路曲”“塔影亭”；嗅闻花香的，“双香仙馆”“闻木樨香轩”“藕香榭”“清香馆”；幻思无界的，“飞虹”“自在处”“流玉”“陆舟水屋”“洞天一碧”；等等。旧时代文人以自然寄托内心的情思，借助匾额精练的语言，表达追寻内心世界的向往和决心。

除了匾额和楹联，园林中的文字形式还有石刻。旧时代的人到访名山大川之后，亦有书写“到此一游”的冲动，当然石刻更花钱也更“雅”一些。“张三到此一游”大煞风景，但如果写成“姑苏城外寒山寺，夜半钟声到客船”或者是“日照香炉生紫烟，遥看瀑布挂前川”雕刻于石崖之上，那自然是相当风雅了。

江南古典私家园林中总有书条石，如果仔细阅读，一个园林不花上几天是看不完的。书条石是条形的青石，上面刻有古人的书法作品，一般嵌入私园的廊壁上。至 20 世纪 90 年代，相关部门还没有对其进行隔离保护，游客可以直接抚摸那些文字，摸的人多了，很多青石都被摸出了油质的感觉（包浆），现在多数已经被玻璃框保护起来。这些石板长约 1 米，宽约 0.4 米，内容大多是历代书法家的墨迹，一部分也和园主有关，如书信、修缮记录、园记、诗文等，这些文字常常是深入了解私园的重要途径。

书法这种艺术形式是中华文明特有的文化产物，虽然一些国家如日本、韩国等也有相应的艺术形式，但中国的方块字尤其适合这样的艺术形式。书条石是名家或园主书法的陈列方式，私园中数量最多的是名家法帖。如狮子林有《听雨楼藏帖》等墨刻石 60 余方，刻有宋四家的书法作品；怡园有《米芾帖》等法帖；留园石刻数量较其他私园更多，有《墓田丙舍帖》《玉烟堂法帖》《淳化阁帖》《霜寒帖》等 400 余方，涵盖了自晋代至清代 100 多位书法家的书作，其中不乏钟繇、王羲之、王献之等大家。书条石相当于藏书，是园主重要的文化消费物。这些刻帖的内容也有很多是关于私园历史的文字记录，如《寒碧庄宴集序》《晚翠峰记》《寒碧庄记》等，虽然原稿可能早已佚失，但正因为镌刻于青石之上，才得以流传至今，为研究古代园林提供了宝贵资料。书条石事实上也是私园的一种重要的文化景观。

书法本身的美即是园林赏析的内容之一，这一点毋庸置疑。即便观者无法辨别书写内容，他们也可以从那些“龙飞凤舞”的笔触中感受到美的情境。沧浪亭临池而立的置石上刻有篆书“流玉”二字，由于字体年代久远，很多游人不识，但他们也能感觉到字形的优美。这两个字取自李白的诗句“晋祠流水如碧玉”，其书法线条流动婉转，触发观者对潭中流水聚汇入清池宛如碧玉的意象联想。若江南古典私园中缺少书法艺术这一元素，则江南传统园林也就不再完整。

此外，中国传统文化中的神仙文化，当然也不可能缺席江南私园。私园以拳石勺水模拟大地图画，也乐于在方寸之间仿照古代神话设计“一池三山（岛屿）”的布局。比如在拙政园远香堂楼台便可远望其北水面的三座小岛，西岛有荷风四面亭，中岛有雪香云蔚亭，东岛有待霜亭，三岛之间以小桥与短堤连成一体，可能体现了园主求仙问道的愿望。[1] 其他的还有如大量的建筑构件，苏州东山“春在楼”雕有“八仙庆寿”和“天官赐福”，留园揖峰轩长窗绦环板上雕刻有“封神榜”的故事，留园五峰仙馆的绦环板镶嵌“暗八仙”，狮子林立雪堂庭院西北角落墙体上设有仙人塑像，等等。

[1] 苑坤 . 试论神仙文化与中国古典园林艺术 [D]. 厦门：厦门大学 ,2009.

民居中出现神，有时也基于实用主义——只在需要之时才会有相应的经济付出。况且，通常拜神仪式完毕之后，贡品终归人腹。各种雕刻和装饰大多借用神话故事，一方面是基于题材的大众化，另一方面可能仅仅在于其吉祥的寓意，如同种植石榴树，取其富贵多子的含义。

旧时代的文人士大夫其实是一个特殊的人群，他们不断地接受阶层的筛选，将一些"未达标"的人抖落出这个平台。所谓富集多方面的才华，是免于被淘汰的策略，所以他们集书法、绘画、文章才能于一身。较高的文化素养，保证了其经营园林所拥有的较高的基础水准。也正是这一特点，促进了旧时代私园造景的艺术水平。众所周知的大家，如李渔、计成等，既是文人，也是造园艺术家。他们采用系统的手法，再现山林野趣，使宅居者"不出城郭而享山林之怡"，同时也将自然观、审美观和人文理想融入园林之中。

因绘画而令私园意蕴大增的案例较多，"图因园作，园因图传"的例子也并不乏见。计成少年时便画技卓绝，这势必对其造园的理论和实践产生深刻的影响。《园冶》中多次提到画意造园，计成在常州建东第园时也曾提到"令乔木参差山腰，蟠根嵌石，宛若画意"。明代苏州画家沈周、文徵明、唐寅和仇英等兴吴门画派，其绘画技巧和理论被直接运用到造园艺术中。如紫芝园，《紫芝园记》说该园的园林师是文徵明，仇英参与绘制图景，相当于现在园林设计的平面图与效果图。园记称"一泉一石，一榱一题，无不秀绝精丽，雕墙绣户，文石青铺，丝金镂翠，穷极工巧"。又有文徵明绘制的《东园图》，全图构图疏密有致，图中曲水栏杆、厅堂水榭、假山湖石等各有形态。再有《拙政园诗画册》，共有三十一景，无疑都体现出画家对造园的认知。有资料说石涛极求构图变化，他"搜尽奇峰打草稿"之后，在扬州修造片石山房和万石园，也充分得益于绘画。宋、明、清的山水画还为选石提供了标准蓝本，留下《宣和石谱》《芥子园画谱》《素园石谱》等，与其说这些是画谱，倒不如说是标准造园图集。本人在做园石小景之时，也会参考如上书籍，书中绘有共一百余种景石与花草配景。另有文震亨和艺圃、倪瓒和狮子林、陆廉夫与怡园等，得益于书画家的参与，园景充满文人画的画境与画意。事实上，也正是因为有了上述图集，今人才有机会将古代私园复原。

撇开文化要素或是在游园时对其视而不见，转遍一处私园，即便是体量较大的苏州拙政园，也不过一个小时的时间。私园中的文化要素极大地提升了园林的游赏性，增加了观赏的宽度与深度。

第六章

江南古典私家园林的附属景观

园林要素中的附属景观要素是经济力量无法左右的部分，也就是人们所说的“钱能买来房子，可是买不来家”中的“家”那一部分。虽然经济力量可以将园子建立起来，可是“清风明月不消一文钱买”，有一些东西本不可交易，却成为园林艺术的关键一环。

第一节　声景

一、营意

自然界的万籁之音都可为江南古典私园所用。瀑布轰鸣、竹韵沙沙、松涛滚滚、泉水叮咚、水塘蛙喧、树木鸟语、老刹梵音、雨打枝叶、檐滴清响、夜半虫鸣……全然构成私园曼妙的音乐盛宴。诚如“泉水激石，泠泠作响。好鸟相鸣，嘤嘤成韵。蝉则千啭不穷，猿则百叫无绝”（吴均《与朱元思书》），或是“明月别枝惊鹊，清风半夜鸣蝉”（辛弃疾《西江月·夜行黄沙道中》）；“初淅沥以萧飒，忽奔腾而砰湃，如波涛夜惊，风雨骤至”（欧阳修《秋声赋》）；等等。

江南古典私家园林中的声景要素有三个必要条件[1]，一是私园环境中必须存有可供借入的声响，即声响物；二是具有可供游赏的私园空间，即声音场所；三是必须有游赏者，即接受声响的人。声景在这三个必要条件的共同参与下始成。

人们无法长时间忍受没有任何声音的环境，声音其实给人以安全的感觉。自然界中千万种声响，经过人的主观处理，形成清新、悠远、激越、苍凉的感受。园主需要在私园中感受这些声音，甚至协同造园家通过种种构造创设出种种声音。明清私家园林的小型化，客观上更加需

[1] 程秀萍．中国古典园林声境的营造研究 [D]．武汉：华中农业大学，2008.

要声音的营造。为营造“风起松涛”，则多种松柏闻风；为营造“雨打芭蕉”，则在窗畔种植芭蕉听雨；为营造“竹枝戛玉”，则栽植竹林听风；为营造“柳浪闻莺”，则在池边植柳招鸟；为营造“夹镜鸣琴”，则在水流上打造小瀑与桥亭；为营造“残荷听雨”，则栽植荷花等雨。我们常说“移步换景”，其实在私园中，造园者也深思熟虑地创造出“移步换声”的盛况。

声音的营造其实也是园林要素营造的副产品，散见于《园冶》的各章节中，有如“隔林鸠唤雨，断岸马嘶风”，“紫气青霞，鹤声送来枕上”，“松寮隐僻，送涛声而郁郁，起鹤舞而翩翩”，“溶溶月色，瑟瑟风声”，“萧寺可以卜邻，梵音到耳”，“洗山色之不去，送鹤声之自来”，“夜雨芭蕉，似杂鲛人之泣泪”等夹杂主观体验的情境描述，其审美经验建立在观者的直觉力和理解力的基础上。

江南古典私家园林的声境，并不是简单地由波长、频率、强度等单纯描述物理性质的概念组成，而是基于声音受体与外部环境建立情感连接，在情景交融时将发声对象作为心理对应物的过程。我们都熟知的日常情形，比如环境的“安静”与否，其实与单纯降低声音的物理性数值并无直接联系。嘈杂的环境中仍旧可以获得“安静”，比如有些人在闹市中读书，如入无人之境。“寂处闻音”更多指代人的主观感受，也即“岂知人事静，不觉鸟声喧”。当主体的审美经验与判断将发声物和听声者物我合一，哪怕与科学逻辑相背离，主观心理对外界声音环境的真实体验也能够为一种非语言的主体感受所精确传述，这其实也是人类文明的高明之处。

在江南古典私园的景观营造中，造园师早已意识到声音在景观中的重要意义。“十笏茅斋，一方天井，修竹数竿，石笋数尺，其地无多，其费亦无多也。而风中雨中有声，日中月中有影，诗中酒中有情，闲中闷中有伴，非唯我爱竹石，即竹石亦爱我也。”郑板桥的这个居家小天井或是个小型花园，展现了虚实结合的园林意境，不但有景（实），还有声，有影（虚），园中不同的声响传达出了不同的意境，观者听觉感官、知识储备及意象升华的能力均起到了关键性作用。

江南古典私园中的声音来源，主要是自然声和人为声。自然声是自然界中本存的各种声音，“论声之韵者，曰溪声、涧声、竹声、松声、山禽声、幽壑声、芭蕉雨声、落花声、落叶声，皆天地之清籁”[1]。作为现代人，我们主要把自然声分为气象声响、水流声响和动物声响三类。气象声响是指因天气现象产生的声音，主要是雨、风、雷、雹、雪等与园林中置石、水体、植物、建筑等园林要素发生物理作用而产生的声音，如松涛声（因风而生）、雨打芭蕉声（因雨而生）、竹叶瑟瑟声（多种原因）等。水流声响是指由于水流而生发的声音，比如涌泉汩汩声、水流声、瀑布声等。动物声响不必多说，如蝉鸣虫吟声、鱼跃拍水声、马蹄嘚嘚声、猫呼犬吠声、动物进食声等。人为声则是园中居者有意为之或无意识活动生发的声响，如“夜半钟声到客船”“樵歌渔唱如梵呗”“一双采莲船过声”等等。

黑格尔说：“声音固然是一种表现和外在现象，但是它这种表现正因为它是外在现象而随生随灭。耳朵一听到它，它就消失了；所产生的印象就马上刻在心上了，声音的余韵只在灵魂最深处荡漾。”[2] 黑格尔强调声音于人的感受与持续联想的感受，即便音源停止发音了，依靠联想，声音似乎仍旧持续。就持续时间而言，自然声的联想持续时间短，而人为声的联想持续时间长，甚至当没有音源时，人们只要一想起来，就可能在脑海中浮想出有同原貌的声音或旋律。所以我们也以声音留在脑海里的时间长度来区分声音，容易被人遗忘的声音被叫作“背景音”，相反则是“主题音”。但这里也有一个明显的概念缺陷，即每个人的记忆能力存在强弱差异，不同人的“长期记忆”和“短期记忆”也不尽相同。但是有一点可以肯定，人类对于声音的记忆极其深刻，很多时候只要看到相应的图案，人们就会自然而然地联想起与之相关的声音。

江南古典私园中的声景都于既定的环境中产生，脱离了特定园林空间的声景或许名不副实。私园中的声景，受到各种园林要素的空间组

[1] 引自（明）陈继儒《小窗幽记》。

[2] （德）黑格尔. 美学 第3卷 上[M]. 朱光潜，译. 北京：商务印书馆，1979:333.

织、季节时序、天气气象等因素影响，它们的变化及不同会引起声境的变化。比如风掠松林则“松月生夜凉，风泉满清听”（孟浩然《宿业师山房期丁大不至》）；风透竹林则“萧萧风欲来，乍似蓬山雨”（司空曙《竹里径》）。声景的观赏点在江南古典私园中有很多，如“万壑松风”“留听阁”“月色江声”等，于特定环境中领略美妙的声景。

声景需要观赏者“体验式游览”，才能实现情景交融，产生相应的妙趣横生的声景体验。江南古典私家园林中的声景需要游赏者慢节奏地品味，而且受限于游赏者的知识储备、感知能力、生活经验、即时状态和年龄层次等因素，这些因素对他们感受和赏析声景有显著的影响。人们在特定的私园环境中，领略某种细致入微的意愿、情感和理想的境界。在这个过程中，接受声景的人踏入了追寻意外意、象外意和象外象的哲学境界。当游客的理想与古典私园的景致发生共情，体会到其深层的意境，该园林声景艺术的核心目的随即达成。

营造声景是江南古典私园中较为突出的主题，造园师善用相关的园林要素与适宜的空间条件。如拙政园听雨轩，该园中园的前庭院有一清水池，池中种植荷花数株，池边栽芭蕉及竹若干，轩后亦有一株芭蕉。如果在下小雨时于轩中静坐闲赏，“眼前可观朦朦胧胧，耳中可闻潇潇淅淅，入题可矣”。声景中有诗画句法，苏州拙政园留听阁借李商隐“秋阴不散霜飞晚，留得枯荷听雨声”（《宿骆氏亭寄怀崔雍崔衮》）的意象。王维的辋川别业声景中有诗“寒山转苍翠，秋水日潺湲。倚杖柴门外，临风听暮蝉。渡头余落日，墟里上孤烟。复值接舆醉，狂歌五柳前”（《辋川闲居赠裴秀才迪》），声景本身即可入诗画。声景融情，于是意境自发，清代王夫之说：“夫景以情合，情以景生，初不相离，唯意所适。”计成也说：“因借无由，触情具是。”前文提及的郑板桥的小天井，就是声景入情。江南古典私园的声景常折射出人的价值观、艺术观、人生观、世界观和宇宙观，即为声景入理。总之，法愈好，则愈能体现声境的高，若意虽高而法不逮，则再高的境界也难体现。

二、营造

江南古典私家园林营造声境的具体手法，大致有如下几种。

1. 诗性句法营造

历史上关乎声境的诗词文章，常常被直接用作私园声境的景点营造，如上节提到的“秋阴不散霜飞晚，留得枯荷听雨声”，这一反映“负向美”的诗性声境，被拙政园固化为留听阁；再如“特爱松风，庭院皆植松，每闻其响，欣然为乐”（《南史·陶弘景传》）固化为拙政园的听松风处。[1] 把诗词文章中的声境描绘转化为园林中真实的园景，使得园主及观赏者产生共情，以引发的联想来应和原诗文并传达意境，或者迸发创作出新的内蕴，就是这些景观点的意义所在。

江南古典私家园林中现有的声境，有时候也会流动转化进诗文或绘画。人们在私园中感受到自然界的各种声音现象，也由单纯的园林景观感受进入另一个所谓诗画意境的审美境界。

2. 画意表述营造

“一样烟波，有吟人景便多”（薛昂夫《殿前欢》）。每当人们于拙政园留听阁漫步，可能会联想到李商隐的名句，此时即便并无真正的雨声，也可能会生发出“洪纤疏密、错杂各异”的细雨绵绵之感，产生超然脱俗、林泉高致的情愫。

依据文人绘画造园是可能的，就如同现代人装修居室，先请设计师做出炫目的效果图以供定夺。就理论而言，绘画不只是单纯绘制具备景深的场景，也能更多地表达意境方面的深远，甚至表现出动态和声响，即所谓“弦外之音”。无论是“诗情”还是“画意”，都依赖于含蓄和暗示之美。中国文人绘画本身就是耐得住反复观赏玩味的一种艺术表现形式，于画中求声几乎成为一种文人传统。顾况在《范山人画山水歌》中谈道：“山峥嵘，水泓澄……忽如空中有物，物中有声。”这也成为绘画

[1] 拙政园关于“听”的营造景观很多，实则在于园主的“风声雨声读书声声声入耳，家事国事天下事事事关心”的意味。虽然因为政事的“拙”而归，但心并未真正放下，通过这些园林建筑，表面上是“听风”“听松”，实则提醒别人或者暗示自己仍然在“听”，依然操心着国家大事。

美的至高境界。戴熙在《赐砚斋题画偶录》中说“竹声铮铮，泉声琤琤，耳非有闻，听于无声”，这是把视觉和听觉、空间和时间结合起来使之互补的审美传统。既然有绘画作为营造的意向图，按图索骥也就不难理解了。[1]

3. 乐理章法营造

任何艺术都可以在形态韵律上互通。音乐和戏曲原本就是发声的艺术，当然也是园林营造声境的活跃要素。一方面，音乐和戏曲扩展了园林的意境，另一方面，园林为它们提供了表演场所或舞台，江南古典私家园林的园主会聘请乐师或戏班于园林中表演。

充满自然之音的江南古典私园，加上光线与微风，构成极具禅味的场景，远离了尘世喧嚣，成一种“无人之境”；而乐器演奏的声音则是人境的再现，能够把园主瞬间拉回人间。园林和音乐之间有着某种同构的文法关系，况且“士无故不撤琴瑟”，音乐是六艺之一，涉及君子的评价标准，与文人士大夫的身份无法割裂。音乐和江南古典私家园林相契相合，共同滋养园主的神志性灵。

虽然民间从来不乏音乐，但事实上，音乐历来是种奢侈品。“阳春白雪”的意境情调，对演奏的环境要求，及其颐养性情的审美功能，和古典私家园林非常适应。“静、清、远、古、澹、恬、逸、雅、丽、洁”等音乐美学要求，同时也是园林美的要求。正是因为这层关系，音乐与私园在空间上得以结合，音乐丰富了园林审美，形成了优美的声境。现存的江南古典私家园林中，多有音响设备暗藏于置石之中，播放现代轻音乐，也取得了良好的景观效果。

有故事内容的旧时代戏曲与江南古典私园的声境关系亦甚是紧密。“中国古典艺术中有两个集萃式的综合艺术系统，以静者为主的是园林，以动者为主的是戏曲。”此两种艺术形式在空间上和时间上相遇，自然地表现出互相辉映的态势。陈从周先生在其杂文《园林美与昆曲美》中说：“花厅、水阁都是兼做顾曲之所，如苏州怡园藕香榭、网师园濯缨

[1] 邓贵艳．中国古典园林中的虚景研究 [D]．武汉：湖北工业大学，2011.

水阁等，水殿风来，余音绕梁，隔院笙歌，侧耳倾听，此情此景，确令人向往。”旧时代的江南私家园林即是园主们的起居之所，戏曲是充实、拓展生活内容的重要组成，亦是旧时代的园林要素之一，在确切的形体美之外，还有无形的声音美。

行文至此，可见古人也已具体给出了营造之法。

1. 利用气象变化

风、雨、雹、雷、雪、霜、雾等自然现象，在和园林各种要素的碰撞中产生了变幻莫测的声响。听风、听雨、听雪是文人骚客所喜爱的活动，古代造园师便借气象变化创造意绝灵奇的园林景观。

2. 利用空间组织手法

所谓“借者，园虽别内外，得景则无拘远近。晴峦耸秀，绀宇凌空，极目所至，俗则屏之，嘉则收之，不分町畽，尽为烟景，斯所谓‘巧而得体’者也”[1]。借景的核心即“俗则屏之，嘉则收之”，一方面，借景须有所选择，另一方面，借景可诉诸听觉，即不失时机地引入自然界一切变化。我们周边的自然的声音信息，是活生生的、多变的、复杂且生动的，不消说雪子和雪的声音有着明显的不同，纵使皆为降雪，北方的降雪和南方的降雪声音就有区别。同时，古典私家园林也注重“因时而借”，此亦为营造声境的重要手法。

江南古典私园还会根据不同的主题划分借声的空间音场，以借气象之声、动物声、水声、人声。如寄畅园的邻梵阁是借墙外人的活动声，而八音涧是借地形变化产生的水声；拙政园的留听阁借的则是风雨之声。至于借声的空间方位，又有来自园内和园外的区别。来自园内就必须有自发音的器物，而来自园外则和私园所处的位置相关。不过，“借”这个行为原本就带有一定的偶然性，尤其是园外的发音源，并非园主能够完全掌控。

3. 利用季相时序变化

江南古典私园的景观不可能离得开季相变化，也离不开一日之间

[1] 引自（明）计成《园冶》。

的时间变化。四季交替和每日阴晴昏旦的交叉变换，可以促成千变万化的景观美。声境的变化也存在于时间流转之中，并因时间而存，因时间的变化而变换，不同时间段有其不同的声音。借助时序变化而营造声境，是营造私园的重要方式。正如“春听鸟声，夏听蝉声，秋听虫声，冬听雪声”，即便在同一处所，在不同时间也会有不同的声境表现。

4. 利用园林要素

借助园林中的各种园林要素，是江南古典私家园林构建声境的常见方式。声境当然不是由孤立存在的声响形成的，声境的营造往往要预设某个主题，再适度借助置石、叠山、园水、花木、建筑等构成物，以及园林内外的各种声响，传达给欣赏者完整的意境。

5. 利用文化内涵

主题可以预设，但“意境并非预先设定”，而是“在园林建成之后再根据现成物境的特征做出文字的‘点题’——景题、匾、联、刻石等”。“匾额和对联既是诗文与造园艺术直接结合以表现园林诗情的主要手段，也是文人参与园林创作、表述园林意境的主要方式。”营造古典私园的声境，也会特别注意采用词简意丰的楹联、景题、匾额等，点明景点的精粹之处，感染或引导当下的游园者，游园至此，不由自主地吟出楹联与景题，诗文韵律乘观者情绪而出，化作人为声境，如同画中的点睛之笔。

第二节　香境

在旧时代，城市的卫生环境并不如现代理想。《唐律疏议》中记载：“穿垣出秽污者，杖六十；出水者，勿论。”这就是说，只泼水就没事，但如果往大街上扔秽物，就要被杖责六十。可见在公共区域堆倒垃圾并不鲜见，否则也不用制定法规予以制止了。再加上旧时代城市的雨水和污水排放系统也不完备，还存在大量担负通勤运输工作的大型牲畜，道路几乎均为土路，并无铺装，干燥的晴天或许尚可，若遇到下雨，路况可想而知。私家园林的高大院墙可能也是为了保持卫生，与公共环境尽可能隔绝开来。

因为旧时代基础市政设施的缺乏，公共区域充斥的各种气味会让城市并不是那么“好闻”。旧时代的城市居民需要忍受可能污浊的空气，但即便如此，经济条件一般的市民也别无选择——他们无力负担对清新空气的消费。私家园林的园主就可以逃避，其园林的体量与环境设置足以减弱空气中的恶味，另外，水体、植物都可以释放有益的离子，让他们得以保持呼吸道的舒适。

江南古典私家园林的园主，除了可以享受无异味的清洁空气，还会有更高的要求，例如对花香、书香、墨香、燃香等香味的物质化需求，这是更高一层经济实力的体现。对于“香境”，当时的私园园主可能未必有意为之，毕竟并无资料显示旧时代的造园师曾阐述这方面的理论。不过，现代园林设计实践中已经将香味景观作为一个设计要素纳入园林设计之中，一些医疗实践也已经阐明香味对生理的积极作用，香味已经越来越被现代园林设计者所重视了。

香境的营造，首先在于时序性。不同的季节会有不同的植物散发出香味，不一定开花，叶片或果实也一样会释放出独特的气味分子。春季有玉兰、海棠、香樟、梨花等；夏秋两季种类之多不可累述；冬季有水仙、梅花、柏树等。自然的四季交替使江南古典私家园林的香境应时而变，香气这种无形之物，一方面提升了园林的情感美，另一方面还增添了意境美，成为增益对园景认识的一种有效途径。拙政园远香堂，名取自周敦颐《爱莲说》中的“香远益清”，庭院水中遍植荷花，夏日荷风携香，使人神清气爽；又有留园的闻木樨香轩、网师园的小山丛桂轩、耦园的储香馆——种植桂花，取“何处桂花发，秋风昨夜香”之意境；还有藕香榭、双香仙馆、香洲、闻妙香室等。香境不但凸显了植物的季相特性，也营造出园林的诗性。

在古籍中寻找香境这一造景原则似乎只得只言片语，计成《园冶》中略提有“园林巧于因借，精在体宜……夫借景，林园之最要者也……

借形、借声、借色、借香”。就“香境”的研究，其实尚未到达系统化的程度。但香料在古人生活中十分常见，甚至成为区分阶层的一个标志。旧时代的人使用香料，是对人或事表示庄重的具体做法，古人遇大事则沐浴焚香，足以说明对事情的重视程度。中国人用香的历史非常久远，不只有线香，还有香丸、香囊、香膏和香粉。自古就有一种佩戴香的风俗，叫作“悬佩之香”。佩戴香囊之俗在民间也较为盛行。香在宋代还被纳入“四雅”，所谓“香、茶、花、画”，是宋代文人生活的四件雅事。

早在《诗经》和《楚辞》中，就记录了大量的芳香植物，草本及木本皆有。香的美是原始纯朴的自然之美，追求香之美是人类的天性。唐朝时，中西方文化极大程度互通，文献中已经提到许多较为先进的栽培技术，如嫁接法、灌浇法等。唐文学中也涉及一些有关香境的描绘，《平泉山居草木记》中收录了一些香味植物，如木兰、红桂、山茶、紫丁香、月桂等，可惜对于配植之法并未说明。还有王维的辋川别业，其以香为主题的景点有茱萸沜、文杏馆、椒园，虽然据此判断有些牵强，但至少也说明园林植物的种类选择。卢鸿一建造嵩山草堂，是用发香的植物暗喻其品质高洁，“山为宅兮草为堂，芝兰兮药房。罗蘼芜兮拍薜荔，荃壁兮兰砌”。至宋代，园艺植物的栽培技术又取得很大进步，此时园艺专类书籍也有出现。赵佶的《艮岳记》中说“其东则高峰峙立，其下植梅万数，绿萼承趺，芬芳馥郁，结构山根，号绿萼华堂”，即种植数万棵梅花，其芳香亦为一种观赏景观。宋代国人对香的态度发展到极致，或许也对香境的运用更为细腻和精致。明清时期，关注方向发生变化，或许因为用香的礼节已经略有消退，香似乎只被看作植物所拥有的特性了。至于江南私家园林中出现的与香境有关的景点，前文中已反复提及，不再赘述。明清时期植物栽植技术及研究被视为奇技淫巧，所以常常以“常物”视之，尽管有《群芳谱》和《花镜》问世，但偏向于对观赏价值的探讨，对技术性已经不再特别强调了。

古人认为人之品格、修养、情操和作风应如花朵一样美丽清雅，所以追求让自己的身体也散发清香，如朱淑真的诗句描绘的境界：“弹压西风擅众芳，十分秋色为君忙。一支淡贮书窗下，人与花心各自香。”

对于园林设计而言，植物配植不但重视形态和颜色，香境也作为一个特别的要素发挥重要的作用。香使园林景观的营造更多了一重维度，身临其中，除了视觉、听觉被充分调动之外，嗅觉方面也得到丰富的照应与享受，如此，园林意境臻于完善，情景交融，物我合一。

第七章

江南古典私家园林的延续

某种事物能够延续，是因为其内部或外部仍旧有某种经济驱动力使然，否则就谈不上延续，必然会跌入淘汰周期。

1980 年，美国纽约大都会博物馆建成中国古典私家园林“明轩”，1986 年，美国纽约斯坦顿岛植物园又建成以苏州退思园为蓝本的“退思庄”。这些作品转瞬已有四十年，中国也已在其他十多个国家建造了具备中国传统风格的整体性园林作品几十座[1]（见附录二），至于其中较难统计的小型庭院数量不详。中国传统园林在影响范围及园林的风格和体量方面，在海外确实有了比较大的流布和发展。根据每年修造园林作品的数量，从 1980 年伊始，大致可粗略划分为三个时期：预热期，1980—1987 年，共建成园林作品 6 座，年平均建成 1 座；高峰期，1988—1998 年，此间共有 30 多座园林作品建成；平稳期，1999 年至今，兴建园林作品数量减少，平均建成节奏与预热期基本持平。

“只有民族的才是世界的，只有引领时代才能走向世界。”[2] 中国传统园林得以以整体状态出现在海外，而不是被“大卸八块”以零散样式出现，也不是西方人出于猎奇而掀起的“中国风”，这与新中国成立后大师们的贡献是分不开的。中美正式建交之后，逐步展开文化交流。美国纽约大都会博物馆 1972 年展出中国明式家具和中国传统绘画作品，让美国普通民众了解到中国传统艺术。陈从周先生倡导的“明轩”建成后受到了国际各界人士的青睐，许多国家和组织纷纷来华联系建园事宜。之后，中国传统园林作为展品参加了多国的展览，如 1979 年波恩联邦园林展、1980 年蒙特利尔国际园艺博览会、1981 年卡塞尔联邦园林展、1982 年阿姆斯特丹国际园艺博览会、1983 年德国慕尼黑国际园

[1] 另有李景奇、查前舟于《“中国热”与“新中国热”时期中国古典园林艺术对西方园林发展影响的研究》（《中国园林》2007 年 01 期，第 66—73 页）中说“1980 年在美国纽约大都会艺术馆北翼由苏州承建的苏州庭院‘明轩’首开新时期中国园林出口之先河，时至今日，西方陆续建设的中国园林项目已有 100 余项”。因为该作者也把明轩计入其中，故我们的收录口径应该是一致的，但其数量比本人统计的多一倍。

[2] 引自 2017 年 9 月 29 日习近平在中共中央政治局第四十三次集体学习时的讲话。

艺博览会和 1984 年英国利物浦国际园林节等。特别是"芳华园"这座既有岭南园林风格，又有江南园林风格的综合传统中国园林样式，在 1983 年慕尼黑国际园艺博览会展览期间共有超过 800 万人次参观，获得德意志联邦共和国大金奖和联邦德国园艺建设中央联合会大金质奖，同时这座中国传统园林还在展览结束后被永久保留。我们感兴趣的是，这之后呢？

1986 年，由中国华侨集资在加拿大温哥华建造逸园；沈阳市和日本札幌市结为友好城市，在札幌市造沈芳园。之后又有相当数量的园林建成。中国传统园林自 1988 年开始，在短短十年时间内，迅速在世界各地共建成 30 余座，遍布世界五大洲十多个国家。经过 1988 年、1992 年和 1995 年三个造园数量较大的年份，中国传统园林海外建园风潮从 1999 年数量开始减少，至今仅有十多座园林完成。我们从这些园林作品的介绍和描述方面大致能猜到，这些园林作品的投资方大多来自中国本土，并不是出于商业目的。

我们并不希望看到，中国样式的园林作品只是成为别国的收藏品，只有陈列的意味。不过，它们已经在那里了，影响的释放尚需要时间。

第一节　现状

去现存的江南古典私家园林闲逛，大部分时间都是游人如织。人们大概会因此有所抱怨，希望只有自己在园林中，以感受昔日园主的心境。对于这样的愿望，我也能够感同身受。古典私家园林的原本属性是私人宅园，原就不欢迎大批量外来游客。无论是从游客数量方面，还是游览行为方面，大多超出了园林原本的设计。目前热门的江南古典私家园林事实上都处于游客数量饱和的状态，任何一个来客期望拍出无外人干扰的画面，可能都是相当困难的事情，有些素质方面的不足则增加了不和谐的因素，如塑料垃圾的随意丢置和过于嘈杂。但倘若不是这么多游客的到来，私家园林会断绝主要收入来源，其结果是这些私家园林的维护会陷入资金短缺的泥潭，或者不得不重新“私有化”，反而根绝了人们深入园林的机会。是游客，为园林修葺贡献了基础资金。

若问江南古典私家园林什么时候游人少，在非法定节假日、旅游淡季、恶劣天气，除数处名冠全球的园林作品，如拙政园、留园、狮子林，其他私园入园的游客一般都不多，如耦园、网师园、沧浪亭、怡园、艺圃。2015年拙政园推出定制游园项目，在每日早晨开园之前，可以接纳12位游客6点至8点入园游览，相当于“包场”服务。对于园林作品的管理方来说，这几位游客的收入事实上根本不值一提，只是为了提供一种深入体验的服务。但对于游客而言，则可以比较真实地体会私家园林的“私”字那一部分难以言传的意境。

有人说苏州之所以保留下来如此多的旧时代私家园林，主要原因在于它们大多在战乱时期被用作各种势力的行政机关。这也许有道理，地方大、房子多、质量优、权属清楚，占据（言借实抢）相对方便，但并无资料记录这些政治力量对这些园林给予过些许修缮、复原或保护，他们大多将其间财物劫掠一空，甚至烧毁破坏了一些建筑只为烧火取暖。事实上，除了极少数私家园林在新中国成立后仍然保存，绝大多数已经是断壁残垣、满目荒草。新中国成立后，一些私家园林被分割成杂院，供群众居住，这已经算得上命运尚佳；或者被分配给工厂和机关单位使用，变成生产型杂院，如此情况下，即便进行修缮，人们也并不会站在全局的角度统筹安排，只能“头痛医头，脚痛医脚”。相比之下，老一辈园林学者对苏州及江南各地的古典私家园林的拯救作用无疑是有效的。

大部分的园林作品其实都是近四五十年中新造的，只是我们步入其间，总感觉恍如来到旧时。私家园林除了门票收入之外，因为涉及文物保护，难以突破节流开源，维持它们需要相当的经济智慧。同时，私家园林还面临着逐渐被年轻一代弃爱以及电子化浪潮的冲击等环境困境，如何实现突破，还需要相关领导紧跟时代甚至先于时代。不过就目前的状态来看，政府财政仍旧是这些私家园林的主要经济支撑。

江南古典私家园林存乎于世的作品，毫无疑问是艺术珍品。有人说它们是糟粕，毕竟它们事实上一定程度阻碍了社会进步的脚步。但我们需要知道，当时的园主尚无如今人这般的经济觉悟，况且当时的环境也并不利于商业、工业等的发展。本书之前的批评，多数也有“事后诸葛亮”的倾向，于当时的时代并无作用。但是研究历史的本意，并不是告诉大家以往的事情已经发生，我们并无办法，而是通过研究，一方面真实地还原历史，另一方面引以为戒，尽量避免曾经犯过的错误，哪怕这种错误是集体无意识的产物。

古典私园是古代先民的遗产，尤其文化部分。由于当时的视野、信息流、基础科学研究等都较为薄弱，其物必然存在一些偏见或狭隘处，当然也存在一部分谬误，这是可以理解的。学习的过程除了领会新的知识之外，本来也包含鉴别有缺陷的成分，去伪存真本来就是学习的一部分。古典私家园林包含了一些不太合乎时代的东西，但对于其他部分，则可以为之所用地标识出来，予以升华。对于一处文化历史遗存，不能说某一部分不够理想就评价其整体有害，也不应做简单的二元化切除，毕竟它本来就是一个有机整体。而且，判断总是会受到时间的限制，正确与否，仍待时间的验证。

如此，本人需要再次申明对江南古典私家园林的态度。在社会经济运行过程中，江南古典私家园林一定程度上阻滞了社会经济发展的步伐，也没有为当时的科学技术发展尽到与其资产体量相配的义务。作为后人的我们只有遗憾，不能苛责。

对于当下江南古典私家园林可能面临的困境或者涉及的相关问题，可总结为以下几点。

一、认识仍有不足

我们在江南私家园林中，只能通过存留物来揣摩当时园主的心态、取向、文化理念、意趣兴致等。笼统地说，中国传统文化是“母”，传统园林文化是其“子”。但江南古典私家园林毕竟是奢侈品，是过往一小部分特权人士才能拥有的生活形态，事实上缺乏通用价值，即物质创设部分的孤例太多。江南古典私家园林无疑是中国传统文化的精华之所在，但根结也在于此。中国传统文化和宇宙观不是一方小天地之中，几竿细竹、一方置石能够一言以蔽之。对于中国古典私家园林的精华，我们还尚未了解透彻。

二、传统园林文化和现代生态文化的混沌关系

旧时代的园主建造私家园林，出发点当然不会是改善城市环境，他们大概也不会想到几百年之后人们络绎不绝地参观他们的私人宅园，居然还需先买票再进入。江南古典私家园林是基于人文性格与人的精神形成的固化之物，当时的生产力水平限制了园林作品的生态性实现。倘若我们和明清时代的园林主人谈“生态”，他们想必不知道其为何物。前文中已经提到，西方园林的大草坪景观是有其发生机制和发展土壤的，凑巧契合了后来的公共心理。即便是那种样式，也并非从一开始就符合当下所说的重视生态、注重环境等理念，这种所谓的“较有责任心和胸怀”不过是凑巧而已。

三、对“天人合一”的再认识

对“天人合一”的理解，各人均有不同。不少人认为“房前屋后种些绿，在山川河流中拥抱自然”即天人合一，对于这样的理解我们也应包容。即便是较低层次的认识，对园林建设的推广也无坏处。今天的人们能够享有较舒适的生活，能够享受园林的人已经不再限于当时的特权阶层。旧时代的园主本来就是占有了绝大多数社会资源和自然资源的那一小部分人，所以他们会选择“通过革除自己的物欲来实现天人合一”。相对广大的基层的人民，这种所谓的追求“天人合一”无疑是狭隘的。他们其实是在“做减法”，通过一块石头、几竿翠竹、一方小池来看世界。这样的“天人合一”，说到底追求的只是私人感受。

西方现代景观建筑学基于生态学理论提出了“生命的景观”这一概

念，实际上是对之前一直提倡的人本主义观念的否定。生态学之于传统园林，是让人们从更大尺度认识人或者认识传统园林。人类的每一次进步，其实大多是在认知方面获得视角的突破，不是更宏观，就是更微观。不过，尽管生态学让人类意识到我们应该与所有物种和平相处，但事实上这也是为了“让人类更好地延续下去”，本源上并无变化。中国传统文化中的“天人合一”意味着人就是环境，环境也就是人，环境有如人一样的情感和结构。但这也并不解决根本问题。

我们反复探讨“天人合一”，其实都陷入困境之中，因此不得不回到问题的起点，即“天人合一”在根本上是一种私人的愿望，是一种自圆其说的话术。各种园林作品，大都可以套用这一话术，因此本书也无可解决这一问题。面对这一玄之又玄的话题，较容易理解的方法仍旧是将其技术化，随着理解深入，进而在园林营造中巧妙施用。

四、外来文化的冲击

以儒家文化为底的中国传统文化极其深厚，但其实并不强势。中国文化原本内敛，就文化的扩张性和扩张冲动来说，我们确实没有其他国家那样的文化传播力。过去四十年间，国内园林行业对传统园林的空间、要素、流变尚在争论，同时又被涌入的国外各种设计思潮所影响。西方各种园林样式进入中国并开始盛行，特别是西式园林的造价较传统中式园林更便宜，价格差异是需求转向的主因。另一方面，西方新技术以及新的景观表现所具有的较强的视觉冲击力给国民带来了新鲜的视觉体验，民族自豪感甚至在遭遇冲击之后产生退缩。传统的一部分被迫让位于强势的外来文化，一批西方风景园林设计师迅速占据中国园林行业的前沿位置，而中国从业者在必须恶补西方各种园林理论的同时，不自觉地将本地作为西方各种设计思潮的试验场，复制或模仿西方的设计作品，甚至产生了“如果不这样，则或许会落后于时代”的主观判断。这导致中国本土园林的市场空间日益缩小，促使项目的工业化程度降低，工程造价高企，需求状况也随之恶化，传统园林样式的创作与实施呈现出失语的景象，甚至在很多城市，传统样式已经逐渐淡出人们的视野。这其实也涉及“身份认同”的问题。传统的园林样式或者古典私家园林，恰恰承载着我们的身份认同。

而对于上述这些问题，时间和经济能力大概是解决问题的根本办法。

第二节　未来

江南古典私家园林在现代的生活中逐渐式微是不争之事实，对于很多普通人而言，“去过”或者“打卡过”就算完成了某种任务，也就不会选择再次光顾。我本人并不认同“没事儿，中国人多，每个人来一次就够吃”这一类言论，但是，古典园林地位衰退是应坦然接受的既定事实。就古典园林来说，其原本即有更适合“做”的事情，比如营造文化意境，创造丰富的人文传统体验，与中国古典文化和美学紧密联系，强调人与环境的交互关系，等等。就经济性、科学性和适应性而言，江南古典私家园林是狭窄的。有些业内人士说“就专业范式来说，一个‘景观’就能把‘风景园林’冲得七零八落，被逼到只有谈学科名时才会说‘风景园林’，其余在社会各处都寻找不到”，足见其在现代生产生活中的适应性受到了孤立。

我们的课题组在项目空闲的时间段开设了一个较具开放性的研究课题，即对中国现有的非物质文化遗产进行全盘梳理。这大概是谈不上研究的游戏，但其结果横生妙趣。截至 2021 年，全国已经有超过 1557 项国家级非物质文化遗产申报通过并获批，它们之中的绝大多数，现在仍旧“活得”异常艰辛，其中至少一半可能会因为传承人的离世而无以为继，只有较少数量的“非遗”获得新生命而发扬起来。总结它们的共性则发现，这一部分大多与普通人的衣、食、住、行有着密切关系。普通人的生活，无外乎吃、喝、拉、撒、睡、工作和娱乐，过于偏门的项目，事实上已经是市场缺失的状态。这与江南古典私家园林的处境是相似的。离开了普通人的生活，事实上就是与主流渐行渐远。在普通人的日常行为中，与古典园林相对贴近的，是住的行为。但是在营造范式方面，中式传统私家园林范式少见，其营销难度高，不迎合当下的“快餐式审美”；营造和维护难度大，强调细节，性价比低；实现难度较大，造丑远比造美容易。如今的日本园林，在很多中国设计者的思维里仍然是枯山水、石灯笼，事实上当今的日本景观几乎已经完全跳脱出传统园林的框架样式，演化成更现代、更经济或更具仪式性，当然也更贴近人的生活的样式，而其传统园林中的诸多元素，已经成为现代日本园林中的点睛之处，他们是“革了自己的命”，将日本的传统园林风格解构了，在新思潮中得以继续发扬光大。

中国传统园林并不是主动“闭门造车”，而是基于历史原因不得不如此。每一支特定存在于历史中的文化支流，开放于各种文化之林，与世界的其他支流建立认同关系，有秩序地存在于彼此承认的体系之内，并且逐渐确定自己在全球文化体系中的角色。不论这一过程中是否发生了文化冲突，其角色地位总是会得到大家的确认。然而中国传统园林并没有这么幸运，它们尚未完成上述过程就遭遇了边缘化。幸运的是，外来的强势文化仍旧是外来物，中华文明的底色仍旧强劲，一方面，我们逐渐在反省和重拾自己的本源，另一方面，我们仍在持续吸收和包容外来的精华。

关于新旧交融的难题，在西方园林风潮刚进入日本的时候，日本园林人也有过相似的阵痛。其园林创作和学术研究围绕“如何让西方园林在日本的现实中生根”进行了近二十年的探讨，在一度全盘引入美式文化之后，日本造园师也开始重新审视日本传统造园的本质特征，提炼其空间的流动性，简明匠意，变革使用的材料，强调材料和自然的质感以及形式等的高度融合性，这样，欧美强势的造园文化才逐渐为日本园林设计师“化为己用”。这个过程不但肯定了日本传统园林作品的价值，而且有效地加强了内外联系，强化了他们的民族自信心。直到现在，日本的园林设计师仍旧在广泛学习并努力挖掘本源文化，将外来造园思潮本土化。确实，日本的经验是值得我们学习和借鉴的。

今天，某一门学科越发展，就越突破所谓的学科界限，综合性是所有学科的必然。而且，随着具体学科涉及问题的范围越来越大，不同学科专家之间的相互合作也势在必行。设计行业在工作过程中亦是如此，以往粗线条式的解决办法已经不再适用。园林行业也在向科学性、理性的方向发展，之前的艺术性虽然并未遭到摒弃，但至少位置已经发生了偏移。不得不承认，园林项目中风景园林设计师的重要性也在减弱，经济学、土地资源、生态学、生物学、环境保护学、社会学、文化学等自然和社会学科也取得了相应的话语权。

事实上，江南古典私园从未离开过我们。如果说传统园林的式微是因为传统本身，这可能是因为找不到症结而假设了敌人。新建筑材料的出现使得建筑样式更加随意，更具有“现代性”。应用现代材料，我们对待传统园林就相对简单了，现代材料已经足够替代过往繁缛的做法，将结构简单化，更有3D打印这种新生事物，其出现简直无异于触发了行业革命。现代材料和工艺使得传统园林并不是疏离了我们，而是更容易触及。门槛更低，意味着设计师的工具箱更丰富了。江南古典私家园林本身作为时代产物，在其后的时间，其实已成一个开放且包容的体系。中国传统园林的发展史本身早已证明。时至今日，园林传统中的“因地制宜”等原则仍在发挥它们的作用。

园林作品的任何营造工作，无论是营造现代类型，还是建设传统类型，有益的经验是，应该按照科学论证的就去设法理性论证，能整理成方法论的就应该整理成方法策略。现代的园林人更多的还是应该站在科学化的角度来阐述“为何设计”这件事，而尽量少祭出“天地人神道”这一类玄学。玄学当然能让设计变得安全，可是大概也会成为相对无用的设计。在数字化时代的背景下，任何一个建设项目在多工种各行业的合作中，都已经开始强调标准化的交流与操作。在这一方面，老牌发达国家已经进行了尝试，他们几乎给涉及的样式和范式都起了标准名称，我们仍有一段距离有待追赶。

现代的园林设计师使用现代的设计语言符号，已经不大可能造出之前的私家园林。时代已经发生变化，人们的需求也已经有了较大不同，传统的江南古典私家园林当然还在原处作为标本，但新建造的园林作品即便具备私有属性，在开放程度上也已经今非昔比。

所谓从传统中汲取营养，近几年，优秀传统园林样式作品不断涌现。传统其实就是我们的DNA，如我们喝茶才感觉舒适，喝热水才感觉温暖，吃中餐才感觉饱足。当我们看到那些中式的建筑，就会萌生家国的情怀，这是因为我们的根基在此。继承优秀的传统文化，结合新兴的营造方式，公共化的江南古典私家园林的未来，想必美好无比。

参考文献

1. [汉] 袁康，吴平．越绝书全译 [M]．俞纪东，译注．贵阳：贵州人民出版社，1996.
2. [汉] 赵晔．吴越春秋 [M]．南京：江苏古籍出版社，1986.
3. [唐] 陆广微．吴地记 [M]．曹林娣，校注 . 南京：江苏古籍出版社，1986.
4. [宋] 范成大．吴郡志 [M]．南京：江苏古籍出版社，1986.
5. [宋] 朱长文．吴郡图经续记 [M]．南京：江苏古籍出版社，1986.
6. [宋] 单锷．丛书集成初编　吴中水利书 [M]．北京：中华书局，1991.
7. [元] 高德基．丛书集成初编　平江纪事 [M]．北京：中华书局，1991.
8. [明] 林世远，王鏊．北京图书馆古籍珍本丛刊 （正德）姑苏志 [M]．北京：书目文献出版社，1990.
9. [明] 归有光．三吴水利录 [M]．上海：上海古籍出版社，1981.
10. [清] 顾震涛．吴门表隐 [M]．南京：江苏古籍出版社，1986.
11. [清] 姚承绪，吴趋访古录 [M]．南京：江苏古籍出版社，1986.
12. 王謇．宋平江城坊考 [M]．南京：江苏古籍出版社，1986.
13. 顾颉刚．苏州史志笔记 [M]. 南京：江苏古籍出版社，1987.
14. [明] 牛若麟，等.（崇祯）吴县志 [M]．崇祯十五年刊本，1642.
15. [清] 蔡方炳，等.（康熙）长洲县志 [M]．康熙二十二年刊本，1683.
16. [清] 习寯，等.（乾隆）苏州府志 [M]．乾隆十三年刊本，1748.
17. [清] 石韫玉，等.（道光）苏州府志 [M]．道光四年刊本，1824.
18. [清] 冯桂芬，等.（同治）苏州府志 [M]．光绪八年刻本，1882.
19. 曹允源，等.（民国）吴县志 [M]．民国二十二年铅印本，1933.
20. 苏州市地方志编纂委员会．苏州市志 [M]．南京：江苏人民出版社，1995.
21. 苏州市地方志编纂委员会办公室，苏州市档案局．苏州史志资料选辑 [G]．苏州：苏州市地方志编纂委员会办公室，1984—1999.

22. [北魏]郦道元，著．[清]汪士铎，图．陈桥驿，校释．水经注图[M]．济南：山东画报出版社，2003.
23. 黎翔凤，梁运华，译注．管子校注（全3册）[M]．北京：中华书局，2006.
24. 张英霖．苏州古城地图集[M]．苏州：古吴轩出版社，2004.
25. 曹婉如，郑锡煌，黄盛璋，等．中国古代地图集（明代）[M]．北京：文物出版社，1995.
26. 曹婉如，郑锡煌，黄盛璋，等．中国古代地图集（清代）[M]．北京：文物出版社，1997.
27. [清]高晋，等绘．张维明，选编．南巡盛典名胜图录[M]．苏州：古吴轩出版社，1999.
28. 江苏省博物馆．江苏省明清以来碑刻资料选集[G]．北京：三联书店，1959.
29. 苏州历史博物馆，等．明清苏州工商业碑刻集[M]．南京：江苏人民出版社，1981.
30. [明]计成，撰．陈植，注释．园冶注释[M]．北京：中国建筑工业出版社，1988.
31. [明]文震亨，著．陈植，注释．长物志校注[M]．南京：江苏科学技术出版社，1984.
32. [清]李渔．闲情偶寄[M]．西安：陕西旅游出版社，2003.
33. [清]钱泳．履园丛话[M]．北京：中华书局，1998.
34. [清]沈复．浮生六记（插图本）[M]．北京：北京出版社，2003.
35. 钱仲联，编选．杨德辉，等注释．苏州名胜诗词选[M]．苏州：苏州市文联，1985.
36. [清]张应昌．清诗铎（国朝诗铎）[M]．北京：中华书局，1983.
37. [清]吴伟业．吴梅村全集（全三册）[M]．上海：上海古籍出版社，1990.
38. [宋]叶梦得．石林诗话[M]．北京：中华书局，1991.
39. [清]何文焕．历代诗话[M]．北京：中华书局，1981.
40. 刘敦桢．苏州古典园林[M]．北京：中国建筑工业出版社，1979.
41. 童寯．江南园林志[M]．北京：中国建筑工业出版社，1984.

42. 陈从周，蒋启霆，选编. 赵厚均，注释. 园综 [M]. 上海：同济大学出版社，2011.
43. 陈从周. 园林谈丛 [M]. 上海：上海文化出版社，1980.
44. 邵忠，李瑾，选编. 苏州历代名园记　苏州园林重修记 [M]. 北京：中国林业出版社，2004.
45. 邵忠. 苏州园墅胜迹录 [M]. 上海：上海交通大学出版社，1992.
46. 同济大学建筑工程系建筑研究室. 苏州旧住宅参考图录 [M]. 上海：同济大学教材科，1958.
47. 苏州市园林管理局修志办公室留园志编写组. 留园志稿（初稿）[M]. 苏州：苏州市地方志编纂委员会，1985.
48. 苏州市园林管理局修志办公室拙政园志编写组. 拙政园志稿 [M]. 苏州：苏州市地方志编纂委员会，1986.
49. 苏州市园林管理局修志办公室狮子林志编写组. 狮子林志 [M]. 苏州：苏州市地方志编纂委员会，1986.
50. 苏州市园林管理局修志办公室网师园志编写组. 网师园志（初稿）[M]. 苏州：苏州市地方志编纂委员会，1986.
51. 苏州市园林管理局修志办公室沧浪亭志编写组. 沧浪亭志（初稿）[M]. 苏州：苏州市地方志编纂委员会，1987.
52. 苏州市园林管理局修志办公室耦园志编写组. 耦园志（初稿）[M]. 苏州：苏州市地方志编纂委员会，1990.
53. 阮仪三，刘浩. 姑苏新续：苏州古城的保护与更新 [M]. 北京：中国建筑工业出版社，2005.
54. 柯建民，金家骏，等. 古坊保护：苏州古城 21、22 号街坊保护与控制性详细规划 [M]. 南京：东南大学出版社，1991.
55. 袁以新，董寿琪. 苏州古城：平江历史街区 [M]. 上海：上海三联书店，2004.
56. 吴庆洲. 中国古代城市防洪研究 [M]. 北京：中国建筑工业出版社，1995.
57. 中国城市水利问题——95 中国城市水利问题历史与现状国际学术讨论会论文选集 [C]. 南京：河海大学出版社，1997.

58. 王其亨 . 风水理论研究 [M]. 天津：天津大学出版社，1992.
59. 程建军，孙尚朴. 风水与建筑 [M]. 南昌：江西科学技术出版社，2005.
60. Yinong Xu. The *Chinese City in Space and Time*：*The Development of Urban Form in Suzhou*[M]. Hawaii:University of Hawaii Press，2000.
61. 陈泳. 苏州古城结构形态演化研究 [D]. 南京：东南大学，2000.
62. 陈泳. 苏州古城水系的更新与发扬 [D]. 上海：同济大学，2003.
63. 张琴. 苏州旧城更新的理论与实践 [D]. 上海：同济大学，2000.
64. 陈薇. 中国私家园林的流变（上）[J]. 建筑师，1990(90).
65. 陈薇. 中国私家园林的流变（下）[J]. 建筑师，2000(92).
66. 吴庆洲. 试论我国古城抗洪防涝的经验和成就 [J]. 城市规划，1984(3).
67. 曹汛. 网师园的历史变迁 [J]. 建筑师，2004(6).
68. 陈望. 开阖有度，动静适宜——谈苏州网师园空间艺术 [J]. 饰，2000(2).
69. 刘庭风. 晚清园林历史年表 [J]. 中国园林，2004(4).
70. 居阅时，钱怡. 易学与苏州耦园布局 [J]. 中国园林，2002(4).
71. [清] 张潮，等 . 昭代丛书 [M]. 上海 : 上海古籍出版社，1990.

附　录

附录一　现存江南古典私家园林一览

名　称	地点	朝代（始建或新修）	拥有者（代表人物）	特　点
依绿园（芗畦小筑、南村草堂）	苏州	清康熙	吴士雅	著名叠山家张然参与营建假山，著名画家王石谷为园景作图。
寄畅园（凤谷行窝、秦园）	无锡	清康熙	秦德藻	始建于明朝，清初分为两园，康熙年间合为一园，由著名叠山家张南垣一派张鉽改筑假山，引惠山的“天山第二泉”泉水入园。1988 年国务院公布其为全国重点文物保护单位，也是无锡唯一的明代古典园林。
王洗马园	扬州	清康熙		
卞园	扬州	清康熙		
员园	扬州	清康熙		
冶春园	扬州	清康熙		
九峰园（南园）	扬州	清康熙	汪玉枢	园内置有太湖奇石九峰，大者过丈，小者及寻，玲珑剔透。乾隆南巡时赐名为“九峰园”。现为荷花池公园。
郑御史园（影园）	扬州	清康熙	郑元勋	
筱园	扬州	清康熙		
片石山房（双槐园）	扬州	清康熙	吴家龙	现为寄啸山庄（何园）。以叠石著称的清代早期私家园林。内存假山一丘，被誉为“石涛叠山作品的人间孤本”。
贺园	扬州	清乾隆	贺君召	
个园	扬州	清嘉庆	黄至筠	个园假山堆叠精巧，采取分峰用石的办法，创造了象征四季景色的“四季假山”。
小盘谷	扬州	清光绪	周　馥	园虽小，但用地十分紧凑，空间有障隔通透的变化，主次分明。山石建筑分别相对集中在水池两岸，隔水相映成趣。

续表

名　称	地点	朝代（始建或新修）	拥有者（代表人物）	特　点
留园	苏州	清嘉庆	刘　恕	原为寒碧山庄，始建于明朝，园内假山为当时叠石名家周秉忠所造。清嘉庆年间园主刘恕购得美石十二峰，遂成为以石景取胜的一座名园。
环秀山庄（颐园）	苏州	清道光	汪为仁	园景以山为主，池水辅之，建筑不多，园内假山为叠山精品，用小块石料叠出自然多种山形，可谓以小见大，为清代叠山大师戈裕良之作。
耦园	苏州	清顺治	陆　锦	该园三面临水一面通街，布局以“一宅两院”为特色。前身为涉园，同治年间被沈秉成夫妇修葺重建改名。
怡园	苏州	清光绪	顾　承	该园占地不大，但汲取各园之长，其中山水景物大多集仿当时苏州名园，博采众长，糅于一体。
北半园（陆氏半园）	苏州	清咸丰	陆解眉	园在住宅东部，水池居中，环以船厅、水榭、曲廊、半亭，建筑多以“半”为特色。
残粒园	苏州	清光绪	吴待秋	为最小园林，面积仅140多平方米。规模虽小，但筑有假山、石洞和一泓池水。
畅园	苏州	清末	王　某	面积虽小而布局巧妙，园景丰富而多层次，具有精致玲珑的特色，为苏州小型园林的代表。
鹤园	苏州	清光绪	洪鹭汀	该园规模不大，其布局近乎庭院。山池的安排及局部的处理以简洁为特征，园景则以平坦、开朗为主，可谓“旷”“奥”结合。
拙政园	苏州	明末清初	王献臣	江南古典私家园林的典型代表，自然生态的野趣突出，尚保留明代园林的风范，是中国园林艺术的珍贵遗产。
狮子林	苏州	元末	天如禅师	江南古典私家园林的典型代表，“苏州四大名园”之一。园内湖石假山出神入化，被誉为“假山王国”。
网师园	苏州	清乾隆	宋宗元	江南古典私家园林中型山水宅园代表作品。全园处处有水可依，各种建筑配合得当，布局紧凑，以精巧见长。
拥翠山庄	苏州	清光绪	洪　钧	依山势起伏而建，为山地园林。园基为台地状，依山势分四个层次，逐层升高，每层台地的布局都不相同，故景色丰富，独树一帜。

续表

名　称	地点	朝代（始建或新修）	拥有者（代表人物）	特　点
艺圃	苏州	清顺治	姜　埰	原为明朝文震孟所有，原名“药圃”。该园布局简练开朗，池岸低平，水面集中，无壅塞局促之感，风格自然质朴，较多保留建园初的风貌。
壶园	苏州	清代	郑文焯	面积仅为300平方米，但池水曲折，池上小桥及两岸树木、湖石错落布置，空间富有层次。小园用水池为主景者，此为佳例。
羡园	苏州木渎	清道光	钱端溪	亦名“严家花园”。内有以四季为主题的四个小景区，分别由青石和黄石组成，其中夏园的黄石，在外部观赏，有大中见小的感受，在内部观赏，则有小中见大的感受。
退思园	苏州同里	清光绪	任兰生	布局疏朗，中央水池面积不大，但曲岸参差，山石花木穿插得宜，环池建筑物均贴近水面，被称为“亲水园林”。
渔隐小圃	苏州	清嘉庆	袁廷梼	原园林几近荒废，只存文献可供考证。
刘庄	杭州	清末	刘学询	亦名“水竹居”。园内几乎布满竹子和水池，其中花草及装饰充满岭南风味。现为西湖国宾馆。
高庄	杭州	清康熙	高士奇	又名“西溪山庄”。园中多竹，建筑环水而建。康熙曾微服到访。
西泠印社	杭州	清康熙		原为清代孤山行宫，空间开敞，为山地园林。光绪年间改为篆刻家聚会场所。
小莲庄	南浔	清光绪	刘　镛	园林以荷花池为中心，依地形设山理水，形成内外两园，仿唐代杜牧《山行》筑山，内外园以粉墙漏窗相隔，使隔非隔，山色湖光，相映成趣。
安澜园	海宁	清雍正	陈元龙	圆明园“四宜书屋”的蓝本，乾隆四次下江南驻足，赐名安澜园。同治时期荒废。
豫园	上海	明嘉靖	潘允端	上海古典私家园林之首。始建于明朝，乾隆年间一度重修。新中国成立后进行了大规模修缮。以明代遗留大假山为主体，系江南园林中最大的黄石假山。全园山水环绕，清幽秀丽。
古猗园	上海	明嘉靖	闵士籍	明朝始建，初名猗园，由明代嘉定竹刻家朱三松精心设计。乾隆年间重修。园内遍植绿竹，生动典雅。

续表

名　称	地点	朝代（始建或新修）	拥有者（代表人物）	特　点
醉白池	上海	清顺治	顾大申	原为“谷阳园”。园林布局以一泓池水为中心，环池三面皆为曲廊亭榭，园内廊壁和部分庭园里石刻碑碣较多，为一特色。
曲水园	上海	清乾隆		原为“灵园”，嘉庆年间更名。建筑布局规整，坐北朝南，全园景物以凝和堂为中心，有觉堂、花神厅左右并峙，横向一轴三堂，为园林中少见。
燕园	常熟	清乾隆	蒋元枢	原名“蒋园”。园内有戈裕良作黄石大假山“燕谷”，与环秀山庄的黄石大假山有异曲同工之妙，其园也因此得名。该园布局独具匠心，空间组合灵活多变，曲折得宜。
赵园	常熟	清同治	赵烈文	该园充分以水为主体，亦名“水吾园”。景点皆环池而筑，参差错落，巧而得体。借虞山为景，引入园中，水光山色共一园。现已失原样。
壶隐园	常熟	清嘉庆	君曼堂	明朝始建，造有小筑，田园种竹养鱼，清幽可憩。现已失原样。
之园	常熟	清光绪	翁曾桂	园内曲水回流如“之”字形，故得名。俗称“翁家花园”。
煦园	南京	明初	朱高煦	初为汉王朱高煦府花园。园中有一艘用青石砌成、长14.5米的仿木石舫，现已成为煦园的标志，乾隆曾题“不系舟”。园内有一座十二生肖石叠合而成的假山，山中有一“六角亭”，形似两亭重叠而成，远看好似双亭并立。
瞻园	南京	明初	徐达	明朝始建，后为乾隆南巡行宫，并御赐匾额。同治年间毁坏，后两次重修，但不及旧景。该园以山石取胜，假山为全园的主景和骨干，水为辅助，水体以聚为主。
随园	南京	清乾隆	袁枚	原为曹寅家族园林，乾隆年间由袁枚购得后更名。建于南北两山的低洼之处，北山集中了主要建筑，南山只有亭阁两座，占地百亩，大于一般宅院，相当于庄园。
徐园	海盐	清光绪	徐用仪	又名“徐家花园”。该园布局精致典雅，造园艺术犹胜于朱园、绮园，为盐邑私家园林之最。后于战争中焚毁。

附录二　近四十年来中国传统园林在海外建成作品一览

序号	名称	建成年代	建造地点	园林风格	建造单位
1	明轩	1980	美国纽约	江南古典	苏州市园林设计院
2	芳华园	1983	德国慕尼黑	江南古典	广州市园林建筑规划设计院
3	燕秀园	1984	英国利物浦	北方古典	北京市园林局
4	逸园	1986	加拿大温哥华	江南古典	苏州市园林设计院
5	沈芳园	1986	日本札幌	北方古典	沈阳市园林规划设计院
6	沈秀园	1987	日本川崎	北方古典	沈阳市园林规划设计院
7	谊园	1988	澳大利亚悉尼	综合古典	广州市园林建筑规划设计院
8	郢趣园	1988	德国杜伊斯堡	综合古典	武汉市园林建筑规划设计院
9	天寿园	1988	日本新潟县	北方古典	北京市园林古建设计研究院
10	智乐园	1988	泰国曼谷	江南古典	中建总公司园林建设公司
11	惜春园	1989	美国纽约	江南古典	中外园林建设总公司
12	春华园	1989	德国法兰克福	江南古典	广州市园林建筑规划设计院
13	同乐园	1990	日本大阪	江南古典	上海市园林设计院
14	友谊园	1990	日本横滨	江南古典	上海市园林设计院
15	秀华园	1990	埃及开罗	江南古典	上海市园林设计院
16	梦湖园	1991	加拿大蒙特利尔	江南古典	上海市园林设计院
17	渝华园	1992	日本广岛	综合古典	重庆市园林建筑规划设计院
18	天华园	1992	日本北海道	北方古典	北京市园林古建设计研究院
19	孔子公园	1992	日本熊本县	北方古典	中外园林建设总公司
20	蕴秀园	1992	新加坡	江南古典	苏州市园林设计院
21	清音园	1992	德国斯图加特	江南古典	中外园林建设总公司

续表

序号	名称	建成年代	建造地点	园林风格	建造单位
22	锦绣中华苏州苑	1993	美国奥兰多	江南古典	苏州市园林设计院
23	梅园	1993	日本兵库县	综合古典	杭州市园林设计院
24	中国园	1994	日本佐贺县	江南古典	中外园林建设总公司
25	中国园	1994	瑞士苏黎世	综合古典	昆明市园林规划设计院
26	谊园	1995	荷兰格罗宁根	江南古典	上海市园林设计院
27	大实中国中心	1995	德国弗赖堡	北方古典	中外园林建设总公司
28	谊亭	1995	墨西哥	北方古典	南京市园林规划设计院
29	燕赵园	1995	日本鸟取县	北方古典	石家庄市建筑设计院
30	石庭园	1995	日本富山县	综合古典	昆明市园林规划设计院
31	友宁园	1996	美国圣路易斯	江南古典	南京市园林规划设计院 南京市园林局
32	中国花园	1996	美国凤凰城	江南古典	南京市建设委员会
33	中国园	1996	泰国孔敬	综合古典	南京市园林局
34	静园	1997	马耳他	江南古典	苏州市园林设计院
35	故乡公园	1997	日本新潟县	江南古典	北京古建园林对外工程公司
36	中国园	1998	埃及开罗	综合古典	北京市园林古建设计研究院
37	寄兴园	1998	美国纽约斯坦顿岛	江南古典	苏州市园林设计院
38	得月园	2000	德国柏林	江南古典	北京市园林古建设计研究院
39	兰苏园	2000	美国波特兰	江南古典	苏州市园林设计院
40	友谊园	2002	俄罗斯圣彼得堡	北方古典	上海市园林设计院
41	瑞华园	2003	德国罗斯托克	综合古典	中外园林建设总公司
42	怡黎园	2004	法国巴黎	江南古典	苏州市园林局
43	流芳园	2008	美国洛杉矶亨廷顿博物馆	江南古典	苏州市园林设计院

续表

序号	名称	建成年代	建造地点	园林风格	建造单位
44	兰园	2008	新西兰但尼丁	江南古典	上海市园林设计院
45	西华园	2011	美国西雅图	综合古典	重庆市园林局 江苏常熟古典园林建筑有限公司
46	易园	2010	法国巴黎	江南古典	苏州市园林设计院
47	中国园	2011	美国得克萨斯	江南古典	苏州市园林设计院
48	新华园	2013	美国国家植物园	江南古典	苏州市园林设计院
49	中国园	2013	美国堪萨斯城	北方古典	中外园林建设有限公司

资料来源：根据刘少宗《中国园林设计优秀作品集锦（海外篇）》；甘伟林、王泽民《文化使节——中国园林在海外》等资料收集整理。

后　记

江南古典私家园林于我，最早始于1998年5月的专业实习，当时我正在中南林学院风景园林专业读书。事实上，当时我找了个借口并没有参加，苏州园林给我的初印象来源于少数同学拍摄的照片。当时学校对我们的管理很松，实习亦没有什么所谓的成绩，很多同学都因为种种原因或借口没有参加，加之他们十有八九都从乡间而来，两三百元一台的相机鲜有人拥有，所以我能够看到的照片也很少。和苏州私家园林失之交臂这件事留给我的几乎是无尽的遗憾。学习园林专业其实最重要的就是多走多看，书中得来终觉浅，不如眼见为实。

研究生毕业之后，我成为一名高校教师，每年都有机会带学生去苏州实习，一届届带下来，一晃十余年了。最初去的几年是盛夏时节，后来既有冬季也有春季，因为去得多了，甚至对拙政园入口检票的工作人员都面熟了。每次见到她，我都想“呵，还是这家伙”。从金华出发到苏州的车程也由最开始普铁八个半小时到现在的高铁两个半小时，速度的变化让我由衷欣喜。

我的学生其实对私家园林总是提不起兴致，每年只有少数几个学生从始至终跟着我。大部分时候都是我自己在园子里来回，学生们会聚在园林水边聊天。最近几年连聊天都省了，个个都低着头看手机，甚至玩网络游戏。我每次经过他们都会拿着喇叭动员他们转一转，他们会如同蜜蜂一样，涌动一阵，一会儿之后又在一块地方聚下来。私家园林容不得我控制那么多的学生，慢慢地，我身边又只剩下我自己。冬季的私家园林里游客相对较少，有时候我自己也在厅堂或穿堂里找个可以坐下的地方，静静地隔着漏窗向外看，有时候恰好一个游客都没有，只有轻轻晃动的竹竿和竹叶，阳光从窗格中跌进来，光柱里翻滚着细细的飞尘，让园林恍如成了我自己的，一种特别忧伤的微微酸酸的感觉，瞬间在全身弥漫。

江南古典私家园林无疑是极其美丽的，这种美丽需要好多时间慢慢地琢磨，一代人不够，下一代最好接着琢磨，琢磨到恨不得每走一步，周围都是绝佳的景色。这股美的劲头是我们这个时代的任何设计建造所不能比拟的，现在做的东西太简陋、粗糙、生硬且自以为是。然而江南古典私家园林的这种美丽也是令人绝望的，绝美的园林无疑反衬出在其内生活的人的不足。我不能肯定，生活在其中的人身心一定特别愉悦。情感丰富的人就是这样，特别美丽的东西着实不能看得太多，否则会发自内心地连自己都厌恶起来，毕竟相对之下，人显得鄙俗和渺小。

我对苏州园林早就非常感兴趣，在我研究古村落的时候，我曾经在2005年计划写作一本关于苏州园林的书，开了一两万字的头，就扔在一边了；后来又想写一本江南园林植物配植的书，再次开了两万字的头就扔到一边（此书最终于2020年出版）。没有压力，我做事情总没常性。这一次是因为成功申报了省级的重点课题，所以才朝五晚九地开始写作，但强烈的惰性和“锥形屁股”又让我三天打渔两天晒网。后来，只是因为字数越积越多，才勉强坚持了下来。

这十几年，我在学校主讲“城市经济学”课程，为了讲好这门课，我还是相当用功的，因为我之前就对经济学感兴趣。虽然早先就涉猎经济学的书籍，但总归没有系统地学习。开始的时候，如《宏观经济学》《微观经济学》这样的经典教材粗粗地阅读了不少，《国富论》《论法的精神》等经典读物也拿来学习，再加上时下比较流行的比如《海盗经济学》《大数据时代》，也粗略阅读，当然我还广泛关注中国先锋经济学人的书，比如时寒冰、郎咸平的著作也看了不少。但无论如何，我仍然不可能变成一个经济学人。比较早的时候，当我阅读了几本大部头之后，以为自己懂了很多事情、能够分析一些小问题而沾沾自喜，但随着后来更多的涉猎和反复阅读以往的读物，我又会陷入无法解释的困境。我这人又善遗忘，对理论和理论之间的关系总会搞混淆。但毕竟我仍是一个园林人，所谓“三句话不离本行”，在学习经济学时，我总会不由自主地用经济学的视角来审视园林，并且试图解释园林。学院当初因为主讲城市经济学的老师课任过多而将重担托付给我，却无意间帮我打开了一扇窗，让我能够用新的视角审视和认识园林。

对于“江南古典私家园林”这个主题，在书写的时候，我是极其惶恐的，毕竟那么多大人物都曾写过类似的题目，阮仪三、周维权、刘敦桢、汪菊渊……他们似乎都是高高在上的“黄金圣斗士”，我这样的“三合板斗士”几乎只有仰望的份儿。我的书架上有他们的作品，每一部都是大部头，动辄百万字。所以，我写的文字还要尽量不要重复前辈们的工作，写出我自己的新意。和朋友讨论本书的时候，他指着这段话问我，是不是期望借着这本书跻身大师们的行列，他狡黠的问题在我心头激起了一个涟漪。这个问题无论怎么回答都不对，况且我还脑袋慢嘴巴笨，于是只能显得老谋深算般地“嘿嘿”了。

这十几年，我写了好几本书，第一本面世的时候便感觉飘飘然，以为自己是个了不起的人，就像春晚小品里的白云女士。有一次偶然走进北京图书中心，突然看到货架上摆着自己的书，就悄悄地把它们排整齐，偷偷放在更醒目的位置，可是大街上并没有更多的人认识我，我仍旧是这摩肩接踵的人群中默默无闻的一员。我无意间把我的自恋和自大暴露在阳光之下，真是不好意思。书籍对于普通人的影响似乎越来越小了，每年我都向我的学生推荐阅读我的书，据我所知，几乎没有几个学生真的去买来阅读的，出版了几本书以后，我也习以为常了。它们中的一本被当作教材，在每一届的毕业生“大撤退”的时候，我都会到本专业的学生宿舍去，在被丢弃的大堆教材中翻找，还真的有好几次找到了被丢弃的我写的书。虽然它们脏旧了，但有时候我还是庆幸的，至少它们仍是完整的。

我认识的一个朋友参加了央视“交换空间”节目，他自称家里书很多，设计师于是帮助他设计了很多书架，可是直到现在，他家的每个书格上只能倾斜地放几本书，其中还大多是他孩子的课本和教材。有些人家以为拥有大几十本书就已经相当了不起，当他们忧郁地跟我抱怨说他们的孩子不喜欢读书时，我也只能用同样忧郁和关切的眼神表达我的同情和无奈，因为他们自己岂止从不读书，更几乎无时无刻不在刷短视频。“孩子是父母的一面镜子”，父母平日如何表现，孩子会看在眼里并且会紧随其后一一仿效。

仍然要感谢我的研究生导师沈守云先生，我一直都没有勇气回长沙看望他，因为我几乎是他最驽钝、情感最晚熟的学生。虽然表面上我能言巧辩，但只是因为自小在北京长大，或多或少地沾染上“京片子”爱耍嘴的习惯，实际上我既迟钝又缺乏言前的思考，总是乱说话或说错话。导师那时候其实很看重我这个学生，总会及时给我批评指正，当时我本人轻狂又年少，多多少少地不满于老师的说教，特别害怕他的严厉。虽然我没有参加过他的生日会，特别少给他打电话，但我总是发自内心地想念他。在我的每本书里，我都会在后记中提及他，我衷心地感谢他引导奠定了我的研究方法论和研究习惯。离开长沙已经二十余年，我已经明白了这个道理：别人批评和教训我，完全基于对我的看重、爱惜和珍重。

感谢陈建荣院长，他给了我很多鼓励。

我还要感谢我的爱人陶联侦女士，在写作的日子里，我总是不太和她说话，各忙各的。我也感觉亏欠了我的孩子，因为需要写作，我很少陪伴或抱抱他，但当我觉得应该弥补的时候，他又长得太大以至于我已经抱不动他了。

对于这本书，还要感谢周晓兰女士和徐淑娟女士，因为在2014年带学生在宏村、西递美术实习的时候，我们一块儿商量写作计划并如期执行下去。这一系列我们预计一共出版三部作品，如今按照计划已经完成，感谢她们两位的支持和协作。当然还要感谢核准拙作的黄芳女士，是因为她们的热心帮助，这本书才能顺利立项。

特别地，我要感谢施俊天先生、罗青石先生、徐成钢先生和吴维伟先生，感谢他们将我的《宗族政治的理想标本——新叶村》翻译成英文并付梓发行。他们从那么多著作中选中我的书，认定这本书有价值，同时也是他们，在工作室付出了辛勤的工作，让我有时间和机会窝在电脑前书写我自己的东西，这让我感激不尽。

仍然要感谢王利民先生和王良驹先生，他们对我的关怀让我感觉温暖。

还要感谢我身居的集体，大到浙江师范大学城市地理与环境科学学院，小到城市规划系的所有同仁，他们不断地给予我帮助。

也要感谢浙江师范大学被我闯入经济类课程课堂的授课老师们，他们看到我就特别恐慌，我有时谎称自己是学校教务处的老师或者教学督导员。在我自己学到了一些知识的同时让他们担惊受怕，我非常抱歉，也送上谢意。

感谢我的母亲，她在我们夫妻两个都繁忙的时候帮忙接送孩子，做出可口的饭菜等我们回家。当然也要感谢我的父亲，他是个闲不住的人，已经退休却还要工作，真拿他没有办法。

感谢所有帮助过我的人！

安　旭